江苏省首批"产教融合型"专业建设点规划教材

南京信息工程大学"三百工程"项目建设教材

现代农业气象预报与服务

杨再强　张雪松　主编

气象出版社

China Meteorological Press

内 容 简 介

农业气象预报与服务是气象为现代农业生产保驾护航的基本前提和有效形式之一。在现代农业快速发展的新阶段,本教材以农业生产与气象条件的相互作用为基础,结合我国现代农业气象业务服务工作的发展和需要,重点归纳了农业气象预报种类和方法,阐明了农用天气预报、农业气象灾害预报、农田水分预报、病虫害气象条件等级预报、农作物生育期及产量预报的原理及方法,总结了农业气象情报和气象服务内容及业务流程,论述了农业气象灾害风险评估和精细化气候区划的主要原理、步骤及方法,选编了农业气象预报及服务案例。

通过系统学习,能够使学生熟悉现代气象业务中农业气象预报工作的基本思路和流程,并具备一定的分析与解决农业气象问题的能力,对现代农业气象预报预测工作及开展农业气象服务的重要性有深入认识,有利于学生入职后快速开展相关业务工作及角色转变。本书也可以为从事气象、农林、水文、生态等相关业务科研人员提供参考。

图书在版编目（ＣＩＰ）数据

现代农业气象预报与服务 / 杨再强, 张雪松主编
. -- 北京：气象出版社, 2023.3
ISBN 978-7-5029-7941-6

Ⅰ．①现… Ⅱ．①杨… ②张… Ⅲ．①农业气象预报
Ⅳ．①S165

中国国家版本馆CIP数据核字(2023)第047422号

Xiandai Nongye Qixiang Yubao yu Fuwu

现代农业气象预报与服务

杨再强　张雪松　主编

出版发行：气象出版社
地　　址：北京市海淀区中关村南大街 46 号　　　　**邮政编码：**100081
电　　话：010-68407112(总编室)　010-68408042(发行部)
网　　址：http://www.qxcbs.com　**E-mail：**qxcbs@cma.gov.cn
责任编辑：杨泽彬　　　　　　　　　　　　**终　审：**吴晓鹏
责任校对：张硕杰　　　　　　　　　　　　**责任技编：**赵相宁
封面设计：地大彩印设计中心
印　　刷：北京中石油彩色印刷有限责任公司
开　　本：720 mm×960 mm　1/16　　　　　　**印　张：**19.75
字　　数：380 千字
版　　次：2023 年 3 月第 1 版　　　　　　　　**印　次：**2023 年 3 月第 1 次印刷
定　　价：69.00 元

前　言

　　农业气象预报是农业气象科学的一个分支学科,农业气象服务是经济社会发展和人民安全福祉服务效益最为突出、各级党委政府最为重视、广大农民最为需要的公共气象服务。当前,气候变化挑战突出,粮食和能源等多重危机叠加,世界各国政府均非常重视并加强农业气象预警预报的研究和应用。

　　近些年来,我国进入由传统农业向高产、优质、高效、生态、安全的现代农业加快转变的关键时期,现代农业的快速发展对气象为农服务工作提出了新的要求。针对现代农业的科学化、集约化、商品化和产业化,迫切要求用现代科学技术开展面向农林牧渔各业的、全方位、全程化的农业气象业务服务,以满足现代农业发展的新需求。为此,2005年至2023年,"中央一号文件"连续19年对气象为农服务工作提出明确要求,农村气象信息服务、直通式气象服务、气象为农服务社会化、智慧气象为农服务、农村防灾减灾能力建设、加快智慧气象应用和现代气象为农服务体系建设等先后被写入其中。2021年11月,中国气象局与国家发展和改革委员会联合印发的《全国气象发展"十四五"规划》,也明确提出服务乡村振兴战略,要求提升农业气象服务水平,强化关键农时气象服务。

　　我国地域辽阔,气候条件迥异,农业生产的区域性、特色性较强,发展现代农业需要符合地域特点和更加精细化的气象服务作为保障,农业的高效安全生产、农村的和谐稳定、农民的增产增收均与农业气象服务密切相关。同时,随着信息科学、遥感技术、农业气象监测手段越来越先进,数据来源更加广泛,农业气象预报新方法、气象服务新理论成果越来越多,新的科研成果及技术在现代农业气象预报、情报、服务应用越来越广泛。

　　高校肩负着"为党育人、为国育才"的初心使命。南京信息工程大学应用气象学院以农业气象科学为根基,秉承"厚基础、强实践"理念,在发挥高校人才培养、科学研究、社会服务和文化传承的重要职能作用基础上,为世界、国家和地方事业单位、行(企)业部门输送了大量的优秀人才,并持续加强课程教学资源建设。为了促进专业人才培养与现代农业气象服务事业发展紧密结合,将一些新技术、新成果融入教材是编写该书的初衷所在。

　　本教材充分吸收国内外优秀农业气象业务和服务相关书目的精华以及最新的农业气象领域科研成果,结合农作物、果树、蔬菜及设施农业生产特点及对气象服务的需求,系统归纳了农业气象预报方法,详细论述了主要农作物病虫的发生发展气象条件、农业病虫害等级预报技术及方法。结合农作物新品种、新农艺、新技术的需要,编写了气候适应性评估、精细化农业气候区划及风险评估方法等内容。为了使读者更好地了解农业气象预报及气象服务业务流程,本书选编了现代农业气象预报及气象服务的部分案例。

　　本教材由杨再强和张雪松共同担任主编。其中,张雪松负责教材框架设计和统稿,具体负责第一章、第三章、第五章第一节、第七章(除低温冷害预报外)、第八章、第九章内容及部分案例,以及对地图、图表进行审核和编辑;杨再强负责统稿并具体编写第四章、第六章及第七章的低温冷害预报内容。另外,南京信息工程大学张琪参与编写了第十章内容,江晓东负责第五章第二节的内容,李小玲负责编写第二章及全书公式的编写审核,张方敏负责第十一章内容,朱节中负责对案例中设施小气候预报模型的编写。南京信息工程大学研究生姜楠、罗靖、龙宇芸、徐若涵、张瑶及皖西学院李春影负责文献资料的收集整理、图表的修改、文字的校对、参考文献的核对等工作。在编写过程中得到四川省气象台王明田研究员、山东省气候中心薛晓萍研究员、上海气候中心李军研究员的指导,气象出版社编辑的支持和帮助,在此一并表示感谢。

　　由于编者知识水平有限,书中仍会存在一些问题,热切盼望广大读者提出宝贵意见和建议。

编著者

2023 年 1 月

目 录

第一章　绪　论

本章主要介绍现代农业气象预报的概念、目的和任务,农业气象预报服务及其组织,以及开展农业气象预报的一般原则、步骤等内容,论述了农业气象服务概念及内涵。

第一节　现代农业气象预报概述

一、现代农业气象预报的定义

中国是农业大国,根据第三次全国国土调查,2022 年中国耕地面积为 19.17 亿亩①,占国土面积的 13.32%,农业生产直接影响着国民经济的发展。随着科技水平的提升,农业开始向着现代化的方向发展。新型现代农业包括设施农业、观光农业、无土栽培、精准农业等现代农业生产、经营模式。农业气象预报在现代农业生产中发挥的作用愈加凸显,只有进一步提升农业气象预报服务水平,才能实现我国农业的现代化发展。中国是世界上受气象灾害影响严重的国家之一,灾害种类多、强度大、频率高。每年因气象灾害导致的粮食减产超过 500 亿 kg,其中旱灾损失最大,约占总损失量的 60%。以家庭农场、专业合作社、种植养殖大户、特色园区等表现形式的现代农业对气象服务的需求更加必要和精细,气象预报及服务是保障现代农业安全生产的重要途径。现代农业气象预报的必要性主要表现在以下四个方面:一是及时监测农业气象灾害信息,为现代农业提供随时随地的信息通知,提升现代农业气象预报的准确性与适用性;二是农业气象预报可以减轻灾害性天气对现代农业的影响,减少农业生产损失;三是提升现代科技为农业服务的能力,为现代农业气象预报技术提供实践和检验的机会,促进农业气象预报技术的改善和提高;四是伴随着专业化的发展趋势,我国现代农业也需要农业气象预报作为支撑,以促进农业生产的精准化和及时性调整,增强灾害防范的能力。

现代农业气象预报是根据现代农业生产(如绿色农业、特色农业、设施农业、观光农业、养殖业、园林)对天气、气候的具体要求,结合农业气象指标的一种专业性预报,更适合农业生产。包括:①编制各种对农业生产有重要影响的农用天气预报;②根据

---

① 1 亩=1/15 hm²,下同。

作物生长前期和当前气象条件及发育状况,可能从事的农事活动及有关天气气候条件的预报;③结合未来天气演变而进行的作物生长、发育、产量、受灾害程度及其他状况的预报。按照农业气象预报的内容,大致分为农用天气预报、农业气象条件预报、作物发育期预报、农业气象灾害预报、病虫害发生发展气象等级预报、作物产量与品质预报。各地区因地制宜,还可开展森林与草原火险气象等级预报、载畜量气象预报、生态气象预报、鱼类泛塘预报等。

现代农业气象预报需要针对现代农业生产的具体要求,根据过去和当前的气象条件,结合有关的农业气象指标,运用一定的分析和计算方法,编制关于未来的农业气象条件及其对农业生物和农业生产活动影响的专业性的农业气象报导。其任务在于鉴定并估算环境气象条件对预报对象可能产生的影响,并尽可能给出一个客观的和定量的预报结果。现代农业气象预报的发展不仅体现在农业气象预报渠道的多元化、便捷化和及时性等方面,还体现在农业气象预报信息的日益精准化趋势。利用高科技手段实现精细网格的建设,不但可以为农业生产基地提供气象资料,还可以通过遥感等技术实现实时、长期的气象预报和数据的传递。同时,通过电视、广播、手机短信、电子显示屏、大喇叭、网络等多种形式的新闻发布,也与网络技术的发展紧密联系在一起。

二、现代农业气象预报与一般性气象预报的区别

现代农业气象预报与一般性气象预报,既有联系也有区别。联系是指两者均要预测未来将要出现的天气气候条件,对现代农业气象条件的分析和预报所采用的方法和使用的工具与一般气象预报基本相同。其主要区别在于预报的具体内容是否针对当前农业生产,有无结合确切的农业气象指标,具体表现在:

(1)现代农业气象预报是根据农业生产的实际需要而编发的专业性气象预报,是在分析过去、当前和未来的水文气象条件并鉴定其对现代农业生产影响的基础上,而编制的关于农作物生长发育和产量状况、各种农业生产活动进行的适宜时期和气象条件、各种农业气象灾害发生的时间及其危害程度、农用天气条件等方面的报导。而一般性气象预报则不针对某一具体行业和部门的特殊需要,许多行业和部门都可以一般性地使用,具有通用性。

(2)从预报服务时段上看,现代农业气象预报关注未来某段时间内农业气象条件及其对农业生物和农业生产活动的影响,预报时段针对作物、果树、森林、苗木、养殖动物的全生育期、全发育阶段及整个生产环节。在非农业生产区域、季节和非关键时期可以不开展农业气象预报或不作为重点服务的时期,而一般性气象预报在一年四季都要按时编制。

(3)从预报内容和服务形式上看,现代农业气象预报要针对当地、当时农业生产中的主要气象问题,预报主要农业气象条件的状况及其对农业生产的影响,如针对性的气象灾害预警预报信息,包括种植、养殖业不同品种全生育期的病害、虫害的等级预报,而那些与农业生产关系不大的气象条件和气象要素可以不予预报。其预报传播的形式也是灵活多样的,如通过短信、电子显示屏、微信、互联网、电视和电话等发布预警预报信息,而一般性气象预报在不同的地区和时期,预报的内容和形式比较固定。

(4)开展农业气象预报必须结合具体的农业气象指标,进而具体分析和鉴定气象条件对农业生产的利弊影响。农业气象指标是表示农业生产对象和农业生产过程对气象条件的要求和反应的定量值,是衡量农业气象条件利弊的尺度,开展农业气象工作的科学依据和基础。随着农业种植结构合理布局、农业精准化作业、作物品种改良与换代、农作物栽培技术和耕作方式的改进,针对高产、优质、高效的现代农业生产开展农业气象指标体系研究,已经是农业气象业务发展亟待解决的非常重要且极其复杂的基础性问题。农业气象指标充分考虑温度、空气湿度、降水、光照、土壤水分、风速等因子对作物不同发育阶段生长发育的影响,可利用田间试验法、人工环境模拟法、文献追踪分析判别法、统计分析法、遥感监测等方法确定。作物气象指标主要包括作物品种特性农业气象指标、关键生育期农业气象指标、主要农业气象灾害指标和主要病虫害指标四大类构成。品种特性农业气象指标由反映品种特性和地域布局的指标构成,包括品种类型、区域布局和耕作栽培管理等气象指标。关键生育期农业气象指标由反映作物关键生育阶段气象条件适宜与否的指标构成,如冬小麦关键生育期农业气象指标包括播种出苗期、分蘖期、越冬期、返青期、拔节期、抽穗开花期、乳熟期、成熟收获期 8 个二级气象指标。主要农业气象灾害指标由反映受灾程度的指标构成,如高温、低温冻害、干旱、干热风、湿渍害等。主要病虫害指标由反映病虫害发生发展程度的指标构成,如白粉病、赤霉病、锈病、蚜虫等发生发展等级气象指标。

现代农业气象预报是将一般性气象预报用于服务现代农业生产的具体表现形式,是对一般气象预报服务产品的进一步解释应用,现代农业气象预报和情报比一般性的气象预报和情报更具体、更确切地回答了农业生产中提出的气象问题,并结合了农业气象指标对某些气象条件进行分析和鉴定,有很强的针对性。

三、现代农业气象预报的目的和任务

1. 现代农业气象预报的目的

在我国,随着现代农业的发展和社会主义新农村建设进程的深入,面对农村改革发展的新形势和发展现代农业对气象提出的新需求,充分利用有利的农业气象条件,防御不利的农业气象因子,以谋求农业取得高产、优质、高效、生态、安全,这是现代农业气象预报服务的最终目的。

(1)农业气象预报首要目的在于农业防灾减灾

农业气象预报主要是对农业气象灾害是否发生、发生时间以及危害程度进行揭

前预知和报导的农业气象预报。农业气象灾害的预报是农业气象预报的主要内容，农业气象预报主要针对灾害性的气象进行预报，并结合农作物的生长习性，结合相应的灾害指标，采取及时有效的措施进行灾害预防，减轻灾害的危害程度，减少经济损失。我国是季风性、大陆性气候特点明显的国家，每年各地均有不同程度的旱涝、酷暑、低温等农业气象灾害频繁发生，造成我国逐年粮食产量较大波动。因此，必须因时、因地制宜，充分考虑气象条件的综合配置对自然农业生产过程和最终产量、品质形成的影响。同时，生产部门应总结农业生产经验、适时地采取积极的农业技术措施进行防灾抗灾。气候变化背景下我国的粮食安全已受到严重威胁，2020—2050 年我国农业生产将受到气候变化的严重冲击。积极倡导加强现代农业气象预报工作，通过预测未来气候可能变化，评估农业生态系统对气候变化的响应，以最大限度地减少气候变化带来的不利影响，从而保证粮食安全，特别强调开展保障农业可持续发展的农业气象灾害防御和预警应急工作势在必行。

（2）农业气象预报是提早安排农事活动的主要依据

主动、及时地向当地农业主管部门、生产单位提供当前或未来与农业生产关系密切的天气、气候方面的可靠气象资料，并分析和鉴定这些气象条件对作物、牧草的生长发育、禽畜的舍饲、放牧及各项农事活动（如播种、移栽、排灌、施肥、病虫防治、防御气象灾害和收获等）等产生的有利作用和不利影响，进而提出趋利避害、促进生产的农业对策及应采取的农业技术建议措施，这对于农业部门制订安全生产计划、进行作物布局、掌握生产的主动权具有重要的参考价值。

（3）预报结果为制定农业技术措施提供决策支持

我国是农业生产大国，农业则是国民经济的基础，因市场经济的快速发展，农业生产的现代化水平逐渐增强，现代农业发展过程中与国计民生密切相关。气象条件是影响农业生产的重要自然环境条件之一，在任何地区从事大田农业生产，不仅要与当地的气候条件相适应，还必须与当年的天气条件相适应。某一地区每年气象条件的变化，必然导致年际间农业作物产量的波动，并且对该地区作物构成、品种搭配比例、农事作业时间的早晚、采用的耕作栽培技术措施等也有重要影响，进而影响产量。

（4）农业气象预报可提升农业生产管理的科学水平

在农业生产过程中，仅依靠农民的辛勤耕作和种植经验，还无法保障农作物实现高产丰收。通过农业气象预报来了解未来天气状况，可以加深农民对农业生产的科学认识，还可以为农民提出科学合理管理方案，不断提升现代农业生产管理的科学水平，最终达到增产、增收的效果，为振兴乡村经济提供支持。

此外，根据农业气象预报开展设施环境调控，在设施周年生产过程中，不同室外气象条件直接影响室内小气候，根据室外天气预报及时开展农业环境优化调控，确保作物生长发育处于适宜环境条件。

2. 现代农业气象预报的任务

(1)提供农业气象预报信息,保障现代农业安全生产

新时期、新形势下,现代农业气象预报服务工作的任务,不仅要为传统种植业,也要为特色农业、设施农业、畜牧业、水产养殖业、林(果)业及储运、加工等环节提供农业气象服务保障。现代农业产业的发展,朝向精细化、高端化、高品质化的发展进程,对应的天气影响因子,会极大干扰农业经济产物的生产,甚至会影响产品的价值。要提升短时临近天气的农业气象预报精准度,维护农业产业的核心利益。如作物播种前的气象播报,通过预测作物最佳播种期、土壤含水量以及放牧区水草生产条件,帮助农民准确把握播种时期,从而确保农业丰收。

(2)为政府及生产者提供预报信息,增加决策的科学性

通过大量农业气象预报信息,在综合分析气象条件对农业生产影响的基础上,为各级领导部门指导农业生产和做出宏观评价提供辅助性决策信息。如及时准确地预报农作物的产量,对于国家制定进出口计划、下达征购任务、组织运输、加强贮藏管理等工作,具有重要意义。加强农业气象监测,提高农业气象预报准确率,以坚实的理论和现代化的业务技术支撑,提供多元化、精准化、规范化、集约化的农业气象预报信息服务,使各级政府和农业生产领导机关增强指挥农业生产的预见性和计划性,减少盲目性,为发展现代农业、保障国家粮食安全、应对气候变化、强化农业防灾减灾、建设社会主义新农村和小康社会等助力。如农用天气预报可构建农业生产预警机制,提高灾害性天气预报预警的时效性,在灾害性天气到来之前能够将预警信息传给农户,使其第一时间有效应对,避免气象灾害给农业生产造成危害。

第二节　农业气象预报服务的业务体系

一、农业气象预报业务的发展

世界范围内的近代农业气象业务始于19世纪后半叶,关于农业气象预报和情报的系统性研究则始于20世纪初。早在1872年美国就开始编发《每周天气纪事》,为农业生产提供气象服务。以20世纪20年代英国的费希尔教授把统计学方法应用于农业气象研究为代表,为后来的农业气象统计预报方法的发展奠定了基础。从服务内容看,世界各国农业气象预报服务开展得很广泛,对农、林、牧、渔、果、蔬等均有涉及。如,美国在20世纪20年代初就编制了太平洋沿岸的水果冻害预报和森林火险预报。1978年在美国农业部内设立的农业气象联合研究室(JAWF)负责监视全球气象条件,并在发生异常气象时预报由此引起的谷物减产和家畜受害情况,20世纪70年代进行大面积作物探测试验,天气—水分分布研究。到1979年,美国专业农业

气象站 55 个,作物报告站 444 个,土壤温度站 215 个,林业气象站 51 个,蒸发站 52 个。2000 年后美国开展气候预报对农业气象的分析;苏联在 20 世纪 40 年代至 50 年代则致力于物候期和土壤水分预报的研究和试验,制定了一系列的编制预报和开展服务的指导性规则,并于 1959 年编写了第一本《农业气象预报方法》。1964 年,苏联水文气象中心首先研究了实时农业气象观测资料自动加工整理问题,提出了农业气象观测资料自动化加工算法方案和按 KH-21 电码编报的农业气象报程序。1972—1973 年,全苏联农业气象科学研究所组织了秋播作物和多年生草冻害的临界温度观测;1983—1984 年,全苏联农业气象科学院对保加利亚 6.5 kg 重的 HBⅡ-79 湿度计进行检验,全苏联水利工程和土壤改良科学研究所及乌克兰国家水利工程勘测设计院研制了 4.5 kg 重的中子湿度计样机。20 世纪 80 年代苏联有农业气象观测站 2500 个,进行土壤湿度观测的站有 2000 个,进行冬作分蘖节深处土壤温度观测的有 1500 个站;日本在 1930 年,东京中央观象台就设立了农业气象科,1940 年把农业气象科扩大为产业气象部,1942 年成立了农业气象学会。日本在 1930 年之前的农业气象工作主要研究作物气象,1931—1949 年,主要研究低温冷害及防御措施,气象台站开展了低温冷害预报服务,20 世纪 50 年代以后日本的农业部和高等院校全面开展了农业气象研究工作,在作物气象、小气候、农田气候、光合气象、温室气象、低温冷害、干旱方面取得一定成果。

20 世纪 80 年代以后,随着计算机、卫星和遥感等先进科学技术的发展和应用,在植物生理学和数理统计学进展的基础上,世界各国农业气象预报服务进入了一个新的客观化、定量化和自动化的发展阶段,各种作物生长模拟模型率先被美国、苏联等国家陆续用于作物长势监测、产量预测等农业气象预报服务中。进入 21 世纪,一些在农业气象观测仪器设备先进、业务自动化和网络化程度较高、计算机和卫星遥感信息技术应用较广泛、先进数学模型应用较普遍的国家,已经在科技支撑和气象业务技术水平上具有一定的领先地位。随着目前全球数据化、信息化、网络化技术的日新月异,气象预报服务也必将迎来一场深刻的变革。

我国气象科学技术源远流长,古代劳动人民总结了大量的农业气象经验,有的载于书简,如"冬至后五旬七日,菖始生、菖者百草之先生者也,于是始耕"(《吕氏春秋》),但大多以谚语的形式留存于世。20 世纪 50 年代末,我国开始试验作物发育期和土壤水分预报,并开始发布《农业气象旬报》,农业气象预报和情报服务工作正式起步。20 世纪 70 年代中后期至 80 年代中期,农业气象产量预报技术得到迅速发展,在气象部门建立起农业气象产量预报业务,预报精度和时效均达到了国际先进水平,深受各级政府和生产部门的欢迎。20 世纪 80 年代中后期至 90 年代,气象部门利用气象卫星遥感信息进行作物长势监测和综合估产技术取得重大进展,开拓了气象卫星监测为农业生产服务的新领域,推动并健全了国家、省、市、县四级布局的农业气象业务服务体系,成为我国开展最早、发展最成熟的专业气象业务。至此,农业气象业务在为农服务中,逐步显现出其不可替代性。21 世纪以来,随着各种现代化信息加工处理技术和设备的广泛使用、4S(GIS:地理信息系统;GPS:全球定位系统;RS:遥感;ES:专家系统)技术和互联网技术等的普遍应用,各项现代农业气象预报服务的科技含量和技术水平也得到迅速发展,农业气象预测预警能力不断提高。

中国气象局农业气象预报业务发展大事主要有:

(1)1954 年,中央气象局成立农业气象管理机构,组织开展全国范围的农业气象情报预报业务工作。

(2)1958 年,中央气象局首次发布《全国农业气象报告》服务产品。

(3)20 世纪 60 年代初,初步形成国家、省、地、县农业气象情报预报服务的多层次日常业务。

(4)1973 年,农业气象工作开始恢复发展。1974—1978 年,我国相继开展了寒露风、干热风、南方秋季水稻低温冷害的科研协作和气象服务工作。

(5)1985 年,全国农业气象工作会议召开,全国农业气象业务工作得到全面快速发展。

(6)1989 年,国家气象局下发《农业气象产量预报业务服务工作暂行管理办法》,农业气象产量预报业务服务工作得到进一步加强。

(7)1995 年,中国气象局把农业气象服务正式纳入气象基本业务,并于 1997 年印发了《农业气象观测质量考核办法(试行)》《农业气象预报质量考核办法(试行)》《农业气象情报质量考核办法(试行)》,使得农业气象业务服务逐步走向规范化和制度化。

(8)2002 年以后,国家级作物产量预报由国内拓展到国外,开展了美国大豆产量预报技术研究和业务系统建设,并不断拓展国外作物产量预报的种类和地域范围。

(9)2005 年以来,开展了国家级多模型农业气象业务技术集成。

(10)2006 年以后,国家级业务部门开展了作物病虫害气象预测业务技术研究。

(11)2012 年,国家气象中心成立"作物模型业务化应用创新团队"。

(12)2015 年,中国气象局发布全国气象现代化发展纲要(2015—2030 年),提出建设以农业与粮食安全、灾害风险管理、水资源安全、生态安全和人体健康为优先领域的气候服务系统。推进农业气象定量监测,加强农业气象灾害精细化短期预估和粮食产量趋势预测,提高面向特色农业、设施农业、精细农业的气象服务水平。

(13)2020 年,大力推进农业气象服务供给侧结构性改革,满足生态文明建设、乡村振兴、脱贫攻坚和应对气候变化等国家战略对农业气象观测的需求,开展农业气象观测现代化(自动化、智能化)建设。

(14)2022 年,国务院印发《气象高质量发展纲要(2022—2035 年)》,提出实施气象为农服务提质增效行动。加强农业生产气象服务,强化高光谱遥感等先进技术及相关设备在农情监测中的应用,提升粮食生产全过程气象灾害精细化预报能力和粮食产量预报能力。面向粮食生产功能区、重要农产品生产保护区和特色农产品优势区,加强农业气象灾害监测预报预警能力建设,做好病虫害防治气象服务,开展种子生产气象服务。建立全球粮食安全气象风险监测预警系统。探索建设智慧农业气象服务基地,强化特色农业气象服务,实现面向新型农业经营主体的直通式气象服务全覆盖。充分利用气候条件指导农业生产和农业结构调整,加强农业气候资源开发利用。

二、我国农业气象预报服务的业务体系

为了顺利开展农业气象预报服务,世界各国都有一套相应的农业气象业务管理、服务机构和详尽的计划作为其组织基础。大多数国家的农业气象服务机构设立在气象部门,专门开展农业气象预报及其相关服务工作。少数国家如日本,农业气象预报是由气象部门配合农业部门编发的。美国农业气象业务设立在农业部,由农业部、气象局和 NOAA(美国国家海洋和大气管理局)等多部门联合发布预报服务产品。欧盟农业气象业务产品主要由欧盟联合研究中心发布。我国的农业、气象部门及相关科研院所都设有农业气象机构,专门负责农业气象科学研究和开展农业气象预报服务、管理工作,但就开展服务的经常性和广泛性来说,则以气象部门为主。

1. 四级业务六级服务体系

在我国,做好气象为农业生产服务历来是党中央、国务院对气象工作的明确要求。气象部门始终把气象为农业服务作为首要任务,在农业气象的监测、情报、灾害防御,农业气候区划及资源开发利用,农作物产量预报等方面开展了大量富有成效的工作,在为农服务中发挥了重要作用。自 20 世纪 60 年代初,初步形成国家、省(区、市)、地市、县级农业气象情报预报服务的多层次日常业务以来,预报业务体系不断充实完善,目前已经形成国家、省、市、县的全过程、多时效、针对性四级农业气象业务,加上乡、村,共六级服务网。

中国气象局应急减灾与公共服务司设有农业气象处,负责全国农业气象组织建设和业务管理,编制农业气象业务工作发展规划及年度计划,制定各种农业气象业务指南,指导各省(市、自治区)气象局开展农业气象服务业务和进行业务管理;各省(市、自治区)气象局业务处下设农业气象管理岗位,配有农业气象业务管理人员,负责本省(市、自治区)的农业气象业务管理和服务业务的组织工作;市、地区气象局的业务科中配有农业气象业务管理人员,和县气象台站的农业气象员一起,具体负责开展对本地区或县的农业气象预报等服务工作,同时,市、地区气象局的农业气象机构对所属县级台站的农业气象预报等服务工作也负有组织管理和指导的责任。

考虑到现代农业、设施农业对天气变化的依存度较大,每年全国各地都因暴雨、

洪涝、低温、冰雹、大风、雷电等气象自然灾害给农业生产造成较大损失,部分地区着手建设乡镇气象信息服务站,配有气象协理员,并在每个村配有气象信息员,这些人员一般由经过相关培训的乡镇干部和村干部担任,成为乡、村级气象服务的重要组成力量。由此形成的四级业务六级服务体系,依托针对性建立的不同地区、不同作物的完整的农业气象指标、模型体系,对包括春耕春播、夏收夏种、秋收秋种等重要农业生产管理过程中的关键农事季节,围绕冬小麦、夏玉米等重要粮食作物的主要生育阶段,开展多时效(日、候、周、旬、月、季、年)的多种预报和预警服务,对发展现代农业、增加农民收入,统筹城乡发展、改善农村民生,做好农村气象灾害防御工作、保护人民群众生命财产安全具有至关重要的意义。

2. 现代农业气象观测站网建设

农业气象观测主要包括农业气象要素观测,农业小气候观测,农作物、牧草、畜禽、经济林木发育期和生长状况观测,自然物候观测以及农牧业气象灾害观测等。而农业气象站网是为观测和研究作物与气象条件的关系及改善作物生长环境等目的服务的多组农业气象站。农业气象站网由数个气象试验站和多个气象基本观测站组成。其骨干是以农业气象试验研究为主的农业气象试验站。1980年我国重新组建农业气象观测站网,2013年已初步形成了由653个农业气象观测站和2300个自动土壤水分观测站组成的农业气象观测站网,其中包括70多个农业气象试验站。各级农业气象观测站主要承担农作物、畜牧、林木、果树、蔬菜、水产养殖、土壤湿度、农业气象灾害、自然物候和农业小气候等项目观测,使用统一的观测技术规范和资料传输方式,按作物或年度报送农业气象记录报表,为开展现代农业气象预报服务和科学研究提供了必要的情报和资料。

2020年11月,为贯彻落实习近平总书记关于气象工作的重要指示精神,大力推进农业气象服务供给侧结构性改革,满足生态文明建设、乡村振兴、脱贫攻坚和应对气候变化等国家战略对农业气象观测的需求,指导做好农业气象观测现代化建设工作,中国气象局印发《全国农业气象观测现代化建设指导意见》(简称《指导意见》),从加快推进农业气象观测现代化技术发展、优化农业气象观测站网布局和观测任务、建立现代农业气象观测业务新体系、推进农业气象大数据应用、加强农业气象观测人员队伍建设5方面提出17项建设任务。包括:推进农业气象观测自动化进程,改进土壤墒情监测技术,加快农业气象自动化观测设备考核,探索基于人工智能和大数据技术的自然物候观测技术,开发基于移动智能终端的农业气象辅助观测平台;优化完善农业气象观测规范,扩大农业气象观测站网规模,建设农业气象遥感地面校准站,发展农业气象社会化观测,推进农业气象观测向生态气象观测拓展;建立健全与农业气象观测自动化业务相适应的规范和业务流程,建立健全现代农业气象观测装备保障机制,不断完善气象观测质量管理标准化体系;提升农业气象观测数据处理能力和共享应用水平;不断提高农业气象观测人员业务能力,健全农业气象观测业务考核机制。

《指导意见》明确,到 2025 年,农业气象观测将基本实现观测自动化、智能化,观测产品更加丰富,频次大幅提升,支撑农业气象业务服务能力极大增强;适应现代农业生产新形势的新型农业气象观测站网初步建成;建立以农业气象自动化观测为主、人工观测和社会化观测为辅,与无人机、卫星遥感观测互补的天空地一体化农业气象综合立体观测体系。

3. 农业气象服务计划

要搞好农业气象预报服务,除了要有严密的组织机构、精良的仪器设备及较高的人员业务素质之外,还必须有周密的服务计划。我国地、县级等基层农业气象服务人员,通过调查研究当地常年各季节农业生产对农业气象预报和情报服务的需求,逐步制定了农业气象服务计划,其最常见的形式是"农业气象服务一览表"。农业气象服务一览表是把全年各农业生产季节对农业气象服务的具体要求、服务的项目、农事活动的种类、需要的农业气象指标、需考虑采用的农业技术措施,以及当地的基本气候特点,重大的、常见的灾害性天气现象、各主要作物各发育时期有利的和不利的农业气象条件等都编制在一张大表上,使农业气象服务做到心中有数,有的放矢。

在农业气象服务一览表的基础上,为了进一步加强气象台站的农业气象预报服务,促使农业气象服务工作经常化和制度化,提高服务质量,一些气象台站提出了按照时间顺序安排农业气象服务的计划。如"周年农业气象情报和预报服务大纲"或"服务方案"等服务形式,就是根据当地全年农业生产中存在的有关农业气象问题及其对农业气象预报(情报)服务的要求,按照时间顺序,排列出每个时期应该开展的农业气象预报和情报项目、内容。例如,某地每年 3 月份应该开展早稻育秧预报服务,4月份应该开展小麦赤霉病预报服务,7 月份应该开展早稻灌浆期间的高温天气预报和情报服务等。又如南京地区在设施农业气象服务中,制定了大棚蔬菜气象服务周年方案(见表 1-1),当地气象部门可立足此表,根据不同服务重点,通过制作多种服务产品,利用多种服务方式,将预报信息送到服务对象手中,涉及服务的内容更加全面。总之,无论哪种形式的服务计划,都是农业气象服务的工作历程和实用技术指南,有了它可使农业气象预报工作目标明确,任务具体,便于及时、有效性地开展农业气象服务。

表 1-1　大棚蔬菜气象服务周年方案

月份	生育期	气象条件	气象灾害	灾害指标	适宜气象条件	服务重点	服务产品	服务方式	服务对象
9月	秋延后定植、冬春茬播种、育苗,越冬茬播种、育苗	月平均气温18~20℃ 月平均日照142~176 h 最长连阴雨日数15~17 d	阴雨雾照 低温	天气连阴4~5 d,黄瓜植株叶片变色、冬春茬灰霉病发生;连阴7 d,植株龙头变黄、黄瓜霜霉病、白粉病、西红柿晚疫病发生	番茄发芽期有效积温175~180℃·d;黄瓜龙花芽分化适温25~30℃	育苗期连阴雨趋势预报及服务,设施蔬菜生产区气候资源评价	设施农业气象报告(连阴雨趋势预报,低温预报、低温预警等)	短信,网络发布为主,书面材料为辅	政府、农林局、各街镇、龙池生态园、超大蔬菜等农业大户
10月	秋延后开花、结果期秋冬茬定植	月平均气温12~14℃ 月平均日照144~169 h 最长连阴雨日数9~12 d 早霜冻多出现在本月下旬末	阴雨雾照 早霜冻	连阴4 d以上	黄瓜开花适温18~21℃,花粉发芽适温17~25℃,番茄幼苗生长适温白天23~28℃	霜冻预报:前期光、热资源分析,热资源预报,幼苗低温锻炼情报、早霜报、苗期预报、病虫害监测	设施农业报告(二)10℃积温 热量资源 情报、早霜报、苗期锻炼气象条件预报)	短信,网络发布为主,书面材料为辅	政府、农林局、各街镇、龙池生态园、超大蔬菜等农业大户
11月	冬春茬定植越冬茬幼苗期	月平均气温5~6℃ 月平均日照147~158 h 最长连雾日数9~15 d 初雪多出现在11月上旬初,积雪深度10~16 cm	寒潮 大风 暴雪	①冻害指标(日最低气温):低温害-11.9~-8℃;中等冻害-13.9~-12℃;严重冻害-14℃以下 ②大风:5级以上大风	冬春茬定植苗适温25~28℃,番茄壮苗期适温23~28℃,温度过低易形成畸形花,温度过高,幼苗容易旺长,8~16 h的日照长度有利于番茄花芽分化	持续低温冻害、暴雪预警:主要农业气象灾害风险分析、病虫害监测	重大气象灾害预警、重大气象灾害专报	短信、网络发布为主,书面材料为辅	广播媒体、政府、农林局、各街镇、龙池生态园、超大蔬菜等农业大户

续表

月份	生育期	气象条件	气象灾害	服务指标		服务重点	服务产品	服务方式	服务对象
				灾害指标	适宜气象条件				
12月	冬春茬幼苗期;越冬茬开花、结果期;春早熟播种	月平均气温-0.4~-19.2~-15.7℃,月极端最低气温；月平均日照157~165 h；最长雾日数12~16 d；最大积雪深度10~18 cm	寒潮 大风 暴雪	③暴雪:以本省预警信号为指标 ④寒潮:以本省预警信号为指标 ⑤连阴寡照:天气连阴4~5 d,黄瓜株叶片变色,灰霉病发生;连阴7 d,植株龙头变黄、黄瓜霜霉病、白粉病,西红柿晚疫病发生	番茄开花适温:白天20~30℃,夜间15~20℃,温度小于15℃和高于35℃,易造成受粉不良引起落花	持续冻害预警预报;气象灾害风险分析和灾情评估			
1月	冬春茬开花结果期;越冬茬结果期;春早熟育苗	月平均气温-1.7~-0.8℃,月极端最低气温-19.0~-16.5℃；月平均日照152~163 h	低温 寒潮 大风			冻害预报预警;气象灾害风险分析和灾害评估			
2月	冬春茬结果期;春早熟定植	月平均气温1~3℃,月极端最低气温-17.4~-15.6℃；月平均日照130~151 h	低温		番茄果实发育适温为15~25℃,19~24℃有利于番茄红色色素形成	冻害预报预警;冬季设施蔬菜生产气候影响评价			

续表

月份	生育期	气象条件	服务指标			服务重点	服务产品	服务方式	服务对象
			气象灾害	灾害指标	适宜气象条件				
3—5月	春早熟期会,结果期,冬春茬揭棚	春季平均气温12~14℃,极端最高气温35.4~38.1℃,春季平均日照529~596 h	高温热害、大风沙尘	气温高于30℃时,番茄蒸腾量快速增加,植株体内水分失去平衡,页面就会出现萎缩,35℃以上时影响花器的生长和发育,40℃以上时停止生长		高温热害预报预警	设施农业气象报告(棚内外高温实况)	短信、网络发布为主、书面材料为辅	政府、林业局、各街镇、龙池生态园、超大蔬菜等农业大户
6—8月	大棚整修、高温消毒	夏季平均气温23~26℃,极端最高气温40.0~42.8℃,夏季平均日照时数598~707 h	备注:夏季多为设施大棚闷棚消毒阶段,非服务重点,夏季高温闷棚后室内温度可达70℃以上,土温可达60℃以上,能较彻底地消灭温室内残存的病虫害					短信、网络发布为主、书面材料为辅	短信、网络发布为主、书面材料为辅

备注：大棚蔬菜生产自主性强，此服务方案中的茬农安排仅供参考。

（图表来源：南京农业气象服务平台）

第三节　农业气象预报服务遵循的原则和步骤

一、农业气象预报服务遵循原则

1. 抓住关键气象问题开展预报服务

农业生产从种到收,需要开展农业气象预报服务的情况和问题很多。对于地、县基层气象台站来说,要想开展好农业气象预报服务,使之在促进和保障当地农业丰产稳产中真正发挥作用,就需要经常深入当地农业生产实际,了解和熟悉农业生产,抓住影响当前农业生产的关键气象问题,作为开展农业气象预报服务的主要内容。

农业生产和天气气候条件都具有明显的地域性,因此各地农业生产实践中存在的气象问题不完全相同。例如南方地区春秋季节的低温连阴雨和夏季的高温伏旱,北方地区的春季干旱,初夏的干热风和春秋霜冻,都对农业生产有重要影响,是当地农业生产中的关键气象问题。即使同一地理纬度,情况也不完全一样,例如沿海怕台风,山区怕低温,内陆平原湖区怕雨涝湿渍害,等等。如果这些不利气象条件明显影响当地当前农业丰产稳产,那就是关键气象问题,就应该密切关注,紧紧抓住。如果避开这些关键气象问题,只是泛泛开展一般性的农业气象条件预报,势必年年如此,月月相同,或者不分清主次和轻重缓急,"眉毛胡子一把抓",其服务效果肯定不会很好。因此,开展农业气象预报服务,一定要注意抓住关键气象问题,克服一般化,有重点地进行。

此外,围绕关键气象问题开展的农业气象预报编制和发布工作,强调要积极、主动、及时,使现代气象预报预警服务真正起到防灾减灾的作用,确保农业生产趋利避害。预报发布过早,一方面准确性较差,另一方面农业部门和生产单位还没有把这个问题提到议事日程上来考虑,不会引起足够重视和采用;预报发布过晚,会使预报的服务效果大大降低,甚至变得毫无用处。例如,一份当年秋季寒露风出现时间的农业气象预报,必须赶在晚稻播种以前送到生产单位和群众手里,以便安排晚稻品种及确定适宜播种期。如果此预报发布过迟,用处就不大了。

2. 做到目的明确、任务具体、依据充分、措施细致

这是我国开展农业气象预报(情报)服务工作以来积累的一条宝贵经验。目的明确是指编制农业气象预报必须具有针对性、避免盲目性。每项预报必须明确回答农业生产上存在和提出的农业气象问题,以便通过气象服务达到解决问题、趋利避害的目的。例如,编发农作物适宜播种期预报时,首先要明确其目的是使种子播种、萌发和出苗过程处于最适宜的农业气象条件下,以便一次播种保全苗,为农业丰收打下良好基础。再如,冬小麦越冬冻害预报,要在越冬前和越冬期间,对当地当年越冬条件

做出预报,并结合苗情诊断预测冬小麦冻害发生程度和发展趋势,其目的是为农业生产相关部门采取正确的防冻保苗措施和补救措施提供依据。

任务具体是指每项农业气象预报必须针对当地当时的一个具体农业气象问题,抓住重点开展服务。因此,农业气象预报一般都是按作物种类、生育阶段、农时季节或某项田间农事活动的需要来编发的。如南方一年两熟地区,按农事季节的需要而开展的农用天气预报服务,可针对性地顺序编制冬春季节的农作物越冬天气条件预报、春耕春播季节的播种育秧天气条件预报、汛期雨季和"烂场"天气预报、夏季干热风和伏旱天气预报、夏秋季节的台风天气预报、秋收秋种天气条件预报等。

依据充分是指所得出的预报结论必须依据充分,不能单凭主观估计或某一种预报方法,而应采用多种预报方法进行综合归纳分析,最后得出结论。措施细致是指根据所得出的预报结论,针对当前和未来的农业生产与天气气候条件,结合农作物生长发育状况及有关的农业气象指标,提出存在的农业气象问题及解决问题的切实可行的具体措施建议,使农业部门和生产单位能够掌握生产主动权。

3. 科技创新为农服务

农业气象服务的实践表明,农业气象科研与农业气象预报服务是相辅相成、不可分割的。没有科研工作的指导,就不可能有针对性地开展预报服务;反过来,若科研工作不注重应用推广,科研成果就得不到检验和提高,也很难提升预报服务能力。因此,农业气象预报要与农业气象科研工作紧密结合起来,充分利用现代科研成果并加快实现农业气象科研成果转化,既是农业科技成果转化的一个重要组成部分,也是气象服务"三农"的具体体现。例如,2005 年由河南省气象局负责推广的"黄淮平原农业干旱监测预警与综合防御技术推广应用"项目,使得农业干旱综合防御措施推广应用面积达到 9.2 万 hm^2,小麦平均增产 6.2%,玉米增产 6.8%,两年增产粮食 4290万 kg,增收 7839 万元。2018 年,全国气象为农服务工作会议首次提出建设以智慧气象为标志的现代气象为农服务体系,让气象科技智慧元素融入农业生产各个环节。2020 年中国建成国家、省、市、县四级突发事件预警信息发布系统,汇集了 16 个部门76 类预警信息;建成 41.6 万套农村高音喇叭、15.1 万块乡村电子电视屏;广泛开通电视频道、广播电台气象灾害预警信息绿色通道。全国 2.8 万个乡镇将气象灾害防御纳入政府综合防灾减灾体系,15.47 万个村(屯)制定了气象灾害应急行动计划。全国有 7.8 万个气象信息服务站,76.7 万名信息员,1009 个标准化气象灾害防御乡镇,5.73 万个重点单位或村(屯)通过了气象灾害应急准备评估。

二、农业气象预报的编制步骤

农业气象预报,通常包括预报内容的农业气候分析,前期和当前农业气象条件的基本特点,主要预报结论,有关农业气象措施的建议,以及必要的资料图表等。根据当地农业生产的实际需要和本单位农业气象服务大纲的规定,在确定了预报项目和内容之后,开展农业气象预报服务一般需要经历以下步骤。

1. 确定有明确农业意义的农业气象指标

是否采用具有明确农业意义的指标,这是农业气象预报区别于一般气象预报的重要标志。农业气象指标是衡量农业生产活动(包括作物的生长发育、田间农事活动等)与气象条件之间关系的定量值。如春季日平均气温稳定通过 3 ℃时,小麦开始返青;最低气温降至 1～2 ℃时,棉花开始遭受冻害;日平均气温≤10 ℃、最低气温<5 ℃且连续阴雨天≥5 d 时,水稻开始发生烂秧死苗;日最高气温≥32 ℃、14 时相对湿度≤30％、14 时风速≥2 m/s 时,小麦开始受干热风危害,等等。这些农业气象指标对于作物的农业气象条件鉴定、进行农业气象预报提供了重要依据。

确定农业气象指标一般有两种途径:一是直接引用有关指标,在引用外地指标时,要注意地区间农业生产水平和农业气象条件差异的影响,指标必须经过验证和实际预报的检验才能在本地使用;二是根据田间调查、试验研究和资料分析来确定所需要的指标,如通过验证农谚(节气)等群众经验、利用调查观测资料进行对比分析、开展农业气象平行观测试验以及利用历史资料进行分析等方法确定,这是确定农业气象指标的根本途径。需要注意的是,农业气象指标往往不是恒定值,而是有一定的幅度范围,这和农业生产对象对外界环境气象条件的适应性、不同作物品种和农业技术措施的差异性等有关。此外,随着现代农业生产的发展和气候条件的变化,农业生产与气象条件的关系也会有所改变。所以,农业气象指标也会有所变化。在使用农业气象指标时既要看到在一定地理区域内和一定生产条件下农业气象指标具有相对稳定性,也要看到它的变动性。在实践中对指标要多方验证,适当修改,使指标更符合当地实际情况、更具有农业意义。

2. 预报内容的农业气候分析

主要包括历年平均情况、极端情况、各种情况出现的概率和保证率等方面。通过分析可以了解当地常年预报对象出现的一般情况和极端情况,这样就可以根据预报辨别是否远远偏离常年一般情况,或者是否超出历年极端值等,来判断预报结论是否合理,还可为确定关键预报时段和重点服务时期提供依据。例如,在开展小麦干热风预报时,通过分析某地历年发生情况看出,干热风主要出现在 5 月中旬至 6 月下旬,且 5 月下旬出现的概率最大,于是可以确定 5 月中旬至 6 月下旬为当地干热风预报服务的重点时期,5 月下旬为预报服务的关键时段。

3. 当前农业气象条件的鉴定

分析鉴定当前有关农业气象条件实况,评定当年前期已经形成的农业气象条件,说明其特点及对农业生产影响的利弊程度,以此为基础编制预报,可提高预报准确率。前期的农业气象条件能够直接影响农作物生长发育的进程,并对作物后期的生长发育有持续性影响,还可能改变作物对后期气象条件变化的适应能力。因此,开展预报时,必须考虑前期已形成的农业气象条件的特点,以及受其影响的作物当前发育状况,这样就可以进一步分析当前及前期气象条件对农业生产的利弊影响,并以此为基础开展预报,才能确保预报的合理性和准确度。另外,通过预报对象(如作物生长季水、热状况的预报)历史演变规律的分析,可得到预报对象前后变化的自相关规律或周期变化规律,并在此基础上进行外延预报。

4. 得到预报结论

为了避免片面性,使预报服务取得较好的效果,应采取多种预报工具和预报方法进行预报,必要时要进行多部门和上下级会商。

5. 提出有效的措施建议

为了使农业气象预报在实际生产中发挥作用,应在得出预报结论的基础上,从农业气象角度根据有关农业气象试验研究成果和服务经验,结合具体问题考虑提出应采取的趋利避害的措施和建议。提出的措施要切实可行、经济适用且效果显著。例如编制小麦干热风预报时,在具体预报干热风出现日期和强度基础上,应针对当前小麦生育状况,进一步提出有效的措施建议,使干热风对小麦的危害降到最低限度,尽可能保障小麦有较好的收成。

6. 农业气象预报的编印和发布

编印时要力争做到文字通俗易懂,图文并茂,图表力求清晰,重点突出。编印成文后就要通过网络、手机通信、报纸、广播等方式发布到有关部门和生产单位。一份完整的农业气象预报通常包括:①预报内容的农业气候分析结果;②前期和当前农业气象条件的基本特点;③主要预报结论的说明;④有关农业气象措施的建议;⑤附上必要的资料图表等。

第四节　现代农业气象服务概述

一、现代农业气象服务

1. 气象服务

服务是指履行职务,为他人做事,并使他人从中受益的一种有偿或无偿的活动,不以实物形式而以提供劳动的形式满足他人某种特殊需要。气象服务按其属性,属于公共服务范畴。按气象服务对象划分,气象服务可划分为决策气象服务、公众气象服务、专业气象服务和科技服务。

决策气象服务是各级党委、政府在制定经济社会发展规划、指挥生产、组织防灾减灾、应对气候变化、开发利用资源、改善生态环境、举办重大社会活动、建设重大工程等科学决策时,由气象部门提供的专业性气象信息服务。

公众气象服务是气象部门及时地为社会大众合理安排工作生活、组织生产、防灾减灾,以及在气候资源合理开发利用和环境保护等方面进行科学决策所提供的公益性气象信息服务。服务产品包括日常天气预报、灾害性天气预报、警报和预警信号、沿海天气预报、森林火险等级预报、天气热点、天气周报、双休日天气预报、天气实况、百姓生活气象指数预报等。服务手段主要通过广播电台、电视、网络、报纸、热线电话、客户端等多种渠道向社会传播。

专业气象服务是为各行各业提供的针对行业需要的气象服务,是为经济社会有关行业和用户提供的用来满足特定行业和用户个性化需求、有专门用途的气象服务,是公共气象服务的重要组成部分。结合气象服务产品的专业化加工和信息技术应用,构建专业化、精细化、个性化的专业气象服务平台,能够满足国民经济多种产业或行业中不同生产对象、不同生产过程的具体要求,从而达到提高工效、减少能耗和降低损失的目的。我国专业气象服务内容日益丰富、精细,针对性更强,逐步开展专业气象预报和专业气象实况监测产品服务,如为专业用户提供其所需要的温度、降水、风速、风向等气象实况监测产品,气象卫星、天气雷达、闪电定位等监测产品,以及天气系统和台风、暴雨、雷电、冰雹、大风、大雪等灾害的种类、出现地点、时间和强度的图示性描述等产品,开展沙尘暴、流域面雨量、地质气象灾害、渍涝风险、森林和草原火险气象等级、公路交通气象、城市沥涝预报和空气质量等预报服务,以及公共卫生气象条件和能源、电力、旅游、体育等专业预报服务。

科技服务是为专门用户提供的特殊需要的气象服务,包括依托基本气象情报预报信息提供的专业气象有偿服务和科技开发、咨询服务。

2. 农业气象服务

农业气象服务是气象部门重要的服务内容之一。随着现代农业的发展,对农业气象信息服务提出了更高的要求。现代农业气象服务领域,由以粮食作物为主的种植业,逐步拓宽为包括农、林、牧、渔、果、蔬以及加工、仓储、运输等农副业。农业气象服务对象,由主要针对政府部门决策服务转变为决策服务和公众服务并重,强调农业气象服务于广大的农民、农业公司企业、农业组织等用户。农业气象服务产品,除了传统农业气象情报、预报、专题分析等产品外,还有农业气候区划和资源利用等。

二、现代农业气象服务对象

1. 农业气象决策服务对象

(1)党政领导机关。主要包括党委、人民政府负责领导和分管农业的领导以及党委政府机关内设的办事机构。这是直接对农业做出决策的管理部门,各项方针政策制定对农业气象信息的需求很大,是决策服务的重点。

（2）相关政府管理、立法决策部门。主要包括人民代表大会常务委员会的农业委员会、各级发展和改革委员会中的涉农部门及各级财政、民政管理机构。这些工作部门涉及农业方面的工作较多，需要农业气象服务信息辅助。一些重点农业气象服务信息，如专题报告，可以为这些部门的决策工作提供参考。

（3）农业行政管理部门和内设办事机构。主要包括农业局（站）以及内设的粮油局（处）、植保监测站、蔬菜办等与农业气象密切相关的职能部门。这些部门是农业生产直接管理机构，各项政策和措施都需要农业气象信息服务。

（4）防灾应急公共管理部门。主要包括政府的防汛抗旱指挥部、民政以及公共应急管理机构。这些部门担负着防灾救灾和保障民生安全职责，对农业气象灾害信息和突发气象灾害信息需求很高，重要农业气象灾害（预警、监测、评估）信息对防灾救灾以及保障民生意义重大。

（5）其他涉农政府部门和事业单位。包括统计局、农调队、科技厅、农业科研院所等。这些部门从事的工作内容对农业气象信息也有需求，但需要量相对较少，紧迫性不强，可以通过建立信息交换机制，提供农业气象服务信息。

（6）各级气象部门。包括气象系统各级部门，均需要及时准确掌握农业和气象等方面信息，上下联动，信息互递，保障决策服务效果。

2. 农业气象公众服务对象

（1）农业生产者。主要包括农户、渔民、种养殖专业户、牧民、园艺专业户和其他特色农业种植户等个体，以及农场、渔场、林场、牧场等生产单位和病虫防治等农业专业化服务队。他们是最直接的农业生产者，在长期的生产中积累了丰富的农业技术知识，但面临农业气象信息缺乏，处于靠"天"吃饭但对"天"又知之甚少的境地，对农业气象信息服务有着极大需求。

（2）农村居民和小城镇居民。农村居民一部分直接是农业生产者，也有部分是非农业劳动力。他们居住在农村或小乡镇，对农业气象信息尤其是气象灾害信息需求同样强烈。

（3）农村居民自治组织和各种涉农组织。主要包括村委会以及各种农业生产协会，他们在组织农业生产和抗灾自救中扮演着重要角色，对农业气象信息需求不亚于普通农户，甚至需求更大。

（4）其他从事农副加工业的个人或组织。如农产品加工、农机化服务、农业运输、农业产品仓储销售、农用物资销售、农产品电商平台等。他们多是以个体经济或小型公司（企业）经济方式运作，对农业气象信息也有较强烈的需求。随着市场发展，他们中间的一部分也将是专业气象信息服务的潜在群体。

3. 农业气象专业信息服务对象

（1）农业生产加工企业。主要是从事农业生产、加工或服务的大型公司或企业，包括从事粮食加工、良种繁育、畜牧养殖、水产养殖、专业种植加工（如烟草、花卉、茶叶、麻类、棉花、饲草等）和农产品经营、农业物流等公司。这些从事与农业有关的生产、加工或服务一体化的大型企业，收益直接与农业生产效益挂钩，对农业气象服务信息要求高，一般信息不能完全满足他们的需要，还需要专业信息服务能给他们带来丰厚的效益。

（2）农业工程和农业原料设备生产企业。主要是从事农资设备生产、农业机械生产等的第二产业。他们生产的产品直接用于农业生产，农业气象专业信息可以指导他们生产农业上更需要的设备。例如，如果预测该年度干旱发生概率较大，农业灌溉设备的需求可能增大，企业可多生产、多筹备，在干旱来临时，可满足市场急需，给企业带来巨大的经济效益。

（3）农业服务和咨询业。包括农业保险、农业科技咨询、农产品研发以及农业应用技术开发等公司。他们从事与农业直接相关的第三产业，农业气象专业信息是其进行决策的重要信息来源。如农业保险公司在制定某种农业灾害的保险费率时，要充分考虑灾害风险，需要专业的农业灾害风险信息；在开展保险经营时，各种灾害预警、监测和评估信息是保险风险规避、保险理赔的重要依据。

（4）其他与农业相关的个人、企业（公司）或组织。随着农业经济发展，这些服务对象将会不断增多。如银行业，对农业的投资贷款也需要参考农业气象信息；如移动通信公司，开展短信增值服务直接需要农情信息；如从事期货、粮食进出口贸易公司、商业化的农经网等都需要相关的农业气象信息。

三、现代农业气象服务内涵

开展决策农业气象服务，提高农业气象决策服务意识，增强决策农业气象服务的主动性、敏感性、综合性和时效性；针对农村、农民等农村社会公众的需求，开发精细化的农业气象服务产品，加强对各种农事活动的气象指导，强化公众农业气象服务的针对性和时效性；针对农村种养大户、农村合作组织、农业龙头企业等专业用户的需求，开展特色农业、设施农业、林业、畜牧业、渔业等大农业生产的专业农业气象服务；发展、完善现代农业气象服务系统，建立农业气象服务信息发布平台，推进农村气象综合信息服务站以及农村气象信息员队伍的建设。

1. 开展决策农业气象服务

围绕发展现代农业、建设社会主义新农村、农业防灾减灾、国家粮食安全保障以及农业应对气候变化等对农业气象服务的重大需求，加强决策农业气象服务能力建设。向决策部门提供关键农时农事季节的气象监测分析、重大农业气象灾害监测预警与影响评估、灾害风险分析与预测预估、农作物产量预报、农业气候资源开发利用以及农业应对气候变化等方面的决策服务。增强决策农业气象服务的主动性、敏感性、综合性和时效性。

建立健全与相关部门的多渠道沟通协作机制,制定和完善决策农业气象服务方案,明确服务重点,规范服务产品,提高服务针对性;研究党政决策部门关注的农业发展重点、热点、新点,变被动服务为主动服务,变滞后服务为超前服务,提高服务敏感性;加强对农业气象信息综合分析,提高服务的综合性;建立畅通快捷的服务产品至党政决策部门的发送渠道,提高服务时效性。

四级气象业务单位均开展相应层次的决策农业气象服务。国家级业务单位主要针对国家宏观决策需求,提供国家级决策农业气象服务产品,并加强对下级的服务指导。省级业务单位针对当地农业生产、新农村建设和农业经济发展的重大需求,提供区域性决策农业气象服务产品,并对市、县级决策农业气象服务予以具体指导。市、县级业务单位要在上级指导下,开展具有本地特色、满足当地党政决策部门需求的决策农业气象服务。

2. 加强面向农村、农民的农业气象服务

强化面向农村基层组织和农民的公众农业气象服务。开发精细化的农业气象服务产品,开展农用天气预报服务,加强对各种农事活动的气象指导;强化精细化农业气象情报服务;加强农业生产的气象咨询服务和农业气象科技知识普及;加强农村气象灾害预警服务;完善农业气象服务信息发布系统,提高农业气象服务信息传播能力,到 2015 年,农业气象服务信息公众覆盖率达到 90% 以上。

研发现代农业气象服务指标体系,建立和扩充农业气象服务数据库,建立适应农村农民用户需求的农业气象服务产品的制作平台,开发制作精细化的农业气象服务产品。建立农业气象科普基地,开展农业气象科技知识的普及与技术咨询服务,提高农民利用气象信息安排农业生产活动和防御灾害能力。依托公共气象信息发布平台,综合运用计算机、卫星通信、多媒体等技术手段,建立覆盖城乡社区的、立体化的农业气象服务信息发布系统,解决农业气象信息发布的最后一公里问题。依托气象信息系统,发展"政府主办、部门承办、涉农部门协办"的农村经济信息网,推动乡镇农村信息服务站建设,发展农村气象信息员队伍。

国家级业务单位主要承担面向农村、农民的精细化气象服务指导产品制作和技术支持;省级业务单位开展农业气象服务信息传播平台和农村气象灾害预警信息发布系统建设,提供精细化的农业气象服务产品;市、县级单位作为面向农村、农民气象服务的主体,在上级的指导下,全面开展面向农村、农民的农业气象服务,开展乡镇农村信息服务站以及农村气象信息员队伍建设。

3. 发展面向专业用户的农业气象服务

要面向农村种养大户、农村合作组织、农业龙头企业、农业保险部门等专业用户,因地制宜地发展特色农业、设施农业、林业、畜牧业、渔业生产过程以及产品储运、加工、销售等专业农业气象服务;开展农业气象适用技术的推广、示范和咨询;探索和发展政策性农业保险、农业再保险气象服务。

深入了解特色农业、设施农业、林业、畜牧业、渔业生产以及农产品储运、加工、销售过程中的农业气象问题,探索建立相应的农业气象服务技术体系,制定服务流程与技术规范。依托现代农业气象业务产品,进行满足专业用户需求的服务产品深加工。开发农业保险气象服务技术,建立政策性农业保险气象服务系统,制作农业保险气象服务产品。

面向专业用户的农业气象服务业务在省及省以下业务单位开展。省级要依据地方需求,制作农业专业化生产所需的服务产品,承担对下指导工作;市、县级业务单位根据地方特点,开展本地区农业专业化生产所需要的农业气象服务。

思考题

1. 什么是现代农业气象预报?
2. 现代农业气象预报与一般性气象预报有哪些区别?
3. 现代农业气象预报的目的和任务是什么?
4. 农业气象预报服务遵循的原则是什么?
5. 什么是气象服务?现代农业气象服务的内涵是什么?

第二章　农业气象预报种类与方法

本章介绍农业气象预报的理论依据及我国农业气象预报的种类,具体介绍农业气象预报的主要方法,包括统计学、天气学、气候学、物候学、模糊数学、数字模拟及卫星遥感等预报方法的原理及应用。

第一节　农业气象预报理论依据与种类

一、预报理论依据

农业气象预报主要依据农业生物生长发育的生物学规律和农业气象规律。理论依据主要表现在以下四个方面。

1. 气象要素对农业生产过程作用的持续性

持续性含义有二,一是某些农业气象要素本身可以累积或贮存起来,以便逐渐地、持续地提供给农作物,满足生长发育的需要。例如,由大气降水或人工灌溉所形成的农田土壤水分这一农业气象要素,就明显地具有这种特性。二是当农业气象要素对农作物生长发育发生作用以后,这种作用的效果可以持续到其后一段时间。例如某一时段天气持续晴好,温度偏高,光照充足,促使农作物生长健壮,发育加快,致使其后各发育期也相应提前出现。

编制农业气象预报必须考虑气象要素对农业生产过程(即播种、栽插、中耕、施肥、灌溉、喷药、收获、运输、贮藏等)的影响的持续性。例如,大气降水形成的农田土壤水分贮存量,在编制农田土壤水分预报和分析未来墒情状况时,作为前期的预兆性因子非常重要。根据对北京地区某农田水分与大气降水关系的研究表明:当 8 月降水量≥250 mm,9 月上、中旬降水量又达 100 mm 时,则冬前可以形成良好的底墒,且可维持到第二年春季,即使第二年春季 3—4 月降水较常年偏少,农田土壤水分含量仍可供应春播作物正常出苗的需要,而不致发生春旱。因此,根据头年 8—9 月的大气降水或早春土壤解冻时的农田含水情况及其对农田墒情变化的持续性作用,便可以准确地预报当年春播季节是否会发生干旱。

2. 农作物生长发育与农业气象要素的相关性

农业生产是在自然条件下进行的,自然条件中的光,热、水分等都是气象因素,又是农作物生长发育的必要条件,农民说得好:"土是根,热是劲,水是命"。狭义的农业气象要素常是指与农业生产有关的气象要素,广义的还可包括农业生产本身的一些特征量。农业气象平行观测中所有的观测项目以及农业气象问题触及的参数,如发育期、种植密度、植株高度、产量等都是农业气象要素,具体如表 2-1 所示,农业气象条件有有利和不利之分。有利的农业气象条件,使生物生长发育良好,有望丰产,人们往往称之为"风调雨顺";反之,生长、发育不好,导致减产失收。农业气象条件有利与否,因时、因地、因农业生产对象与过程而有所不同。

表 2-1　常见的农业气象要素

光照	日照时数、辐射光谱、照度、光饱和点、光补偿点
温度	气温、低温、水温、农业生物体温(叶温、家畜体表温)
水分	空气湿度、降水量、水面蒸发、土壤湿度、土壤有效水分存储量、农田耗水量、土壤水势、土壤农业水文特性、土壤蒸发、蒸腾
气体	风向、风速、CO_2 浓度、CO_2 饱和点和补偿点
其他	云天状况、雾、露、霜、冰冻、积雪等

(来源:中国气象局政府门户网站)

农业生产是活的有生命物质的生产,在它的整个生命周期中,各发育期之间彼此有机联系。前期气象条件造成农作物生长发育状况的好坏固然可以通过栽培措施加以调节,使其后的生长发育状况有所改变,但终究会保留其前期作用的某些结果的痕迹。例如黄淮地区的冬小麦,在拔节—孕穗以前,如遇低温、寡照等不利天气气候条件影响,生长瘦弱的话,尽管加强拔节—孕穗期间的水肥管理,也很难扭转灌浆成熟期植株抗性较弱的状况,后期再遇有干热风或病虫危害,产量将明显下降。

3. 农业气象要素和农业生产的相对稳定性

一个地区逐年的天气气候条件和农业生产情况虽然不完全相同,有的年份可能变化较大,但从多年平均情况看,二者则是相对稳定的。以农业气象要素变化为例,既有多年平均值和极端值,又有各种界限值和保证率。这些数值均相对稳定,而且有一定的概率分布。深入细致地分析各种农业气象要素、农业气象条件和农业生产的相对稳定性,掌握各种平均值、极端值、界限值和保证率,就可以比较准确地编制出各种农业气象要素或农业气象条件的预报。

4. 外界气象条件对农作物生长发育和产量形成作用的非等同性

这种非等同性主要指:①在一定的气候栽培区内,各个农业气象要素对农作物生长发育和产量形成的作用程度不相同。例如,长江中下游地区影响水稻产量高低的主要是温度因子,凡是温度偏高的年份,产量就高;凡是温度偏低的年份,产量就低。而影响麦类作物产量高低的则主要是降水因子。凡是春季降水偏少的年份,麦类作物就丰产;凡是春季降水偏多的年份,麦类作物就歉收。②同一气象因子对农作物不同生育阶段的作用效果不相同。农业气象学和植物生理学中的"临界期"概念,农业气象学中的"关键期"概念,都是这种非等同性的概括表达。例如水稻分蘖和穗形成期(指从幼穗开始分化—抽穗开花)对温度因子反应比较敏感,温度稍低一点,就严重影响分蘖数和结实率,孕穗期对水分因子反应比较敏感,这个时期如果不能保证水分供应,发生水分亏缺,就会严重影响结实率和产量。

总之,农业生产过程中农作物或畜禽等农业生产对象生长发育的生物学规律、天气气候演变的气象学规律、各种预报方法的内在规律,以及农业生产及气象条件相结合以后所形成的农业气象学特有规律,都是编制农业气象预报的理论依据。这些规律还有待今后继续努力实践、认识和总结。

二、现代农业气象预报的种类

农业气象预报按预报时效,还可将其分为长期、中期和短期等预报。预报时效短于 48 h 的为短期预报,在 3～10 d 上的为中期预报,一个月以上的为长期预报或短期气候预测。而按农业气象预报使用的地区也可将其分为县、市(地区)、省、区域以及全国的农业气象预报等。按农业气象预报的发布情况可将其分为一次性预报、阶段性逐次订正预报、实时预报等。按预报内容,则从农事关键季节天气条件、各种农作物主要发育期、主要农技措施适宜天气、病虫害发生发展、直到农作物产量形成和年景丰歉等都有开展。但从我国农业生产和天气气候特点以及广大气象台站近年来开展的农业气象预报服务实践看,大致可归纳为以下六种主要类型。

1. 农用天气预报

农用天气是指对人类从事农业生产活动和农业生产对象生长发育过程有影响的天气。农用天气预报是根据农业生产活动和农业生产对象生长发育过程而编发的一种针对性较强的专业气象预报。农用天气预报就其本质来说,虽然也是天气预报,但它不同于一般性的天气预报,它除了分析天气形势和有关的天气系统外,还具体考虑了当地当前农业生产对天气条件的要求。预报的项目、内容比一般性天气预报明确、具体,便于农业生产直接使用。由于农业生产全过程包括播种、管理和收获三个主要环节,所以农用天气预报通常也至少应包括播种、管理和收获三个方面。就国内目前实际开展的情况看,主要限于播种和收获两个方面受天气条件利弊影响的分析与建议。至于田间管理方面,例如看天施肥、喷药、中耕、除草以及排灌等适宜天气条件预报,开展得还不充分。

农用天气预报服务产品是从农业生产需要出发,在天气预报、气候预测、农业气象预报的基础上,结合农业气象指标体系、农业气象定量评价技术等,预测未来对农业生产有影响的天气并分析具体影响,提出有针对性的生产管理措施和建议,为农业生产提供指导性服务的农业气象专题性服务产品。农用天气预报服务产品要有 3 个基本要素,分别是天气气候预报预测、天气气候影响评估、农业生产管理措施建议。气象条件对农事活动适宜气象等级划分为适宜、较适宜、不适宜 3 级 。

2. 农田土壤水分状况预报

土壤水分是农作物生长发育的重要农业气象条件之一,农作物所进行的光合作用、养分吸收、输送、转化、调节体温以及最终形成产量等生长发育均需要在水分的参与下,才能正常进行。在我国三北地区(东北、华北、西北),由于每年都会遇到不同程度的干旱灾害,所以土壤水分预报也是农业生产上很受欢迎的一项预报内容,作准土壤水分预报对帮助农业部门进行抗灾工作及各项田间工作的能否顺利进行和取得良好作业质量均起着重要作用。

土壤水分预报所用的方法有些是通过分析多年墒情资料寻求在不同土质、不同给水量、不同天气型等条件下土壤水分的收、失规律及具体数量;有些则是从水分平衡角度计算蒸发量并估算土壤水分的丢失状况。

3. 作物发育期预报

农作物生长发育的快慢,在很大程度上取决于外界气象条件,特别是温度是否适宜。农作物主要物候期预报就是根据农作物的生物学特征,结合外界气象条件的变化,预测出农作物主要物候期出现的日期,以便生产部门适时地进行科学的田间管理。国内目前广泛开展的农作物适宜播种期和收获期预报,主要是水稻、棉花等喜温作物和小麦等耐凉作物的适宜播种期和收获期预报。国内目前开展的农作物发育期预报有三麦(大麦、小麦、元麦)、油菜、早稻成熟期预报、晚稻齐穗期预报、杂交水稻、玉米、高粱制种的花期相遇预报、桑树展叶期预报等。

目前主要采用平均间隔法、物候指标法、积温法、光温法进行预报,预报内容包括农作物适宜播种期、主要发育期和收获期。

4. 农业气象灾害预报

在农业生产过程中,凡出现抑制生产正常进行,并导致减产的气象灾害,统称为农业气象灾害。农业气候灾害预报包括干旱、霜冻、热风与干枯连阴雨天气、冰雹、寒露风等气象灾害的预警。气象台站开展农业气象灾害预报服务,可以为农业部门制定种植计划,选择作物种类和品种搭配,安排茬口,采取相应的栽培技术措施,为避免或减轻灾害损失提供依据。如晚稻抽穗开花期遇低温冷害,会造成大量空壳秕粒而减产,是我国双季稻区晚稻减产"低而不稳"的主要农业气象灾害。如果能及早地、准确地预报出低温冷害出现的时间和强度,农业生产部门就可以对晚稻种植面积、品种、适宜播种期以及早晚稻品种的搭配等做出合理安排,并采取一些其他措施,使晚稻在低温来临前安全齐穗。

　　国内目前开展的农业气象灾害预报主要包括霜冻预报、冻害预报、冷害预报、干热风预报、农业干旱预报、连阴雨预报、渍涝预报和高温预报等。

　　5. 农作物病虫害发生发展的气象等级预报

　　从农业气象角度，根据农业病虫害发生发展所需要的环境气象条件，即病虫生理气象指标，利用数理统计方法，分析、诊断及预测某一时段的气象条件对病虫害发生发展适宜程度的一种农业气象预报，就是农业病虫害发生发展气象等级预报。

　　农作物病虫害发生发展的气象条件预报，包含有长、中、短期之分。一般在病虫发生以前半年左右编发的长期预报，多是为农业部门和生产单位制定病虫防治计划服务的；在病虫发生以前一个月或 7 d 左右编发的中、短期预报，是为防治的准备工作和具体指导防治措施服务的。预报时效的长短，与病虫本身繁殖、发病周期长短有关。凡是传染周期短、繁殖迅速，能在短时间内就达到较多的群体数量或发病率的，预报的时效就短；而对一年内发生代数较少的害虫，预报的时效就长些。在实际服务中，多是长、中、短期结合进行的。国内目前已经开展的病虫害发生发展的气象条件预报比较多，几乎涉及了稻、麦、棉、油、玉米等作物的主要病虫。如稻飞虱、稻瘟病、小麦白粉病、赤霉病、玉米螟、红蜘蛛及蚜虫等病虫害发生发展气象等级（条件）预报。

　　6. 农作物产量和农业气象年景预报

　　从农业气象角度编制农作物产量和农业气象年景预报，应是农作物产量和农业气象年景形成的农业气象条件预报，重点在于分析、预测影响农作物产量和农业气象年景形成的关键时期、关键气象条件的变化情况。在进行产量质量预报时，要首先分析确定影响产量质量的气候关键期，并对关键期中明确影响作物产量的重要因子进行分析，然后利用数理统计方法、气象条件对比评定产量法、生物学法、数值模拟法、卫星遥控法来进行产量质量预报。

　　当各主要农业气象条件配合适宜时，农业丰收；反之，农业减产。每年气象条件中的水、热状况的变化，是影响产量的重要因子，因此，在农业年景趋势预报中，主要是将农业年度内大范围的旱涝、冷暖趋势预报和农业生产相结合，来编制农业丰歉的年景趋势预报。

第二节　农业气象预报方法

　　农业气象预报所采用的方法，归纳起来主要有统计学、天气学、气候学、物候学、综合评价与决策方法、数值模拟、卫星遥感等方法。

一、统计学方法

统计学方法是以概率论、数理统计理论为依据,运用统计手段,寻求和建立各随机变量之间相关关系的方法。统计学方法由于能够比较客观、定量地揭示各种随机变量之间的内部规律,能够很好地反映农业生产与天气气候条件之间的相关关系,所以统计学方法是农业气象预报中应用最为广泛的一种方法。几乎所有类型的农业气象预报,都可采用统计学的方法来编制。目前比较常用的数理统计预报分析法主要包括时间序列分析、主成分分析、多元回归分析、定性数据的建模分析、韵律、相似等。例如,基于低温指数对水稻扬花期进行低温预报,合理划分时间序列,转换为均生函数,根据 EOF(经验正交函数)进行分析和展开,结合水稻的生长周期,筛选出扬花期的均生函数,以周期作为均生函数的自变量,进行低温预报,构建回归预测模型。

1. 时间序列分析的方法

20 世纪 90 年代,Wei 等(1990)将数学中的算术平均概念推广在统计学上,提出了均生函数(Mean Generating Function,MGF)的概念。均生函数是一个由原始序列产生的周期性函数,基于均生函数建立的预测模型能够较好地利用长时间序列数据对目标信息进行模拟。

假设一个样本时间序列

$$x(t) = \{x(1), x(2), \cdots, x(N)\} \tag{2-1}$$

式中 N 为样本长度,$x(t)$ 的算术平均值为:

$$\bar{x} = \frac{1}{N} \sum_{t=1}^{N} x(t) \tag{2-2}$$

在式(2-2)的基础上,式(2-1)的均生函数可定义为

$$\bar{x}_l(i) = \frac{1}{n_l} \sum_{j=0}^{n_l - 1} x(i + jl), \quad i = 1, 2, \cdots, l, \quad 1 \leqslant l \leqslant M \tag{2-3}$$

式中 n_l 为满足 $\frac{N}{l}$ 的最大整数 $\left(n_l \leqslant \left[\frac{N}{l}\right]\right)$;$M$ 为不超过 $\frac{N}{2}$ 的最大整数 $\left(M = \left[\frac{N}{2}\right]\right)$。对 $\bar{x}_l(i)$ 进行周期延拓,可以得到:

$$f_l(t) = \bar{x}_l(i), \quad t = i \bmod(l), t = 1, 2, \cdots, N \tag{2-4}$$

式中 $\bmod()$ 表示为同余式,即 t 与 i 对模 l 同余。由此,均生函数延拓矩阵 $\boldsymbol{F}$ 可构建为

$$\boldsymbol{F}_{N \times M} = (f_{ij})_{N \times M}, \quad f_{ij} = f_l(t) \tag{2-5}$$

根据主成分分析方法对 $\boldsymbol{F}$ 进行降维,提取出能够反映原始序列主要信息的主分量建立预测模型:

$$F_{N \times M} = V_{N \times M} \cdot C_{M \times M} \tag{2-6}$$

式中 V 表示主成分, C 表示特征向量。由于特征向量 C 相互正交,故有:

$$V = F \cdot C^T \tag{2-7}$$

根据方差递减原理,初始的 M 个均生函数可减少到 K 个,起到降维作用。将主成分与时间序列联立得到方程:

$$X = V\boldsymbol{\Phi}' + \varepsilon \tag{2-8}$$

$$\boldsymbol{\Phi}' = (V^T V)^{-1} V^T X \tag{2-9}$$

式中 $\boldsymbol{\Phi}'$ 代表由主成分计算所得的回归系数。$\boldsymbol{\Phi}'$ 与其原系数 $\boldsymbol{\Phi}$ 二者间的关系可表示为

$$\boldsymbol{\Phi}' = C^T \cdot \boldsymbol{\Phi} \tag{2-10}$$

由于 C 为正交矩阵,因此有

$$C^T \cdot C = C \cdot C^T = E \tag{2-11}$$

$$\boldsymbol{\Phi} = C \cdot \boldsymbol{\Phi}' \tag{2-12}$$

综上所述,完成时间序列 $x(t)$ 预测模型构建

$$X_{N \times 1} = F_{N \times K} \cdot \boldsymbol{\Phi}_{K \times 1} \tag{2-13}$$

那家凤(1998)根据多年长时序的水稻扬花期低温指数,基于均生函数及经验正交函数(EOF)分析方法,对建立低温冷害预测模型进行了研究。该研究中低温指数(T_{Li})同时考虑低温影响时长和强度,表达为低温有害天数(T_{di})与低温有害积温(ΔT_i)之积,日平均气温低于或等于水稻扬花期低温临界温度(T_i)即定义为低温冷害,不同海拔高度的 T_i 存在差异。

$$T_i = 26.4 - 0.00284 H_i \tag{2-14}$$

式中 i 为某地点; H_i 为某地海拔高度,单位为米(m)。

2. 主成分分析法

主成分分析也称主分量分析,是利用降维的思想,在损失很少信息的前提下,把多个指标转化为几个综合指标的多元统计方法,通常把转化生成的综合指标称为主成分,其中每个主成分是原始变量的线性组合,且各个主成分之间互不相关,使得主成分比原始变量具有某些更优越的性能。在研究复杂问题时就可以只考虑少数几个成分而不至于损失太多的信息,从而更容易抓住主要矛盾,揭示事物内部变量之间的规律性,同时使问题得到简化,提高分析效率。基于主成分分析法的评级步骤如下。

(1)对原始数据矩阵 X 进行标准化处理。将各指标值 x_{ij} 转换成标准指标 x_{ij}^*:

$$X = \begin{pmatrix} x_{11} & x_{12} & \cdots & x_{1p} \\ x_{21} & x_{22} & \cdots & x_{2p} \\ \vdots & \vdots & \vdots & \vdots \\ x_{n1} & x_{n2} & \cdots & x_{np} \end{pmatrix} \tag{2-15}$$

$$x_{ij}^* = \frac{x_{ij} - \bar{x}_j}{\sqrt{\mathrm{var}(x_j)}}, \quad i = 1,2,\cdots,n, j = 1,2,\cdots,p \tag{2-16}$$

式中样本均值 $\bar{x}_j = \frac{1}{n}\sum\limits_{i=1}^{n} x_{ij}$，样本标准差 $\mathrm{var}(x_j) = \frac{1}{n-1}\sum\limits_{i=1}^{n}(x_{ij} - \bar{x}_j)^2$。

（2）计算样本相关系数矩阵。相关系数矩阵 $\boldsymbol{R} = (r_{ij})_{p \times p}$，有：

$$r_{ij} = \frac{1}{n-1}\sum_{t=1}^{n} x_{ti}^* \cdot x_{tj}^*, \quad i,j = 1,2,\cdots,p \tag{2-17}$$

式中 $i = j$ 时，$r_{ij} = 1$；$r_{ji} = r_{ij}$，r_{ij} 为第 i 个指标与第 j 个指标的相关系数。

（3）计算特征值和特征向量。计算相关系数矩阵 $\boldsymbol{R}$ 的特征值 $\lambda_1 \geqslant \lambda_2 \geqslant \cdots \geqslant \lambda_p$ $\geqslant 0$ 及相应的特征向量 $\boldsymbol{\varepsilon}_1, \boldsymbol{\varepsilon}_1, \cdots, \boldsymbol{\varepsilon}_n$，其中 $a_i = (a_{i1}, a_{i2}, \cdots, a_{ip})^T$，由特征向量组成 p 个新的指标变量：

$$\begin{cases} y_1 = a_{11}\tilde{x}_1 + a_{21}\tilde{x}_2 + \cdots + a_{p1}\tilde{x}_p \\ y_2 = a_{12}\tilde{x}_1 + a_{22}\tilde{x}_2 + \cdots + a_{p2}\tilde{x}_p \\ \qquad\qquad\vdots \\ y_p = a_{1p}\tilde{x}_1 + a_{2p}\tilde{x}_2 + \cdots + a_{pp}\tilde{x}_p \end{cases} \tag{2-18}$$

（4）选择 $k(k \leqslant p)$ 个重要的主成分，并写出主成分表达式，计算综合评分值。

① 计算特征值 $\lambda_j, j = 1,2,\cdots,p$ 的信息贡献率和累计贡献率。称

$$b_j = \frac{\lambda_i}{\sum\limits_{i=1}^{p} \lambda_i}, \quad j = 1,2,\cdots,p \tag{2-19}$$

为主成分 y_j 的信息贡献率；而且称

$$a_s = \frac{\sum\limits_{i=1}^{s} \lambda_i}{\sum\limits_{i=1}^{p} \lambda_i} \tag{2-20}$$

为主成分 $y_1, y_2, \cdots, y_s$ 的累计贡献率。当 a_s 接近于 $1(a_s = 0.85, 0.90, 0.95)$ 时，则选择前 $s(s \leqslant p)$ 个指标 $y_1, y_2, \cdots, y_s$ 作为 s 个主成分，代替原来的 p 个指标变量，从而可对 s 个主成分进行综合分析。

②计算综合得分

$$Z = \sum_{j=1}^{s} b_j \lambda_j \tag{2-21}$$

式中 b_j 为第 j 个主成分的信息贡献率，根据综合得分值就进行评价。

在实际气象预报应用中，选择了重要的主成分后，还要注意主成分实际含义解释。主成分分析中一个很关键的问题是如何给主成分赋予新的意义，给出合理的解

释。一般而言,这个解释是根据主成分表达式的系数结合定性分析来进行的。主成分是原来变量的线性组合,在这个线性组合中各变量的系数有大有小,有正有负,有的大小相当,因而不能简单地认为这个主成分是某个原变量的属性的作用,线性组合中各变量系数的绝对值大者表明该主成分主要综合了绝对值大的变量,有几个变量系数大小相当时,应认为这一主成分是这几个变量的总和,这几个变量综合在一起应赋予怎样的实际意义,这要结合具体实际问题,给出恰当的解释,进而才能达到深刻分析的目的。

主成分分析方法在农业气象预报中应用较为广泛,基于统计方差的主成分分析是将多个研究变量综合成有限个互不关联特征指标的统计学方法。在数学变化中保持总方差不变时,筛选方差贡献最大的主成分作为研究依据。郭小芹等(2010)利用1999—2008年棉铃虫发生资料与同期气象资料,通过对棉铃虫危害程度和其种群消长动态的分析,采用主成分方法对棉铃虫发生动态进行模拟,建立了棉铃虫危害特征预测模型。预测模型准确率为78%~89%,订正模型准确率提高10%以上。模型预测时效超前、效果好,且具有动态特征,可用于研究区域棉铃虫发生程度的监测、预警与研究。

3. 多元回归分析

在统计学中,回归分析就是对拟合问题做的统计分析,研究随机变量之间的关联关系的方法,称作回归分析方法。自变量是影响因变量的主要因素,是人们能够控制或能观察的称为可控因素,而因变量还受到各种随机因素的干扰。通常可以合理地假设这种干扰服从均值为零的正态分布。具体地说,回归模型是根据得到的若干有关变量的一组数据,寻求因变量与自变量之间的函数关系建立因变量 y 与自变量 x_1,$x_2,\cdots,x_n$ 之间的回归模型(经验公式);对回归模型的可信度进行检验;判断每个自变量 $x_1,x_2,\cdots,x_n$ 对 y 的影响是否显著;诊断回归模型是否适合这组数据;利用回归模型对 y 进行预报或控制。

若自变量的个数多于一个,回归模型是关于自变量的线性表达形式,则称此模型为多元线性回归模型,其数学模型可以写为

$$y = \beta_0 + \beta_1 x_1 + \cdots + \beta_m x_m + \varepsilon \tag{2-22}$$

式中:$\beta_0,\beta_1,\cdots,\beta_m$ 为回归系数;ε 为随机误差,服从正态分布 $N(0,\sigma^2)$,σ 未知。

回归分析的主要步骤:①由观测值确定参数(回归系数)$\beta_0,\beta_1,\cdots,\beta_m$ 的估计值 $b_0,b_1,\cdots,b_m$;②对线性关系、自变量的显著性进行统计检验;③利用回归方程进行预测。回归系数的最小二乘法估计具体方法如下。

对 y 及 $x_1,x_2,\cdots,x_m$ 作 n 次抽样得到 n 组数据$(y,x_{i1},x_{i2},\cdots,x_{in})$,$i=1,\cdots,n,n>m$。代入式(2-22),有

$$y_i = \beta_0 + \beta_1 x_{i1} + \cdots + \beta_m x_{im} + \varepsilon_i \tag{2-23}$$

式中，$\varepsilon_i(i=1,2,\cdots,n)$ 为服从正态分布 $N(0,\sigma^2)$ 的 n 个相互独立同分布的随机变量。记

$$A = \begin{bmatrix} 1 & x_{11} & x_{12} & \cdots & x_{1m} \\ 1 & x_{21} & x_{22} & \cdots & x_{2m} \\ \vdots & \vdots & \vdots & & \vdots \\ 1 & x_{n1} & x_{n2} & \cdots & x_{nm} \end{bmatrix}, y = \begin{bmatrix} y_1 \\ y_2 \\ \vdots \\ y_3 \end{bmatrix} \tag{2-24}$$

$$\varepsilon = (\varepsilon_1,\varepsilon_1,\cdots,\varepsilon_n)^T, \beta = (\beta_1,\beta_1,\cdots,\beta_n)^T \tag{2-25}$$

式(2-22)可以表示为：

$$\begin{cases} y = X\beta + \varepsilon \\ \varepsilon \sim N(0,\sigma^2 E_n) \end{cases} \tag{2-26}$$

式中 E_n 为 n 阶单位矩阵。模型(2-22)中的参数 $\beta_0,\beta_1,\cdots,\beta_m$ 用最小二乘法估计，即应选取估计值 b_j 使当 $\beta_j=b_j$，$j=0,1,2,\cdots,m$ 时，误差平方和 Q 达到最小

$$Q = \sum_{i=0}^{n} \varepsilon_i^2 = \sum_{i=0}^{n} (y - \beta - \beta_1 x_{i1} - \cdots - \beta_m x_{im})^2 \tag{2-27}$$

将 $\beta = (b_0,b_1,\cdots,b_m)$ 代入式(2-22)，得到 y 的估计值为

$$\bar{y} = b_0 + b_1 x_1 + \cdots + b_m x_m \tag{2-28}$$

这组数据的拟合值为 $\hat{Y} = X\hat{\beta}$，拟合误差 $e = Y - \hat{Y}$ 称为残差，可作为随机误差 ε 的估计，而

$$SSE = \sum_{i=1}^{n} e_i^2 = \sum_{i=1}^{n} (y_i - \hat{y}_i)^2 \tag{2-29}$$

式中 SSE 为残差平方和(或剩余平方和)。对总平方和 $SST = \sum_{i=1}^{n} (y_i - \bar{y}_i)^2$ 进行分解，有 $SST = SSE + SSR$，其中 SSE 是残差平方和，反映随机误差对 y 的影响，$SSR = \sum_{i=1}^{n} (\hat{y}_i - \bar{y})^2$ 称为回归平方和，反映自变量对 y 的影响，这里 $\bar{y} = \frac{1}{n} \sum_{i=1}^{n} y_i^2$，$\hat{y}_i = b_0 + b_1 x_{i1} + \cdots + b_m x_{im}$。为衡量 y 与 $x_1,x_2,\cdots,x_m$ 相关程度，定义为判定系数

$$R^2 = \frac{SSR}{SST} \tag{2-30}$$

即回归平方和在总平方和中的比值，即 R 越大，与它的相关关系越密切。通常 R 大于 0.8(或大于 0.9)才认为相关关系成立。

Logistic 回归是一种广义的线性回归分析模型，常用于数据挖掘、预报预测等领域。主要用于解决二分类(0 或 1)问题的方法，用于估计某种事物的可能性。针对 0-1 型因变量产生的问题，我们对回归模型做了两方面的改进，将回归函数限制在

[0,1]区间的连续函数,不再沿用线性回归方程。常用的是 Logistic 函数与正态分布函数。Logistic 函数的形式为:

$$f(x) = \frac{e^x}{1+e^x} = \frac{1}{1+e^{-x}} \tag{2-31}$$

Logistic 回归假定解释变量与被解释变量之间的关系,类似于 S 型曲线。Logistic回归模型与多元回归模型的方法不同,多元回归采用最小二乘法估计被解释变量,使得被解释变量的真实值与预测值差异的平方和最小化,Logistic 变换的非线性特征是在估计模型时采用极大自然估计的迭代法,找到系数的"最可能"的估计,这样在计算整个模型拟合度的时候就采用似然值而不是离差平方和。

Logistic 回归的好处在于只需要知道一件事情是否发生,然后再用二元值作为解释变量。在这个二元值中,程序预测出事件发生或者不发生的概率,如果预测概率大于 0.5,则预测发生,反之则不发生。需要注意的是 Logistic 回归系数的解释与多元回归的解释不同,程序计算出 Logistic 系数,比较事件发生与不发生的概率比。假定事件发生的概率为 p,优势比率可以表示为:

$$\frac{p}{1-p} = e^{b_0 + b_1 x + \cdots b_n x_n} \tag{2-32}$$

估计的系数 $(b_0, b_1, b_2 \cdots, b_n)$ 反映优势比率的变化。如果 b_i 是正的,它的反对数值(指数)一定大于 1,则优势比率会增大;反之,如果 b_i 是负的,这优势比率会减小。

多元回归方法在产量预报中应用较为广泛,如贾建英等(2016)利用 1985—2013 年甘肃省冬麦区 16 个地面气象观测站逐日气象资料和冬小麦产量资料,基于积分回归原理以旬为时间尺度,分析了影响陇中、陇东、陇南地区冬小麦生产的主要气象要素和关键时期,并分别建立了 3 月下旬、4 月下旬和 5 月下旬甘肃省冬小麦产量动态预报模型,通过近 5 年试预报检验表明,建立的冬小麦动态产量预报模型平均预报准确率达 96% 以上。

二、天气学方法

天气学方法是以天气学原理为依据,以分析天气图为手段,进行具体农业气象预报的方法。运用天气学方法编制农业气象预报的思路和步骤是:根据有关历史天气图、表、资料和天气学原理,分析研究当地常年各农事关键季节和作物生长发育期间的主要农用天气形成、变化的特点,从中找出其固有的规律进行预报。天气学方法由于综合考虑了天气形势和天气系统的演变过程,物理意义比较明显,短期预报的准确率一般较高,服务效果也较好,是广大气象台站编制农业气象预报常用的重要方法之一。天气学方法除主要适用于编制农用天气预报和农业气象灾害预报外,也用来编制农作物病虫害发生发展的气象条件预报和农作物产量预报。

　　葛徽衍等(2009)通过找寻高空天气图与日照时数之间的潜在关系,建立了设施农业日照时数预报天气学模型。选取 1995—2000 年 6 年间设施农业主要生产季节(当年 11 月至次年 3 月)每日 08 时 500 hPa 高空天气图、700 hPa 高空天气图及 850 hPa 高空天气图作为历史天气图资料,并获取了对应时段内逐日实际日照时数数据,再探究高空天气图中的特点及变化是否与日照时数的长短之间蕴含着某种关联。研究人员通过分析(90°～120°E,20°～50°N)范围内 6 年间共 30 个月不同日照时数发生当日或前一日 08 时 500 hPa、700 hPa、850 hPa 天气图,从高、中、低空三个层面分析天气系统影响,并总结了渭南地区日照数天气学模型。模型能够基于不同等压面高度场形势图进行未来 5 d 内"日照充足""日照一般"及"日照很少"3 级日照时数分级预报。综合大量历史天气图资料进行逐日等压面高空环流形势分析,研究人员总结归纳出多种能够有效预报渭南地区日照时数分级情况的基本高空环流形势类型,日照时数与各天气形势分型模型如表 2-2 所示。

表 2-2　日照时数与天气形势分型

分级	典型天气	日照时数(T)	天气形势分型
第 1 级 (日照充足)	晴天	$T \geqslant 6\ h$	西北气流型、高脊前部型、地面高压型、西高东低型
第 2 级 (日照一般)	多云	$2\ h < T < 6\ h$	河西低槽型、西南气流型、西南低涡型、河套小槽型、阶梯槽型、切变线型、地面高压底后部型、南支双槽型、西风槽型(包括河西低槽型、河套小槽型、阶梯槽型、南支双槽型)
第 3 级 (日照很少)	阴天	$T \leqslant 2\ h$	平直气流型、辐合线型、天气系统快速移动型

　　为检验日照时数天气学预报模型准确度,研究使用模型对 1995—2000 年历史天气图及渭南市日照时数资料进行回代检验,并对 2002—2007 年设施农业主要生产季节日照时数进行预报检验,模型精度计算采用天气预报正确率计算公式:

$$PC = \frac{NA}{NA + NB + NC} \times 100\%　　　　　(2\text{-}33)$$

式中:PC 为预报正确率;NA 为日照时数预报正确天数;NB 为空报天数;NC 为漏报天数。

　　基于天气学方法的设施农业日照时数预报能够较好地预测中短期太阳日照时数情况,5 d 预报准确率高于 70%,且准确率随着预报日期的临近会进一步提高,24 h、48 h 预报准确率达到 80% 以上(表 2-3),模型实际应用效果良好。

表 2-3 设施农业日照时数预报正确率(%)

预报时效						历史拟合		
24 h	48 h	72 h	96 h	120 h	平均	24 h	120 h	平均
83.2	80.4	77.0	74.0	70.4	77.0	93.2	87.3	87.3

三、气候学方法

气候学方法是以气候学原理为依据,以分析气候资料为手段,进行具体农业气象预报的方法。运用气候学方法编制农业气象预报的思路和步骤是:根据气候学原理和气候资料,利用气候分析方法,分析本地常年各农事关键季节和农作物生长发育期间的农业气象条件变化特点,从中找出固有的规律,进行农业气象预报。运用气候学方法分析得出的预报指标,一般准确率较高,而且时效较长,特别适宜编制长期和超长期农业气象预报。

气候学方法主要适用于编制农业气象灾害预报、农作物病虫害发生发展的气象条件预报以及农作物产量和农业气象年景预报等。如魏瑞江等(2009)研究统计了1972—2005 年河北省唐山、廊坊、保定、石家庄、沧州、衡水、邢台、邯郸 8 个夏玉米种植代表城市在夏玉米生育期内(6—9 月)逐旬的气温、降水以及日照数据。相邻年份夏玉米单产数据相互作差异展现气象条件对夏玉米产量的影响。

$$\Delta Y_i = Y_i - Y_{i-1} \tag{2-34}$$

式中:ΔY_i 为第 i 年与第 $(i-1)$ 年的夏玉米单产增(减)量;Y_i 和 Y_{i-1} 分别为第 i 年、第 $(i-1)$ 年的夏玉米单产。气候适宜度模型是多年来夏玉米生长发育期内农业气象条件变化特点及规律的集中体现,作物生育期内的气候适宜与否能够决定其长势、产量及品质。研究进一步探究气候适宜度模型与玉米产量的关系,使用线性回归方法,建立从播种到任意旬止的产量增减量农业气象预报模型见表 2-4,其中 x_1,x_2,x_3 分别表示播种时间到 7 月上旬、8 月上旬、9 月上旬间的气候适宜度。

表 2-4 河北省夏玉米产区 8 市不同预报时刻产量变化预报模型

站名	预报时间	模型	F 值	F 值检验
唐山	7 月中旬	$\Delta Y_7 = 145.8521\, x_1 - 28.1282$	4.5773*	4.1491
	8 月中旬	$\Delta Y_8 = 131.8838\, x_2 - 46.2796$	4.7056*	4.1491
	9 月中旬	$\Delta Y_9 = 132.6361\, x_3 - 67.6749$	4.7249*	4.1491
廊坊	7 月中旬	$\Delta Y_7 = 382.5164\, x_1 - 72.1036$	8.2863**	7.4993
	8 月中旬	$\Delta Y_8 = 358.2022\, x_2 - 105.161$	7.6575**	7.4993
	9 月中旬	$\Delta Y_9 = 355.4619\, x_3 - 132.964$	7.8857**	7.4993

站名	预报时间	模型	F 值	F 值检验
沧州	7 月中旬	$\Delta Y_7 = 946.3186\,x_1 - 148.71$	11.3443**	7.4993
	8 月中旬	$\Delta Y_8 = 536.1421\,x_2 - 160.829$	8.2912**	7.4993
	9 月中旬	$\Delta Y_9 = 477.7476\,x_3 - 193.095$	21.7719**	7.4993
衡水	7 月中旬	$\Delta Y_7 = 354.6831\,x_1 - 69.5896$	6.8674*	4.1491
	8 月中旬	$\Delta Y_8 = 385.2927\,x_2 - 134.468$	15.6246**	7.4993
	9 月中旬	$\Delta Y_9 = 288.3183\,x_3 - 122.835$	12.5925**	7.4993
邢台	7 月中旬	$\Delta Y_7 = 185.2467\,x_1 - 21.433$	7.4031*	4.1491
	8 月中旬	$\Delta Y_8 = 162.564\,x_2 - 24.6851$	6.8756*	4.1491
	9 月中旬	$\Delta Y_9 = 157.2146\,x_3 - 51.1252$	13.025**	7.4993
邯郸	7 月中旬	$\Delta Y_7 = 368.103\,x_1 - 68.792$	8.3646**	7.4993
	8 月中旬	$\Delta Y_8 = 272.4996\,x_2 - 68.2241$	6.4473*	4.1491
	9 月中旬	$\Delta Y_9 = 276.5359\,x_3 - 101.758$	10.3759**	7.4993
保定	7 月中旬	$\Delta Y_7 = 149.5810\,x_1 - 38.4258$	4.3222*	4.1491
	8 月中旬	$\Delta Y_8 = 141.6722\,x_2 - 41.7908$	4.4518*	4.1491
	9 月中旬	$\Delta Y_9 = 153.9423\,x_3 - 53.1228$	4.7685*	4.1491
石家庄	7 月中旬	$\Delta Y_7 = 83.5373\,x_1 - 26.2778$	6.0347*	4.1491
	8 月中旬	$\Delta Y_8 = 82.3085\,x_2 - 32.5752$	6.6153*	4.1491
	9 月中旬	$\Delta Y_9 = 74.1317\,x_3 - 34.2559$	5.3516*	4.1491

注：*，**分别表示通过 0.05，0.01 的显著性检验。

四、物候学方法

物候学方法是以物候学原理为依据，以分析生物物候出现日期以及从一种物候到另一种物候的间隔日数等物候资料为手段，研究生物有机体生长发育与周围环境条件，特别是与天气气候条件间相互关系的方法。运用物候学方法编制农业气象预报的思路和步骤是：根据物候学原理和物候资料，分析本地常年出现的各种物候现象，尤其是那些对农业生产活动有指示意义的生物物候出现日期早晚、间隔日数长短及其与天气气候条件关系的演变特点，从中找出其固有的规律，并归纳成具体的预报指标，用来进行实际的农业气象预报。

运用物候学方法之所以能够编制农业气象预报主要是由于物候能够综合反映当时和过去一段时间内的天气气候实况，例如杨柳绿、桃花开、燕始来等生物物候现象的出现,不仅反映了当时的日平均气温已经稳定回升到 5 ℃以上,而且反映了过去一段时间内日平均气温≥5 ℃的积温已经累计达到某一数值,以及日照长短、湿度大小等气象条件的总和。如果上述相关气象条件不合适,杨柳就不会发绿,桃花亦不会开放,燕子也不会始来。从这个意义上说,生物物候像一架综合的气象仪器,它既比目前气象观测中各种仪器所反映的单个气象要素更加全面,也比用固定的"节气"日期所反映的天气气候条件更为准确,所以早就引起人们的注意,并被用来指导农事实践。

物候学方法主要适用于编制农作物适宜播种期、收获期、主要发育期预报以及病虫害发生发展的气象条件预报等。连志鸾等(2006)汇集统计多年来冬小麦物候历史资料,建立了小麦成熟期预报模型。研究以 1980—2003 年石家庄冬小麦各生育期物候实际观测资料作为基础数据,统计分析历年数据得到冬小麦各物候期出现的最早、最迟日期以及平均日期。研究对冬小麦各物候期与成熟期进行相关分析,其中孕穗期、抽穗始期、抽穗普期、开花始期、开花普期及乳熟期共 6 个物候期相关系数通过0.05 水平显著检验,因此基于这 6 个物候期构建小麦成熟期预报模型:

$$y = -5.317 - 0.104x_1 + 0.699x_2 - 0.671x_3 - 0.852x_4 + 0.806x_5 + 0.412x_6$$

$$(2\text{-}35)$$

式中:$x_1 \sim x_6$ 分别代表孕穗期至乳熟期各物候期距 4 月 1 日的间隔天数;y 表示为冬小麦成熟期所处 6 月份的日期(例如:6.18 日对应 $y = 18$)。

五、数值模拟方法

数值模拟方法亦称数学物理方法,它是以相似性原理为依据,以分析模拟对象运动变化的物理过程、物理机制和环境条件为手段,设法将模拟对象的运动变化表述为有关的物理学定律,并用数学语言将这些物理学定律写成数学方程,使模拟对象的运动变化归结为数学问题,以便采用数学计算求解的方法。运用数值模拟方法编制农业气象预报的思路和步骤是:根据所模拟的农业气象对象的有关试验观测资料,利用数值模拟原理,分析模拟对象运动变化的物理过程、物理机制和环境条件,从中寻找出其固有规律,设法建立模拟对象各种运动变化的亚模式和综合模式,确定有关参数,并通过实践检验修正,进行农业气象预报。

数值模拟方法由于分析模拟对象运动变化的物理过程、物理机制比较深入,数学处理比较严密,具有客观、定量的特点,是农业气象学科研究的新途径之一。它不但对农业气象预报服务,而且对整个农业气象学科理论研究均有十分重要的意义。数值模拟方法主要适用于编制农作物产量预报和农业气象年景预报,也适用于编制农作物生长发育状况和主要发育期预报等。

例如,汤亮等(2008)利用数值模拟解释油菜生理生态过程,通过定量分析油菜对温度和光照的反应构建了生理发育时间数学模型,从而实现对油菜生育期的模拟和预测。不同品种油菜感光性、感温性以及生育期时长存在差异,为此研究引入温度敏感性、生理春化时间、光周期敏感性及基本灌浆因子4个指标反映不同品种油菜的生理差异,从而建立生理发育时间模型,使得每个品种油菜达到特定生育期所经历的生理发育时间恒定。生理发育时间又是由每日生理效应累积形成,因此油菜发育期的数值模拟归根结底是对温度和光照这两个主要影响因素的数学建模。研究选用4个不同品且土壤肥力、播种时间、地理分布均不相同的油菜样本进行生育期预报检验,结果表明,不同品种油菜各生育期实测值与预报值基本分布在1∶1线上,且各品种油菜在抽薹期、初花期、终花期、成熟期的RMSE(均方根误差)分别为1.37%、1.52%、2.68%及1.12%,表明该基于数值模拟方法的农业气象预报模型对于油菜各生育期具有良好的预测精度。

六、卫星遥感方法

卫星遥感方法是以辐射感应原理为依据,以分析遥感图像和数据资料为手段,及时获取大范围地区地表及其周围环境各种自然景观的信息,监视和掌握自然界各种动态变化的方法。运用卫星遥感方法编制农业气象预报的思路和步骤是:根据从卫星或其他航空器上接收得到的遥感图像和数据资料,将其进行各种技术处理,使其清晰化和标准化,以便从中提取有关信息,并对照预先测定好的地面各种农作物有机体辐射光谱特征,连续多次分析、比较前后时间不同的遥感图像和数据资料,就可以对所研究地区的天气气候条件和农作物生长发育状况做出判断。

卫星遥感方法由于具有不受高山、沙漠、海洋、国界等地面条件的限制,可以对大范围地区成像,系统收集地球表面及其周围环境的各种信息,便于宏观地研究各种自然景观和演变规律;能迅速获得所覆盖地区各种自然景观的最新资料,能对同一地区周期性地重复拍摄。对多次取得的遥感图像和数据资料进行分析对比就能及时发现和掌握自然界的各种变化特点,因而广泛应用于国防、海洋、地质、农业、气象等几十个部门,普遍引起各国政府的重视。就农业气象预报领域来看,卫星遥感方法主要适用于编制农田土壤水分,农作物主要发育期、产量,农业气象灾害和病虫害等多种类型的预报。

遥感数据不同波段间的组合运算往往能够提供比单一波段数据更加丰富的信息。冬小麦反射光谱曲线在可见光波段内呈现出"两谷一峰"形状,在可见光—近红外波段出现强烈的反射陡坡,这两个特性便是植被区别于其他地物类型的典型光谱特征。叶绿素a、叶绿素b在波长450 nm、670 nm附近具有两个强烈的吸收带,类胡萝卜素、叶黄素在波长430~480 nm对电磁波也会强烈吸收,因此反射光谱在波长450 nm(蓝光)和670 nm(红光)附近表现为两个吸收谷,而在波长550 nm(绿光)处呈现出一个反射峰。由于叶片的栅栏组织结构特殊，会引起入射电磁波的强烈反射，在波长 700～800 nm 的可见光—近红外区间展现出强烈的反射陡坡，即"红边"。健康绿色植物在近红外波段反射率可达 0.45～0.50，红边越陡峭，越靠近蓝光波段，意味着植被越健康。

因此，在基于卫星遥感的植被分类、长势监测等研究中通常利用可见光—近红外波段内的植被典型光谱特征波段进行组合运算，构建满足研究需要的各种指数，例如应用最为广泛的归一化差值植被指数（NDVI）及增强型植被指数（EVI）。如，郭锐等（2020）以山东省部分区域为研究区，利用遥感反射率数据、陆地蒸散发卫星产品，结合冬小麦历史产量资料，通过最小二乘法构建单产预报模型，实现了冬小麦大面积遥感估产。该研究使用的遥感数据有 500 m 分辨率地表反射率 8 d 合成产品 MOD09A1 和 500 m 分辨率全球陆地蒸散发 8 d 合成产品 MOD16A2。MOD09A1 生产自 MODIS 前 7 个波段的地表反射率（表 2-5），波段范围覆盖可见光及部分近红外，能够反映植被典型光谱特征，因此，研究利用 MOD09A1 反射率数据计算 EVI。EVI 在高密度植被区及大气散射影响下的表现优于 NDVI，且 EVI 也通常被认为是 LAI 和 FPAR 的良好代表，能够指示植被健康状况。

表 2-5　MOD09A1 地表反射率产品波段参数

波段号	波谱范围（nm）	波段名称	空间分辨率（m）
1	620～670	红波段	
2	841～876	近红外（短波近红外）波段	
3	459～479	蓝波段	
4	545～565	绿波段	500
5	1230～1250	近红外波段	
6	1628～1652	近红外波段	
7	2105～2155	近红外（长波近红外）波段	

EVI 的计算公式为：

$$EVI = 2.5 \frac{NIR - R}{NIR + 6R - 7.5B + 1} \tag{2-36}$$

式中：NIR 表示近红外波段；R 表示红波段；B 表示绿波段。

陆地蒸散发卫星数据使用 500 m 分辨率全球 8 d 合成产品 MOD16A2，其数据集中包含实际蒸腾和潜在蒸腾，用于计算作物水分胁迫指数（CWSI）。CWSI 能够反映植被蒸腾水平的变化，由此揭示植被生长环境的干旱程度，其计算公式为：

$$CWSI = 1 - \frac{ET}{PET} \tag{2-37}$$

式中：ET 表示实际蒸腾量；PET 表示潜在蒸腾量。

　　对于基于遥感数据计算得到的增强型植被指数 EVI 和作物水分胁迫指数 CWSI 数字图像,研究人员使用山东省耕地区域对其进行掩膜,仅保留冬小麦种植区域,并使用行政区划矢量数据对各县区进行裁切,进而统计 2007—2017 年共 11 年的各县区冬小麦生育期内 EVI 及 CWSI 累计平均值,作为建模输入样本。

　　温晓慧等(1994)研究对冬小麦历史产量资料时间序列采用直线滑动均值法进行分解,计算趋势产量。趋势产量计算方法是将长时间序列历史产量资料在步长为 k 滑动窗口内进行线性拟合,滑动窗口每向前移动一个单元生成一条拟合直线,若步长在序列两端仍保持为 k,则序列中各样本至少参与 1 次拟合,至多参与 k 次拟合,对时间序列中各样本对应的所有拟合值求平均,即可得到技术产量。技术产量将时间序列中前序和后序年份产量纳入影响范畴,可在一定程度上减小偶然因素对年产量的影响,从而模拟出较为稳定的趋势产量。

思考题

1. 农业气象的理论依据是什么?
2. 现代农业气象预报种类有哪些?每种类型预报主要任务是什么?
3. 农业气象预报主要方法有哪些?每种方法主要原理是什么?
4. 运用卫星遥感方法编制农业气象预报的步骤是什么?

第三章　现代农用天气预报

本章主要介绍农用天气预报的概念与天气要素,农用天气预报的分类和方法,重点总结我国几个重要农用天气发生特征及规律。

第一节　农用天气预报的概念与要素

一、农用天气预报的概念

农用天气预报是指根据当地农业生产对象和农业生产活动中各主要农事环节,以及有关技术措施对天气条件的需要而编发的一种针对性较强的专业天气预报(冯定原,1986)。在 2009 年 8 月中国气象局发布的《现代农业气象业务发展专项规划(2009—2015 年)》中提出,农用天气是指对整个农业生产活动和作物生长过程影响较大的天气现象和天气过程。农用天气预报是从农业生产需要出发,在天气预报、气候预测、农业气象预报的基础上,结合农业气象指标体系、农业气象定量评价技术等,预测未来对农业有影响的天气条件、天气状况,并分析其对农业生产的具体影响,提出有针对性的措施和建议,为农业生产提供指导性服务的农业气象专项业务。同时,还明确了现代农业气象预报的其他任务,如农用天气预报与农田土壤墒情与灌溉预报、物候期预报、农林病虫害发生发展气象条件预报及其农作物产量、特色农业产量与品质预报等等。

所谓"现代"农用天气预报是指为满足现代农业生产各业的需要、用先进天气预报和农业气象评价技术手段开展的农用天气预报。现代农用天气预报是为满足农业生产活动和农业防灾减灾的需要,根据天气对农业生产影响原理及其指标体系,在现代精细化天气预报的基础上,采用先进的影响评价技术开展的未来天气对农业生产适宜程度及影响程度的评价和预测(马树庆,2012)。现代农用天气预报的目的是在满足日常工作的前提下,尽可能降低自然灾害的影响,并结合天气对农业的影响及时调整相关工作。现代农用天气预报的基本原理,一是农业生产与天气的相关性。天气条件对农用生物的生长和农事活动有客观的、显著的影响,或者说农用生物的生长状况、农事活动效率及农业生产的效益在很大程度上取决于天气条件。二是农用天气的可预报性及可信性。随着现代天气预报技术的发展,天气预报能力不断提高,尽管有不确定性,但短期及 3～5 d 的预报准确率可以达到80% 左右,可信度较高。三是农事活动有可选择性。绝大部分农事活动的时间和方式是可选择的,如播种、施肥、喷药、灌溉、收获、捕捞、放牧、出海等活动的时间并不是固定不变的,提前或延迟一两天对生产效果没有明显影响,可以根据天气变化选择适宜时间和采取适宜方式,有趋利避害的可能性,从而使农用天气预报有实用性。

二、农用天气预报的天气要素

农用天气预报是指根据当地农业生产对象和农业生产活动中各主要农事环节以及有关技术措施对天气条件的需要而编发的一种针对性较强的专业天气预报。农用天气预报的内容应包括直接影响农业生产计划的实施和农事作业的所有天气要素。农业生产具有明显的地域性和季节性差异,不同地区和季节预报的天气要素并不相同。通常要预报的天气要素有:

①天空状况:一般以云量<2 成,白天日照率>90% 为晴天;云量为 2～3 成,白天日照率>75% 为大部分晴天;云量为 4～6 成,白天日照率>50% 为部分多云;云量为 7～9 成,白天日照率<50% 为大部分多云;云量>9 成,白天日照率<10%,为多云。

②降水量级或概率:要预报每个时期出现降水的量级、程度或发生降水的可能性。用概率<10% 来表示降水发生的可能性很小。

③温度:应预报出最高和最低温度,包括极端最低和极端最高温度。有时还要报出地面或作物高度的温度,这些高度上的最低温度通常低于一般天气预报的温度。

④相对湿度:相对湿度的预报应包括午后的最低值和夜间的最高值。许多田间作业通常都要考虑相对湿度,例如化学药剂的喷洒。同时,相对湿度也和农产品的干燥速率有密切关系。

⑤风:包括风向风速。风力的预报按蒲福风级。

⑥露:要预报露的形成、持续和消失。根据露的预报可以估算叶面的湿润时间,以确定喷洒农药的最有利时间防治作物病虫害,也可确定喷洒其他化学药剂的合适时间。

⑦干燥条件:要对未来的干燥条件做出详细预报。如干燥条件对烟草的加工处理有重要影响,环境条件太干燥(自由水面耗水率>8 mm)时,烟叶干得太快,致使许多化学变化不能进行,影响烟草的质量。

第二节　农用天气预报的分类

根据农业生产对天气条件的要求发布的农用天气预报,可以为农业生产单位和农户适时开展相关农业生产活动提供针对性更强的决策参考,以便农业生产者根据天气变化选择适宜时间和采取适当方式,组织和开展农业活动,做到趋利避害。农用天气预报通常围绕农业生产中播种、管理、收获三个重要生产环节进行,如春播春种、夏收夏种、秋收秋种天气预报,以及根据关键农事管理活动如施肥、灌溉、喷药等的需要而开展有针对性的天气预报。不同生物、不同农业生产环节中,对天气条件的要求不同,对农业气象服务的要求也不尽相同。农用天气预报根据其提供服务的形式,可具体分为专项农用天气预报和农用天气等级预报两种。

一、专项农用天气预报

专项农用天气预报通常在制定生产计划、翻耕、播种、施用化肥及化学药剂、收获、产品加工时发布。在实际农业气象业务服务中,还要结合具体的农业气象指标,发布和灾害性、转折性天气有关的农用天气预报。如在越冬作物冻害时常发生的地区,为了防御冻害,应发布越冬期间的温度预报,这也应视为一种专项农用天气预报。因此,在农业气象业务中,有时按照农用天气预报的内容,又主要分为关键农事活动(播种、灌溉、施肥、喷药、收获)专项农用天气预报、作物生长过程灾害性天气预报及其他可能对农业生产带来利弊影响的重要天气预报。农用天气预报对于各种作物、各个季节都是不同的,即使是同一个季节也可根据需要,编制许多种不同专题的农用天气预报。

1. 关键农事活动专项农用天气预报

农事天气预报是指主要农事活动期间,天气对农事活动适宜程度的预报及影响分析,既包括天气条件对农事活动效率的影响,如施肥的肥效、病虫害防治的药效发挥等,也包括由天气决定的相关农事活动难易程度的预测和评估,如降水天气有利于水田的插前整地,节约用水,但增加了作业的强度;暴风雨天气不宜水上捕捞作业等。不同区域农事活动不同,预报对象也不同,如北京都市型现代农用天气预报对象及农事活动如表 3-1 所示。

表 3-1　北京都市型现代农用天气预报对象(刘勇洪 等,2013)

作物类型	作物名称	农事活动
大田作物	小麦	播种、浇冻水、收晒、返青水、拔节水、灌浆水、镇压、除草、打药
	玉米	播种、施肥、除草、灌溉、排涝、收晒
	大白菜	播种、浇水、幼苗期管理、在、莲座期管施药、包心期管理、采收

作物类型	作物名称	农事活动
特色果树	板栗	施肥、打药、浇冻水、修剪清园、页面施肥、采收
	草莓	苗期定苗、子苗大量发生、扣棚、定植、田间管理、施肥、打药、灌溉
	苹果	打药、施肥、套袋、摘袋
	葡萄、磨盘柿	打药、施肥、灌溉
	桃	打药、施肥、灌溉、套袋、摘袋
	京白梨	播种、浇水、喷石硫合剂、施肥、疏果、施药、套袋
设施作物	茄果类蔬菜	下种、浇水、施肥、施叶面肥、除草、整地晒垄、盖地膜、定植、打药、通风换气
	瓜类	下种、浇水、施肥、嫁接、扣棚、整地晒垄、盖地膜、定植水、打药、通风换气

按行业划分,农事活动天气预报可分为:

(1)粮棉油生产农事活动天气预报,包括备耕整、播种、施肥、灌溉、喷药、机械收获、育种授粉等生产活动过程中的天气适宜程度预报。

(2)畜牧业生产活动天气预报,包括飞播天气(种子或农药)、牧草收获、牛羊转场、草原防火等天气适宜程度预报。

(3)林业生产活动天气预报,包括育苗播种、树苗栽插、果树修剪与采摘、灌溉、人工喷药、飞机撒药、森林防火、林内放养(林蛙、柞蚕)等活动的天气条件适宜程度预报等。

(4)渔业生产活动天气预报,包括投苗、投料、防病、出海、捕捞、远洋作业、运输等天气适宜程度预报。

(5)设施农业生产活动天气预报,包括扣棚、育苗、移栽、温湿度调控、病虫害防治等活动期间天气适宜程度的分析和预报,也包括设施内气象要素预报与影响分析。

(6)农产品经营活动天气预报,包括农产品(尤其是鲜活水产品和新鲜果、蔬产品)的运输、存储、晾晒、上市销售等活动期间的天气适宜程度预报。

2. 农业灾害性农用天气预报

农业灾害性天气预报是对可能带来农业灾害的天气的预报及分析,是异常天气预报与农业气象灾害指标的有机结合。按行业划分,农业灾害性天气预报可分为:

(1)农作物生长灾害性天气预报,包括少雨易旱天气、多雨易涝天气、低温冷害天气、寒露风天气、水稻烂秧天气、高温热害天气、冰雹等天气的预报与影响评价。

(2)畜牧业生产灾害性天气预报,包括草原干旱天气过程(黑灾)、暴雪天气(白灾)、沙尘暴天气、强降温天气、大风等天气的预报与评价。

（3）林业生产灾害性天气预报，包括低温雨雪冰冻天气、雪淞天气、强低温天气、林火天气、飞播天气、霜冻天气等的预报与影响评价。

（4）渔业生产灾害性天气预报，包括台风天气、强降温天气、高温天气、暴雨天气、少雨干旱等灾害性天气的预报与影响评价。

（5）设施农业生产灾害性天气预报，包括持续阴雨寡照、低温、高温过程、大风、暴雪、冰雹等灾害性天气的预报与影响分析，包括利用外部天气预报和相关指标及模式，预测和分析设施内的气象要素及可能的灾害性影响。

3. 农用生物生长关键期天气预报

每种作物或农用动物都有对天气要素变化非常敏感的时期，这一时期的天气在较大程度上决定产量丰歉和生产效益高低，这种关键时期出现不利天气，将导致严重灾害，需要采取农业措施，以减轻影响，这类天气预报及其影响分析可以归属于农用天气预报业务，如玉米出苗期天气预报、制种田作物抽穗、开花期天气预报、花卉开花和观赏期天气预报、果树开花结果期天气预报、作物成熟期天气预报等。

如福建荔枝开花期农用天气预报，福建荔枝的开花期在 3—4 月，开花期天气以温暖为好，荔枝小花在 10 ℃以上才开始开放，18～24 ℃开花最盛，29 ℃以上开花减少。花粉的发芽以 20～28 ℃最适，在此温度范围内因品种而异，低于 16 ℃或高于 30 ℃花粉发芽率明显下降。22～27 ℃荔枝分泌花蜜最多，蜜蜂活动最适，利于传花授粉。福建省荔枝开花期农用天气预报模型如下：

1 级（适宜）：日最低气温 18～24 ℃，且日照不小于 12 h，无雨日或者降水小于小雨等级。

2 级（较适宜）：1 级与 3 级以外的气象条件。

3 级（不适宜）：日最低气温不小于 29 ℃，或者日最低气温小于 10 ℃，或者出现中雨等级。

二、农用天气等级预报

农用天气等级预报是利用农用天气要素，建立包含农业生产、管理等多个环节的农用天气等级预报指标体系，并构建农用天气预报业务系统，结合天气、气候预测结果，开展的农用天气要素气象条件等级的划分、预报要素指标适宜度评价、预报方法确定及农用天气等级预报服务产品自动制作、分发等工作。

1. 农用天气指标确定

指标是判别天气对农业适宜程度的基础，包含农用生物生长发育气象指标、农业气象灾害指标、农事效率及农事操作气象指标等，需要根据多年研究基础和当地农业气象业务实际建立指标体系或指标库。这些指标一般是相对稳定的，但也要随着气候、品种及农业生产方式的时空演变加以区分和修订。如,河南省气象局农用天气等级预报指标一般分三级:适宜(1级)、较适宜(2级)和不适宜(3级)。

(1)喷药(肥)气象等级预报指标

适宜(1级):预报48 h内无降水,风速0~3级(含3级)。

较适宜(2级):不满足适宜和不适宜条件的其他可能。

不适宜(3级):满足下列任意一条均为不适宜:

①风速5级以上(包括5级);

②24 h内,白天有降水;

③48 h内的第二个夜间有降水;

④24 h内,白天最高气温超过35 ℃。

注:48 h及24 h均指产品制作当天17:00起算,降水指>0.1 mm,喷药指数均指24 h内的白天。

(2)施肥气象等级预报指标

在农作物或特色作物追施肥料的主要发育时期内,根据降水、温度和风速等气象条件为用户提供是否适宜施肥的气象等级预报服务。

适宜(1级):过去48 h内降水量≤25 mm(过去24 h内降水量≤10 mm),并且未来24 h雨量≤10 mm;平均温度≤25 ℃;风速≤3级。

较适宜(2级):不满足适宜和不适宜条件的其他可能。

不适宜(3级):满足下列任意一条均为不适宜,即过去48 h内降水量≥50 mm或者过去24 h内降水量≥25 mm;未来24 h降水量≥25 mm;未来24 h平均温度≥30 ℃;风速≥5级。

(3)灌溉气象等级预报指标

针对主要农作物或特色作物,在农业干旱预警信号发布后,根据天气预报提供的降水、温度和风速等气象要素提供是否适宜进行灌溉的气象等级预报服务。

启动标准:农业干旱预警信号发布时,启动灌溉气象等级预报,预警信号解除后,停止发布。

等级分类:灌溉气象指数分为三级:适宜、较适宜和不适宜。

判断标准:

①冬灌(12月下旬至次年2月上旬)

适宜(1级):同时满足下列条件为适宜,即未来72 h内无降水,24 h内最高温度≥4 ℃,并且72 h内最低温度>0 ℃。

较适宜(2级):同时满足下列条件为较适宜,即未来72 h内降水≤10 mm,未来24 h日最高温度3~4 ℃。

不适宜(3级):满足下列任意一条均为不适宜,即未来72 h内降水>10 mm,未来 24 h 日最高温度≤3 ℃。

②小麦、玉米抽穗前

适宜(1 级):未来 72 h 内无降水。

较适宜(2 级):未来 72 h 内降水≤25 mm。

不适宜(3 级):未来 72 h 降水>25 mm。

③小麦、玉米抽穗后

中期只考虑降水,后期还要考虑风速;夏季重点考虑未来 72 h 内的降水。

适宜(1 级):未来 72 h 内无降水;最大风速≤3 级。

较适宜(2 级):未来 72 h 内降水≤25 mm;最大风速 3～4 级。

不适宜(3 级):满足下列任意一条均为不适宜,即未来 72 h 降水>25 mm;最大风速≥5 级。

(4)夏收夏种气象等级预报指标

在夏收夏种主要时段内,根据当前墒情和未来降水预报结果提供是否适宜进行夏收夏种的气象等级预报服务。

①小麦收获期气象等级预报指标

适宜(1 级):过去 48 h 内降水量<25 mm(过去 24 h 内降水量≤10 mm),并且未来 24 h 内无降水。

较适宜(2 级):过去 48 h 内降水量<25 mm(过去 24 h 内降水量≤10 mm),并且未来 24 h 内降水量≤10 mm。

不适宜(3 级):满足下列任意一条均为不适宜,即过去 48 h 内降水量>25 mm;过去 24 h 内降水量>10 mm;未来 24 h 内降水量>10 mm;土壤相对湿度≥80%。

②夏玉米播种期气象等级预报指标

适宜(1 级):过去 24 h 内降水量≤10 mm,并且未来 24 h 内无降水;土壤相对湿度 60%～90%。

较适宜(2 级):过去 24 h 内降水量≤10 mm,并且未来 24 h 内降水量≤10;土壤相对湿度 50%～59%。

不适宜(3 级):满足下列任意一条均为不适宜,即过去 48 h 内降水量>25 mm;过去 24 h 内降水量>10 mm;土壤相对湿度>90%或<50%。

(5)秋收秋种气象等级预报指标

在秋收秋种主要时段内,根据降水及温度等气象条件预报结果提供是否适宜进行秋收秋种的气象等级预报服务。

①夏玉米收获气象等级预报指标

适宜(1 级):过去 48 h 内降水量<25 mm(过去 24 h 内降水量≤10 mm),并且未来 24 h 内无降水。

较适宜(2级):过去 48 h 内降水量<25 mm(过去 24 h 内降水量≤10 mm),并且未来 24 h 内降水量≤10 mm。

不适宜(3级):满足下列任意一条均为不适宜,即过去 48 h 内降水量>25 mm;过去 24 h 内降水量>10 mm;未来 24 h 内降水量>10 mm;土壤相对湿度≥80%。

②小麦播种气象等级预报指标

适宜(1级):过去 48 h 内降水量≤25 mm(过去 24 h 内降水量≤10 mm),土壤相对湿度 60%~90%,并且未来 24 h 内降水≤10 mm。

较适宜(2级):不满足适宜和不适宜条件的其他可能。

不适宜(3级):满足下列条件之一即为不适宜,即过去 48 h 内降水量>50 mm;过去 24 h 内降水量>25 mm;土壤相对湿度>90 %或<50%。

(6)晾晒气象等级预报指标

在夏粮或秋粮收获后,根据温度、降水和风速等气象条件提供是否适宜进行晾晒的气象等级预报服务。

适宜(1级):未来 24 h 预报晴天,日平均气温≥25 ℃或最高气温≥30 ℃,风速 3 级。

较适宜(2级):未来 24 h 预报晴或多云,日平均气温 20~25 ℃或最高气温 25~30 ℃。

不适宜(3级):未来 24 h 预报阴天或雨,风速>5 级。

(7)储藏气象等级预报指标

在作物储藏的时段内,根据湿度和温度等气象条件提供储藏气象等级预报及建议的服务。

适宜(1级):未来 24 h 最大湿度≤30%,风速≥4 级。

较适宜(2级):未来 24 h 最大湿度 30%~50%,需要适当除湿。

不适宜(3级):未来 24 h 最大湿度>50%,需加强除湿。

2. 气象适宜度评价模型

评价和预测整地、播种和收获等重要农事的气象适宜程度是现代农用天气预报的关键技术之一,根据农作物田整地、播种和收获活动与天气和土壤条件的联系,结合实地调查和气象服务经验建立整地、播种和收获活动气象适宜度评价模型及其指标,而后用加权法建立农事活动综合气象适宜度评估模型。如东北地区玉米播种气象适宜度评价模型(马树庆 等,2013):

$$G(S,T,H,R) = ag(S) + bg(T) + cg(H) + dg(R) \tag{3-1}$$

其中 $g(S)$ 是土壤水分适宜度函数:

$$g(S) = \begin{cases} 1 - (S_0 - S)/(S_2 - S_1) & S_1 < S < S_0 \\ 1 - (S - S_0)/(S_2 - S_1) & S_0 < S < S_2 \\ 0 & S \leqslant S_1, S \geqslant S_2 \end{cases} \qquad (3-2)$$

式中 S 为 10 cm 深土壤湿度，S_0、S_1、S_2 分别为播种适宜土壤湿度、下限湿度和上限湿度，用相对湿度表示 $S_0 = 80\%$、$S_1 = 50\%$、$S_2 = 95\%$。$g(T)$ 为日平均土壤温度 T 的适宜度函数：

$$g(T) = \begin{cases} 1 - (T_0 - T)^2/(T_0 - T_1)^2 & T_1 < T < T_0 \\ 1 & T > T_0 \\ 0 & T \leqslant T_1 \end{cases} \qquad (3-3)$$

式中 $T_0 = 10\ ℃$，是适宜播种土壤温度；$T_1 = 5\ ℃$，是下限土壤温度，也是玉米种子发芽的下限温度；$g(H)$ 为土壤解冻深度适宜度函数：

$$g(H) = \begin{cases} 1 - (H_0 - H)/35 & H_1 < H < H_0 \\ 1 & H > H_0 \\ 0 & H \leqslant H_1 \end{cases} \qquad (3-4)$$

式中 $H_0 = 60$ cm，是适宜播种的土壤解冻深度，$H_1 = 30$ cm，是可播种下限解冻深度。$g(R)$ 是降雨量适宜度函数：

$$g(R) = \begin{cases} 1 - R/R_0 & R < R_0 \\ 0 & R \geqslant R_0 \end{cases} \qquad (3-5)$$

式中 R 是日降水量，$R_0 = 8$ mm，是可播种的下限降水量。公式（3-1）中权重参数 a、b、c 和 d 分别为 0.35、0.30、0.15 和 0.20。根据"木桶原理"，$g(S)$、$g(T)$、$g(H)$、$g(R)$ 中只要一个为 0，则 $G(S, T, H, R)$ 为 0。并规定 $G > 0.8$ 为适宜，$0.65 < G \leqslant 0.8$ 为较适宜，$0.5 < G \leqslant 0.65$ 为较不适宜，$G \leqslant 0.5$ 为不适宜。

第三节　中国几种重要农用天气

中国南北跨度大，大部分地区具有明显的大陆性和季风性气候特点，在农业区关键农事季节里，经常出现对当地农业生产有重要影响的天气过程，且不同的农业区和农事季节经常出现的农用天气不同。如越冬作物种植地区秋、冬、春季节的寒潮、降温天气，华南地区春季作物播种、育秧期间的低温连阴雨天气，长江中下游地区初夏的梅雨天气，我国北方麦区的夏季干热风和伏旱天气，我国东南沿海地区夏、秋季节的台风天气，长江下游和华西地区的秋雨天气等。这些重要的农用天气，影响范围广、发生频率大、成灾程度重。

一、越冬作物种植区的寒潮等降温天气

中国处于欧亚大陆的东南部。位于高纬度的北极地区和西伯利亚、蒙古高原一带地方,一年到头地面接受太阳的热量很少。尤其是到了冬天,北极地区的寒冷程度更加增强,范围很大的冷气团聚集到一定程度,在特定的天气形势作用下迅速加强,并大规模向南入侵,影响我国,带来剧烈降温等冷空气活动。

我国现行《冷空气等级》国家标准(GB/T 20484—2017)规定(中国气象科学研究院,2017a):采用受冷空气影响的某地在一定时段内日最低气温下降幅度和日最低气温值两个指标将冷空气划分为弱冷空气、较强冷空气、强冷空气和寒潮四个等级。较强冷空气活动尤其寒潮是我国冬半年的重大灾害性天气之一,通常会带来大风、降温天气,具有影响范围广、持续时间长、致灾严重等特点。级别较强的冷空气活动不仅会造成国民经济特别是农牧业的巨大损失,还会对环境及人们的生产生活、生命健康造成严重的影响和危害。

2017年修订发布的国家标准《寒潮等级》(GB/T 21987—2017)(中国气象科学研究院,2017b),明确定义了寒潮是高纬度的冷空气大规模的向中、低纬度侵袭,造成剧烈降温的天气活动,并进一步将寒潮划分为寒潮、强寒潮和超强寒潮三个等级。其中,使某地的日最低气温24 h内降温幅度大于或等于8 ℃,或48 h内降温幅度大于或等于10 ℃,或72 h内降温幅度大于或等于12 ℃,而且使该地日最低气温小于或等于4 ℃的冷空气活动称之为寒潮;使某地的日最低气温24 h内降温幅度大于或等于10 ℃,或48 h内降温幅度大于或等于12 ℃,或72 h内降温幅度大于或等于14 ℃,而且使该地日最低气温小于或等于2 ℃的冷空气活动称之为强寒潮;使某地的日最低气温24 h内降温幅度大于或等于12 ℃,或48 h内降温幅度大于或等于14 ℃,或72 h内降温幅度大于或等于16 ℃,而且使该地日最低气温小于或等于0 ℃的冷空气活动称之为超强寒潮。以上某日最低气温指观测的前日14时至当日14时(均指北京时)之间的气温最低值,某固定时段内日最低气温必须是连续下降。

在我国广大越冬作物种植区,晚秋、冬、早春季节爆发的寒潮降温天气常使冬小麦、油菜等越冬作物遭受冻害,也给南方种植的柑橘、橡胶等副热带经济果木带来危害。尤其是初冬和晚春寒潮以及隆冬的强寒潮,有时可使作物遭到毁灭性危害。这是因为初冬季节,小麦、油菜等越冬作物正处在分蘖时期,遇有寒潮入侵,气温剧降,会迫使作物过早地停止生长,由于来不及进行低温锻炼,耐寒能力较弱、严重影响越冬存活率。晚春时,气温逐步回升,小麦、油菜等越冬作物开始返青,江南地区有的甚至已进入拔节、抽薹,柑橘等副热带经济果木花芽已开始萌动,抗寒力减弱,这时如果遇到强冷空气入侵,即使最低温度在0 ℃左右,也会引起作物的大量死亡。至于隆冬,强寒潮常使最低温度降到－10 ℃以下,可直接造成越冬作物和经济果木受冻死亡。因此,在种植越冬作物和推广种植柑桔等副热带经济果木时,应考虑寒潮降温天气的重要影响,采取措施避免或减轻寒潮降温天气可能造成的经济损失。

　　冬季适当低温对农业生产也有有利的方面。第一,零下低温可使土壤冻结,不利于病虫越冬,春天病虫的发生和危害即会受到抑制。寒潮降温天气还会使病原菌和越冬害虫大量死亡。因此,冬季寒潮降温天气较多的年份翌年作物受病虫害的危害较轻,而冬季偏暖、病原菌和害虫越冬量就会明显增大,翌年危害会加剧。第二,隆冬期间温度低,还可抑制冬小麦早拔节、油菜早抽薹,使之免受冬末春初寒潮天气和晚春期间"倒春寒"的不良影响。

二、低温连阴雨天气

　　春季是由冬季向夏季过渡的季节,全国自南向北在 2 月至 4 月相继进入春耕备耕农忙季节。我国华南、江南和西南地区双季稻区早稻、棉花等喜温作物开始播种育秧。此阶段,由于冬末春初北方冷空气活动频繁,经常会出现低温寒冷并伴随着阴雨连绵的天气,一般称之为低温连阴雨天气。遇上这种低温连阴雨天气,往往会造成春播喜温作物坏种和烂秧,故亦称为"烂秧天气"。如果这种天气发生时段较晚,出现在 3 月中、下旬至 4 月上旬,群众习惯称之为"倒春寒"。

　　低温连阴雨天气,是我国南方早稻播种育秧期间的主要灾害性天气。在华南和江南地区,通常是指日平均气温连续 3 d 或 3 d 以上低于 12 ℃,且最低气温低于 6 ℃的阴雨天气。由于各地具体情况和生产条件不同,指标不尽相同。为了统一和规范我国南方诸省早稻种植区播种育秧期间低温阴雨天气的预报服务,中国气象局制定并发布了《早稻播种育秧期低温阴雨等级》气象标准(QX98T—2008),将低温阴雨等级以日平均气温、日平均气温持续天数、过程平均日照时数为指标,划分为轻度、中度、重度三个等级,见表 3-2。

表 3-2　低温阴雨等级划分表

等级	指标		
	日平均气温(℃)	日平均气温持续天数(d)	过程平均日照时数(h)
轻度	<12	持续 3~5	<3
中度	<12	持续 6~9	<3
	<10	≥3	<3
重度	<12	≥10	<3
	<8	≥3	<3

　　华南地区低温连阴雨按其天气特点不同,大致可分为三种类型:

　　①干冷型。其特点是冷空气的入侵势力较强,有明显的平流降温;白天日照充足,午

间温度较高,空气干燥;夜间辐射降温明显,使气温降得很低,昼夜温差大,甚至在清晨可以出现霜冻。这种干冷型天气多数出现在"立春"以前,维持时间较短,一般 3～5 d。

②湿冷型。其特点是冷空气入侵势力较弱,出现阴雨连绵的天气,寡照,昼夜温差小,空气湿度大。这种湿冷型低温阴雨天气,多数出现在"立春"以后,持续时间较长,它对春熟作物和春播喜温作物危害最大。

③混合型。即整个过程干冷型和湿冷型天气兼而有之,有时是先湿后干,有时是先干后湿,或干湿相间。此类型天气以 2 月份出现机会较多。

三、初夏江淮流域的梅雨天气

梅雨通常是指每年 6 月中旬到 7 月上、中旬初夏,中国长江中下游指宜昌以东的 28°～34°N 范围内或称江淮流域,至日本南部这狭长区域内出现的一段连阴雨天气。由于这时正值我国江南梅子黄熟季节,故称"梅雨",亦称"霉雨"。梅雨开始,称"入梅",梅雨结束,称"出梅",梅雨持续时段,称"梅雨季节";如果梅雨不明显,就称为"空梅"。各地入梅、出梅和梅雨季节是不一样的。梅雨是一个天气气候现象,梅雨期由多次降雨天气过程构成,是东亚夏季风阶段性向北推进的产物。

依据 2017 年 5 月 12 日,国家质量监督检验检疫总局、国家标准化管理委员会正式发布的《梅雨监测指标》国家标准,我国江淮流域梅雨区域分为三个部分,即江南区(Ⅰ)、长江中下游区(Ⅱ)和江淮区(Ⅲ),如图 3-1 所示。各分区的梅雨监测区域的代表站数分别为:江南区 65 站,长江中下游 157 站,江淮区 55 站。其经纬度范围为:28°～34°N,110°～123°E;涉及的行政区域包含上海、江苏、安徽、浙江、江西、湖北、湖南。每年梅雨季节入梅或出梅时间变化很大,一般把三个区域中最早入梅时间和最晚出梅时间定为我国梅雨季节的开始和结束。确定区域入梅、出梅与梅雨期的主要依据是区域内各监测站的降水条件,西北太平洋副热带高压(简称副高)脊线、日平均温度、中国南海夏季风暴发时间等为辅助条件,其中入梅日、出梅日定义方法如下。

(1)雨日的确定:某日区域中有 1/3 以上气象监测站出现≥0.1 mm 的降水,且区域内日平均降水量≥R_d,该日为一个雨日。其中,安徽江淮之间、江苏(长江区)、湖南和上海等地 R_d 取为 1.0 mm,其他区域 R_d 均为 2.0 mm。

(2)雨期开始日(结束日)的确定:从第 1 个(最后 1 个)雨日算起,往后(往前)2,3,…,10 日中的雨日数占相应时段内总日数的比例≥50%,则第 1 个雨日为雨期开始日(结束日)。7 月 20 日之后不再有新的雨期开端日,雨期结束日应出现在立秋之前。

(3)入梅日:第 1 个雨期的开始日即为入梅日。此时西太平洋副热带高压第一次北跳,副高脊线位于相应的南界和北界之间,见表 3-3。梅雨最早开始于 5 月下旬,发生在高温高湿的环境中,日平均气温≥22 ℃。

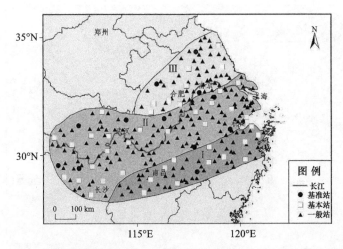

图 3-1　梅雨监测区域(江南区、长江中下游区、江淮区)及 277 个观测站空间分布图

(4)出梅日:最后一个雨期结束日的次日即为出梅日。此时西太平洋副热带高压第二次北跳,副高脊线超出北界范围。

表 3-3　梅雨期副高脊线活动范围

区域选择	南界	北界
江南区	≥18°N	<25°N
长江中下游区	≥19°N	<26°N
江淮区	≥20°N	<27°N

梅雨具有降雨量大、日照时数少、湿度大、云量多、风力小等特点,并有显著的年际和年代际变化,区域特点明显。基于梅雨监测标准,气候平均而言,1951—2015 年间,我国入梅时间为每年 6 月 8 日,长江中下游区比江南区入梅时间晚一周左右,江淮区比长江中下游区再晚一周左右;出梅时间为 7 月 18 日,从南往北先后结束。

长江中下游地区入梅和出梅日期,年际间变化较大,这主要是由于西太平洋副高强度和副高脊线位置变化的结果。一般当副高势力较弱时,110°~123°E 的副高脊线迟迟不能超过南界,入梅就晚;反之,入梅就早。出梅的情况也与此相似。当副高势力特强时,梅雨就不明显,容易形成空梅。梅雨是江淮地区重要的降水来源,梅雨季平均降水量为 343.4 mm,正常梅雨量可占年降水量 3 成至 4 成。历史上最大值为 1954 年的 789.3 mm,其次为 1998 年的 596.4 mm;而梅雨季降水最少的为 1958 年的 134.7 mm,其次为 2009 年的 139.2 mm。

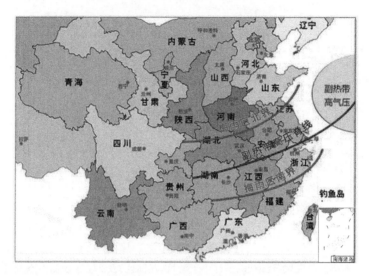

图 3-2　我国汛期副热带高压脊线平均位置及梅雨区南北界

中国是典型季风活动国家,受东亚夏季风的影响,汛期降水年际变率大,梅雨活动作为一个重要的气候现象,在某种程度上决定了我国汛期主要雨带分布和雨型特点。梅雨前后,无论是天气或自然季节,都会发生明显的变化。梅雨前,主要雨区多在华南一带。江南地区受北方冷高压控制,常为晴朗天气,雨水较少,湿度较小,日照充足。梅雨开始后,主要雨区移来,雨量显著增多,日照时数减少,地面风小,空气湿度大,阴雨天多,气温少变。梅雨结束后,雨区北移到黄河流域、华北和东北,此时江淮地区受副热带高压控制,雨量显著减少,气温急剧上升,日照多,天气酷热,进入了盛夏季节。

梅雨的早晚、雨期的长短、雨量的丰歉,对江淮地区的农业生产有着重要影响。雨季到来前,正值各地油菜、小麦等夏熟作物成熟收获时期,梅雨过早、雨期过长、雨量过多,影响夏熟作物收获的顺利进行,连绵阴雨使已经成熟的油菜、小麦不能适时收获,或割后不能及时晒干和脱粒,在高温高湿条件下堆放,很容易发芽和霉烂,造成"烂场"现象,丰产不能丰收。农民把这种引起"烂场"现象的天气称之为"烂场天气"。每年夏收季节农民群众迫切要求开展烂场天气的农用天气预报服务。此外,江淮地区是中国重要的水稻产区,适时适量的梅雨,确保了早稻灌浆、中稻插秧时需要的水量,有利于水稻丰收,但如果连续阴雨,不仅容易引起洪涝灾害和低温灾害,也不利于农作物的生长发育,还容易引起病虫害的大量发生和蔓延,给农业生产带来不利影响。梅雨过晚、雨期过短、雨量过少,则易出现"短梅"或"空梅",一般平均为每十年中1～2次。"短梅"或"空梅"的年份,常常有伏旱发生,有些年份还可能造成大旱。

四、夏季干热风和伏旱天气

干热风亦称"干旱风""热干风",俗称"火南风"或"火风"。干热风是一种高温、低湿并伴有一定风力的农业气象灾害天气,通常发生在暖季的作物旺盛生长期。高温、低湿会使植物蒸腾急速增大,根部来不及吸水,水分代谢失衡,导致作物生理干旱,风力则加剧干旱程度。它对农业生产危害很大,可直接影响作物的生长发育,以致造成农业严重减产和农产品品质降低。干热风时,温度显著升高,湿度显著下降,并伴有一定风力,蒸腾加剧,根系吸水不及,往往导致小麦灌浆不足,秕粒严重甚至枯萎死亡。我国的华北、西北和黄淮地区春末夏初期间都有出现。干热风一般分为高温低湿和雨后热枯两种类型,均以高温危害为主。我国受干热风危害的影响区域约为 $32°\sim48°N,75°\sim120°E$,并主要对黄淮平原、新疆、河西走廊、河套地区的小麦造成危害,且以黄淮平原和西北地区最为常见,是北方小麦生育后期的灾害性天气之一。

我国干热风天气一般发生在 4—8 月,约 2～4 年出现 1 次严重的干热风年。小麦干热风灾害主要发生于当地小麦收获前 1 个月。我国小麦干热风灾害一般是从 5 月上旬开始,由南向北、由东南向西北逐渐推迟,至 7 月中下旬在大部分地区终止,青海地区最晚可至 8 月,冬麦区早于春麦区。黄淮海地区冬小麦干热风主要发生在 5 月中、下旬至 6 月上旬,河南省商丘地区 1967—2006 年 5 月下旬至 6 月上旬干热风的发生频率为 60%～80%;河西走廊、宁夏平原春小麦干热风发生时段晚于黄淮海地区,早于河套地区,主要在 6 月中旬至 7 月下旬;甘肃省 1961—2006 年 80 个站 6—7 月干热风发生次数占全年总次数 52%～76%;青海地区 1961—2010 年 7、8 月干热风发生次数分别占年总次数的 50.1%,38.1%;内蒙古河套春麦区干热风通常发生在 6 月下旬至 7 月下旬,新疆冬、春麦区受干热风危害持续时间最长,南疆自 5 月中旬至 7 月中旬出现小麦干热风,北疆小麦干热风则多集中在 6 月中旬至 7 月出现。

干热风主要危害在于高温低湿环境造成冬、春小麦及棉花等作物生理干旱,影响产量,其中冬小麦受害最为严重,对春小麦及棉花的危害仅见于西北地区。小麦开花时如遇干热风,可造成麦籽不实和小穗数增加;灌浆乳熟期如遇干热风,造成籽实瘦秕,千粒重降低,产量下降;黄熟期如遇干热风,可使小麦出现"早熟""青秕"现象。小麦受干热风危害的气象指标,各地区不一,危害程度除决定于干热风出现的强度、持续时间等因素外,还与作物的品种、生育期、生长状况、土壤性质、栽培管理措施及前期气象条件、病虫害情况有密切关系。

干热风的防御措施包括营造防护林带,搞好农田水利建设以便灌溉(浇灌、喷灌)以及施用化学药剂等。

（1）适时浇足灌浆水,酌情浇好麦黄水①。灌浆水一般在小麦灌浆初期（麦收前2～3周）浇。如小麦生长前期天气干旱少雨,则应早浇灌浆水。对高肥水麦田,浇麦黄水易引起减产。所以,对这类麦田只要在小麦灌浆期没下透雨,就应在小雨后把水浇足,以免再浇麦黄水。对保水力差的地块,当土壤缺水时,可在麦收前8～10 d 浇一次麦黄水。根据气象预报,如果浇后2～3 d 内,可能有5级以上大风时,则不要进行浇水。

（2）喷施化学试剂,增施硼、锌肥。为了提高麦秆内磷钾含量,增强抗御干热风的能力,可在小麦孕穗、抽穗和扬花期,各喷一次0.2%～0.4%的磷酸二氢钾溶液,每次每亩喷50～75 kg。但要注意,该溶液不能与碱性化学药剂混合使用。在小麦开花期和灌浆期,喷施20 ppm②浓度的萘乙酸,或喷施浓度为0.1%的氯化钙溶液,可增强小麦抗干热风能力。为加速小麦后期发育,增强其抗逆性和结实,可在50～60 kg水中,加入100 g 硼砂,在小麦扬花期喷施。或在小麦灌浆时,每亩喷施50～75 kg 0.2%的硫酸锌溶液,可明显增强小麦的抗逆性,提高灌浆速度和籽粒饱满度。

（3）喷洒食醋、醋酸溶液。每亩用食醋300 g 或醋酸50 g,加水40～50 kg,喷洒小麦。宜在孕穗和灌浆初期各喷洒1次,对干热风有很好的预防作用。

伏旱,是指我国长江流域及江南地区盛夏（多指7、8月）降水量显著少于多年平均值的现象。一般上述地区受西太平洋副热带高压控制,且少台风活动时,容易出现严重干旱。伏旱天气持续天数历年都在15 d 以上,主要发生在中国长江中下游地区特别是湖北、湖南、江西、江苏、安徽等省,此时该地区由"梅雨季"转入盛夏季,天气系统转受单一的太平洋副热带高压稳定控制,形成反气旋天气,以下沉气流为主,日照长,太阳辐射很强,气温高,蒸发旺盛。同时,少台风活动,除局部地区的雷阵雨外,无大片雨区,普遍出现干旱酷暑天气,由于正值"伏天",故称"伏旱"。这一季节长江中下游地区午后气温一般达33～35 ℃,个别地方有高达43～45 ℃的高温记录,伏旱发生概率比较高,达50%。其他地区有些年份也会出现伏（夏）旱,降水量显著少于多年平均值。

夏季是农作物生育旺盛的时期,农作物生长也快,植物蒸腾量大,农田需水量很大,此时的干旱对农作物生长及产量形成极为不利。因此,伏（夏）旱虽不及春旱出现的频率高,但对作物的危害一般较春旱重,所以有"春旱不算旱,夏旱减一半"的农谚。伏旱对农业生产的危害,主要表现在高温影响早稻灌浆,干旱影响岗田晚稻栽插;持续高温干旱将加剧棉花蕾铃脱落,虫害发生,以及瓜果不实,蔬菜供应失调等。此时如遇干热风天气,会使危害加重。如遇伏旱连秋旱将使旱情更加严重,对农业生产危

---

① 麦黄水:指在麦收前一、两周之内为达到增产目的浇灌的水分,一般农田无严重旱情不建议浇灌。

② ppm:百万分之一浓度,即10^{-6}浓度单位。

害更大。可见，伏旱也是一种典型的农业气象灾害天气，有关部门和单位需按照职责做好防御干旱的应急和救灾工作。包括：采取提外水、打深井、车载送水等多种手段，确保城乡居民生活和牲畜饮水；限时或者限量供应城镇居民生活用水，缩小或者阶段性停止农业灌溉供水；严禁非生产性高耗水及服务业用水，暂停排放工业污水；气象部门伺机开展人工增雨作业等。

五、夏秋季节的台风天气

台风是发生在热带海洋上，具有暖心结构、强烈旋转的气旋性涡旋，是一个深厚的低气压系统，它的中心气压很低，低层有显著向中心辐合的气流，顶部气流主要向外辐散。由于我国处在南海季风区，西北太平洋和南海海域是全球台风的高发区，因此，我国整个东南沿海几乎每年都有台风"光顾"并带来不同程度的灾害，有次数多、季节性强、受灾程度重、影响范围广等特征。我国台风预报业务中把南海与西北太平洋的热带气旋按其底层中心附近最大平均风力（风速）大小划分为 6 个等级，即：热带低压、热带风暴、强热带风暴、台风、强台风和超强台风。其中台风最大风速 12～13 级，强台风最大风速 14～15 级、超强台风最大风速≥16 级。这里所说的台风泛指热带风暴（最大风速 8～9 级）、强热带风暴（最大风速 10～11 级）和台风（最大风速≥12 级）。

形成台风需要高温、高湿和一定的地转偏向力为前提。影响我国天气的台风主要来自西北太平洋部海区，在这个范围内，台风源地主要集中在菲律宾以东至关岛以西洋面以及我国的西沙群岛和南海群岛附近。统计表明，1949—2018 年间，西北太平洋（含南海）上平均每年生成约 32.8 个台风，平均每年有约 9 个台风登陆我国（宿海良 等，2020），1971 年登陆我国台风最多，为 12 个。每年 4—12 月我国均有台风登陆，其中 7—9 月登陆台风最多，8 月、9 月的台风平均登陆强度最强。7—8 月中国沿海均有受台风影响的可能，主要在 15°～25°N 西移影响中国，9—10 月中国受台风影响的地区，主要在长江口以南，11—12 月中国仅广东珠江口以西地区偶尔受台风影响。可见，7—10 月是我国台风灾害多发、重发期，也是防汛防台风减灾工作的关键期，但 2020 年 7 月例外，创下我国无台风记录。近年来，随着全球气候变暖，西北太平洋生成台风的平均最大强度呈下降趋势，但从我国台风平均登陆强度上看，却有逐渐增大的趋势。

台风形成于副热带高压南侧，其移动主要受副热带高压大型流场的操纵，开始移动的方向是自东向西，速度的快慢取决于偏东气流的强弱，移速平均为 25～30 km/h。当台风移到副高脊线附近，大型流场为偏南气流时，引导台风转向北上，台风转向时移速较慢，停滞或打转时移速最慢，转向后移速加快，有时可达 80 km/h 以上。西北太平洋台风其移动路径大致有三条：

（1）西移路径。台风由菲律宾东部海域，经菲律宾北部进入南海，在我国华南沿海、海南岛或越南一带登陆，对我国华南沿海地区影响最大。

（2）西北路径。台风从菲律宾以东洋面向西北偏西方向移动，后转向西北，在我国台湾、福建一带登陆，或从菲律宾以东向西北方向移动，穿过琉球群岛，在浙江、江苏沿海一带登陆。登陆后，一般在大陆消失。这条路径对我国华东地区影响最大。

（3）转向路径。台风从菲律宾以东向西北方向移动，到达我国东部海面或在我国东部沿海登陆，然后转向东北方向移动，这是最多见的路径。如果台风在远海转向，主要袭击日本或在海上消失；如果台风在近海转向，大多影响朝鲜，也有一小部分在北上的后期会折向西北行，在辽鲁沿海登陆。冬季这类台风的转向点纬度较低，对菲律宾和我国台湾一带可能造成影响。

在各个季节，台风移动路径有一定的趋势，一般盛夏季节以西北移动路径为主，春秋两季则以西移路径和转向路径为主。

台风的灾害主要由台风大风、台风暴雨和风暴潮造成（陈联寿 等，2017）。由此带来的狂风、暴雨、巨浪和海潮，对农业生产和国民经济有巨大的破坏作用。每年夏秋季节，正是华南沿海和长江中下游早、中稻成熟收获和棉花开花、吐絮盛期，常受台风侵袭影响，造成重大损失，特别是在台风登陆地区、狂风暴雨给农业造成的损失更大。

当然，台风对农业生产也有有利的一面。台风在我国沿海活动时期，正值长江中下游和华南伏秋干旱季节，一次台风过境，在它的边缘和倒槽部位带来的充沛雨量，对于解除干旱危害有重要意义；在炎热的伏天，台风雨还能起到降温作用。

六、秋季连阴雨天气

每年秋季，随着夏季风系统南撤，北半球上空大气环流发生转变，我国大部分地区多为"秋高气爽"天气，但长江下游和我国西部地区却相反，9—10月间的降水量和雨日都比其邻近地区显著偏多，通常出现相对于夏季降水的次高峰（白虎志和董文杰，2004）。且其往往以连阴雨过程为其主要气候特征，因此分别称为"长江下游早秋雨"和"华西秋雨"。

长江下游早秋雨是指初秋季节，在长江下游地区出现的一段（5 d 或 5 d 以上）阴雨连绵的天气过程。以 9 月中旬至 10 月上旬最多，连阴雨持续时间平均为 11 d，最长可达 20 d 左右，以小雨和中雨为主。引起该地区连阴雨的天气系统主要是江南准静止锋。连阴雨开始的标志是北方冷锋到达长江流域后，逐渐静止下来，这时往往在 850 hPa 天气图上江淮流域有一近于东西向的横槽与地面准静止锋配合。当高空有南北向槽东移到华东沿海逐渐加深成大槽，槽后有强冷空气南下，此时长江下游连阴雨结束，继而出现"秋高气爽"天气。

华西秋雨影响范围较广,主要包括四川、贵州、陇南、关中和陕南、鄂西和湘西等地。每年进入 9 月以后,这些地区处在西北太平洋副热带高压和伊朗高压之间的低气压区内。西北太平洋副热带高压西侧或西北侧的西南气流将南海和印度洋上的暖湿空气源源不断地输送到这一带,使这一带具备了比较丰沛的水汽条件。同时,随着冷空气不断从高原北侧东移或从东部地区向西部地区倒灌,冷暖空气在西部地区频频交汇形成降水。不过,由于秋季暖湿气流通常不及盛夏,因而降雨强度并不是特别大,表现为持续多日的绵绵细雨天气特征,西南地区称为"秋绵雨"。秋雨的起讫日期一般是从 9 月上旬起至 10 月底止,但最早的年份可在 8 月下旬开始,最迟要到 11 月中旬才结束。从地区分布来看,一般是北部出现较早,南部结束较晚。同时每年的秋雨,一般都是由 2~3 次连阴雨过程组合而成的,而每次连阴雨过程的持续天数平均为 15 d 左右,最长可达 40 d 以上。从华西大范围地区来看,多数年份都有秋雨现象,但也有的年份秋雨不明显,平均不到 3 年一遇。秋雨显著的年份,一般阴雨范围大,持续时间长。

秋雨对农业生产的影响,可分为两方面:一方面是秋雨可消除秋旱的威胁,保持良好的土壤墒情,有利于秋播;另一方面是秋雨往往与低温相联系,容易给秋熟作物带来低温危害。由于秋雨连绵,光照不足,不利于水稻籽粒灌浆和棉铃成熟吐絮,有时还会引起稻瘟病和棉花烂桃现象,纤维品质变差,光泽不良。华西地区因多秋雨天气,棉花产量和品质均受到显著影响。华西地区多山地,长期阴雨易造成泥石流、滑坡等自然灾害,对人们的生命安全和财产造成极大的影响。

思考题

1. 什么是农用天气预报?
2. 农用天气预报的天气要素有哪些?
3. 农用天气预报分哪几类?
4. 农业灾害性天气预报有哪些内容?
5. 如何开展农用天气等级预报?
6. 中国重要农用天气有哪几种,其发生特征是什么?

第四章　农田土壤水分预报

本章介绍了农田水分预报的重要意义、预报重点服务时段和地区的确定,分析了农田土壤水分预报的基本原理,阐明了土壤水分预报和灌溉量估算的主要方法。

第一节　农田土壤水分变化规律及预报意义

一、土壤水分周年变化规律

在我国,尤其是北方的季风气候区,由土壤-植物-大气系统的水分平衡与循环关系所决定,一年中农田土壤水分随季节表现出明显的动态变化,主要包括恢复和损耗两个周期,随作物的种植制度和田间管理而有所不同,如有无越冬作物覆盖、灌溉管理等都会对土壤水分变化产生影响。土壤水分周年变化规律主要受蒸散发和自然降水的影响,与之对应的土壤水分变化时期依次为夏季(或雨季)的底墒恢复形成阶段、秋季的缓慢蒸发失墒阶段、冬季的相对稳定调整阶段和春季的水分快速损耗失墒阶段。

1. 底墒形成阶段

这一阶段与雨季相对应,由于这时降水充沛,一般农田中土壤水分收入大于支出,土壤水分在重力的作用下,总的运动趋势是由上层向下层,在较深层形成底墒。有的年份,由于雨季降水偏少,土壤蒸散量大,整个土层水分仅得到一定补充而不能形成足够的底墒,进入下一个阶段时,就会增加干旱出现的概率。余优森等(1992)指出,黄土高原草地(西峰站)在6—8月,处于第一茬草开花刈草至第二茬草开花刈草期。此时6月上中旬和8月上中旬正处于紫花苜蓿开花刈草期,耗水量大,故出现两个最大的土壤失墒低谷,土壤水分动态曲线分别由 171 mm 和 169 mm 下降到 148 mm 和 146 mm,净失墒量 23 mm,在 6 月下旬至 7 月,由于夏季降水补给量大,而牧草的耗水量又相对较少,故出现了明显的增墒坡峰,土壤水分动态曲线 148 mm 升至 169 mm,净增墒量 21 mm。

2. 缓慢失墒阶段

这一阶段与秋季相对应,这时降水较雨季明显减少,气温逐渐下降,风减小,农田蒸散耗水也明显减少,使得土壤水分收支相当,土壤水分变化平缓,或上层稍有失墒。

3. 内部调整阶段

这一阶段与冬季相对应。在冬季，土壤冻结，除表层有少量失墒外，下层的土壤水分以热毛管流的形态或以水汽形态向冻土层集聚。因此，冻土层的土壤湿度通常会超过冻结前相同层次的土壤湿度，也往往出现上层土壤湿度高于下层的现象。

4. 快速损耗阶段

这一阶段一般与春季相对应。它又可以细分为以下两个时期。

(1)返浆时期。春季气温回升到 0 ℃以上，土壤分别从冻土层的上、下两个方向解冻。由于气温升高，表层土壤解冻，在冻土解冻过程中，冻土层内冬季凝聚的过多水分融化，受到下面冻层的阻挡，不能下渗而积聚在浅层土壤中，使浅层土壤的含水量显著增大，甚至超过田间持水量，表现出泥泞状态，这种现象就是通常所说的"返浆"，在西北灌区群众称之为"春潮"。当温度进一步升高，整个冻土层化通[1]，此时土壤中的重力水由于蒸发和下渗，使土壤浅层含水量下降，这就是所谓的"煞浆"过程。在煞浆后的一段时间里，由于温度还不太高，风较小，所以土壤水分变化不太大。返浆时期的长短和强度，不同地区和不同年份是有差异的。返浆强度除受地下水位、土质、地势等条件影响外，还与土层的含水量、冬灌时间和冬灌量、初冬封冻早晚和封冻特点、冻土层深浅及返浆期的天气条件等因素有关。

(2)急速失墒时期。这一时期是土壤水分变化的一个转折时期，墒情由冬季的相对稳定转入急速下降，干土层很快加厚。这主要是由于这一时期温度迅速回升到 10 ℃以上，加之风大，空气干燥，使得土壤的每日失墒量剧增造成的。遇到干旱年份，这一时期可一直延续到夏季而得不到恢复。不过，后期由于墒情水平已变得很低，相应失墒速度也变小了，墒情在低水平上处于某种相对稳定状态。

春季的土壤水分快速损耗失墒阶段，正是我国北方广大地区春播作物播种出苗，夏熟作物返青拔节时期，需要水分较多，而这时自然降水又极少，即是群众所说的"春雨贵如油"的时候，所以，农业部门对这个时期的土壤水分变化极为关注，它是开展土壤水分预报和情报服务的重要时期。对于某一具体地区而言，通过分析当地的气候资料和相应的土壤水分观测资料，不难找出当地土壤水分的周年变化规律，在此基础上确定其重点服务时段。

二、土壤水分的空间分布类型

就土壤水分条件的空间变化而言，在相同的气候条件下，由于区域内各代表测点的地貌、地势、土质、地下水位等差异，便可形成不同的土壤水分空间分布类型。一般

---

[1]　化通：即土壤完全化冻，北方地区每年土壤都要经历结冻和化冻的过程。由冬转春期间，随着气温的逐渐上升，土壤中的水分由固态转为液态，化冻层不断加深，直至整个冻土层完全化通。

可将其划分为以下三种类型。

（1）经常保持有较多土壤水分的类型。地下水位处于 1 m 左右，地势低，雨季时地下水可上升得更高，甚至到达地面。干旱时地下水对上层土壤仍有补水作用。这种类型多分布在洪积扇的扇缘或三角洲平原。

（2）随降水的多少土壤水分变化较大的类型。地下水位处于 2～4 m，土质多为黄土，土层厚保水能力强。雨水充足的年份，毛细管水可达到地表；而在少雨年份，土壤含水量则不能满足作物的需求。这种类型多分布在山麓平原洪积扇的上部。

（3）土壤水分较少的类型。这类地区地下水位多在 10 m 以下，并且地势起伏，土质也较差，地下水对浅层土壤没有补水作用，土壤主要靠毛细管作用保持水分供作物生长需要。这一类型多分布在第二种类型以上的山地或丘陵。

上述土壤水分类型的划分，明确了开展区域性墒情服务的重点应放在第二、三类地区，尤其是第三类地区。

三、农田土壤水分预报的意义

农田土壤水分预报即根据土壤水分变化规律及未来的气象要素变化特征，对计划层土壤水分状况进行的预报，又称农作物水分供应状况预报。农田土壤水分预报实际上是由两部分组成的：一是土壤贮水量或含水量的预报；二是对比农业上对土壤水分的要求做出的土壤水分供应状况的鉴定。故这种预报也可称之为农田土壤水分供应状况预报。

农田土壤水分是重要的农业气象条件之一。水分是农作物生长发育、进行生理代谢不可缺少的要素，直接影响着作物对光能和热能的利用以及对各种养分的吸收。农作物生长发育需要的水分绝大部分来自土壤，水分只有转化为土壤水时才能被大田作物吸收利用，进而对农作物的生长发育和产量形成有很大影响。

农田土壤水分状况与各项农事活动能否顺利进行、田间作业的质量好坏有密切联系。在我国大陆性季风气候农业区，由于雨量时空分布不均且年际间变化大，造成作物生长季节经常出现不同程度的土壤水分适宜或不适宜的情况。这时要顺利开展各项田间工作和合理安排农业生产，就需要预先了解农田土壤水分状况及其变化特点。农田土壤水分预报正是为了满足农业生产单位和有关部门的这一要求而开展的服务项目。尤其是春初，农田土壤水分预报对于确定春季田间工作开始时间、春播作物的适宜播种期和播种方式等至关重要。

农田土壤水分预报是编制灌溉期、灌溉量预报和土壤干旱预报的基础。土壤水分是制定农田灌溉计划和衡量农业干旱程度的重要指标，在干旱和半干旱农业地区，对于有灌水条件的农田，要经济用水和合理用水，首先需要编制农田土壤水分状况预报。自然降水是这些地区最经济的水资源，灌水作为自然降水的补充，只有当自然降水不足时才需要灌水,而且灌水也不是越多越好,要根据灌水前的土壤水分状况和作物所处的发育时期确定合适灌水量。对于没有灌溉条件的农田,农田土壤水分预报则是编制土壤干旱预报的基础。在干旱发生前准确及时的土壤水分预报,也是动员群众抗旱,准备抗旱器材和物资,及时采取有效抗旱措施的重要科学依据。总之,开展土壤水分预报业务服务,可以为合理利用有限的水资源提供科学依据,对干旱预警、防灾、减灾和促进农业发展和生态环境的良性循环具有重要意义。正因如此,农田土壤水分预报深受农业生产部门和水利部门的重视和欢迎。

土壤水分的动态变化与陆地生态系统水循环过程相联系,参与蒸散发、径流、土壤湿度、地下水等水循环要素的时空分布及动力耦合过程,因此在一些陆面模式中也都包含土壤水分模拟和预测部分。如在许多机理性较强的作物生长模拟模型(DSSAT、WOFOST、APSIM)中都含有土壤水分模拟模块,用以判断水分胁迫对作物生长发育及产量形成的影响。

某一地区农田的土壤水分状况,是由当地的气候、地貌、土质、植被及农业生产活动等因素共同决定的,由于这些因素的变化使得土壤水分状况呈现出不同的时间和空间变化特征。在这些因素中,气候对土壤水分变化的影响最大,因为大气降水是土壤水分的最基本来源,温度、湿度和风等气候要素又直接影响土壤水分的耗散速度。因此,这些气候要素的季节变化其结果必然使得土壤水分状况也呈现出明显的季节变化。地貌、土质等因素主要是影响土壤水分的空间分布,农业生产活动、植被状况及其变化既影响土壤水分的空间分布,又影响土壤水分的季节变化。在土壤水分与其影响因素的相互作用和紧密联系中,分析研究土壤水分的时空变化规律及特点,对于确定土壤水分预报的重点服务时段和地区有着重要意义。

第二节　农田土壤水分预报原理和方法

一、预报原理

农田土壤水分预报的基本原理和核心是土壤水分平衡关系,反映了一定时间内某一深度土层内的水分收支状态。基于土壤水分平衡所做出的农田土壤水分预报是在分析未来一段时间里某计划土层土壤贮水量变化,即土壤水分的收支情况与气象条件、作物状况、土质等影响因子数量关系的基础上编制的。土壤水分平衡关系可以用土壤水分平衡方程来表示,作物根区水分的收支决定了计划土层内水分的变化。

若将 W_{i-1} 作为时段初土层内土壤含水量,W_i 为时段末土层内土壤含水量,则土层内的土壤水分平衡关系可由下式表示:

$$W_i - W_{i-1} = (P + G + K) - (E_s + D + R + I) \tag{4-1}$$

式中:W_i为时段末土壤含水量(单位:mm);W_{i-1}为时段初始土壤含水量;P为时段内降水量;G为时段内灌溉量;K为时段内地下水补给量;E_s为时段内作物农田实际蒸散量;D为时段内深层渗漏量;R为地表径流;I为作物冠层对降水的截留量。

由于准确地计算或测定上式中的所有各项比较困难,因此一般在应用时将上述农田土壤水分平衡方程简化,即假设农田地势较为平坦,地下水位很深,深层渗漏为零,同时基本不产生径流,再忽略作物截留后,在没有灌溉的情况下,得到影响土壤水分收支变化的收入项只有降水,水分支出项为蒸散。简化后的农田土壤水分平衡方程为:

$$W_i - W_{i-1} = P - E_s \tag{4-2}$$

目前农业气象观测中,土壤含水量的表示方法主要是用不同深层土壤重量含水量表示,因此,在土壤水分平衡方程中,土壤含水量需换算成水层厚度来计量,换算方法为:

$$W_h = 10 \times W \times d \times h \tag{4-3}$$

式中:W_h为某水层厚度,W为某土层深度土壤重量含水量(%),d为土壤容重(g·cm^{-3}),h为土层深度(cm),10为单位换算系数。

从(4-2)式可以看出,要想预测未来时段i的土壤含水量W_i,必须监测到当前时段($i-1$)的土壤含水量W_{i-1},其关键是估算未来一段时间的实际蒸散量E_s。

二、土壤水分预报方法

1. 简易推算法

土壤水分预报的简易推算法是用以往的土壤湿度观测资料,以求得某种作物农田、某一特定发育阶段、某规定土层无雨时段的平均日失墒量(或墒情递减的一般规律)及一次降水过程后降水增墒的一般规律为依据的。当测墒时得到现存墒情,如果再计算出无雨时段的每日平均失墒量或掌握了墒情递减规律,便可推算出数天无雨时墒情要下降到何种水平。当该时段内有降水,如果已经求得一次降水过程的增墒规律,便可根据这次降水过程的降水量推算出降水后墒情可达到的水平。

(1)无雨时段平均每日失墒量的求算

根据过去几年某一固定时段内多次的测墒资料,求其前后测墒的墒情差值,除以间隔日数即可算得每日失墒量。当资料较多时,可统计出不同条件下的每日失墒量。不同水面蒸发和土壤水分梯度条件下,土壤含水量与每日失墒量密切相关,在统计时要注意考虑季节、土壤初始湿度条件、水面蒸发与农田蒸发量的比较等对失墒量的影响。

(2)用降水增墒图或墒情递减图推算土壤湿度

未来的土壤湿度还可根据实际土壤水分资料按一定方法,点绘成降雨增墒图和晴天墒情递减图来加以确定。由于不同生育阶段耗水规律和强度不同,在绘制相关图表时,多是按作物的播种—拔节、拔节—开花、开花—成熟三个主要生育阶段来分别制作。通过收集、整理同一作物同一发育期内,连续晴天情况下墒情递减资料,得到以差墒间隔为横坐标、以初始墒情为纵坐标的本地墒情变化曲线。

2. 经验公式法

土壤含水量与降雨、气温、饱和差等有着密切的关系。气温从一定程度上反映了地表接受太阳辐射的状况。气温越高,接受的太阳辐射越多,地表蒸发和作物蒸腾都将增加,所以,土壤含水量与气温为负相关。根据水汽扩散理论,地表蒸发与饱和差成正比,饱和差越大,地表蒸发越大,所以土壤含水量与饱和差亦为负相关。利用时段末土壤含水量与时段初含水量、时段累积降雨量、日平均气温或时段末土壤含水量与时段初土壤含水量、累积降雨量、日平均饱和差等因素的关系,构建多元线性模型(康绍忠,1987)。

$$\theta_t = a\theta_0 + bP + cT + dD \tag{4-4}$$

式中:θ_t 为时段末土壤含水量,θ_0 为时段初土壤含水量;P 为时段内累积降雨量;T 为时段内日平均气温;D 为时段内日平均饱和差;a,b,c,d 为经验系数。该式的优点是比较简单,易于得到,缺点是预报公式中的经验系数因土壤和作物条件的不同变化较大,一个地区建立的经验公式只能适用于这个特定地区和特定作物,预报结果的稳定性和可靠性较差。

3. 水量平衡法

在任意土壤区域,一定时段内进入的水量与输出的水量之差等于该区域内的贮水变化量,即:

$$\Delta W = (P_0 + I) + K + L_1 - ET - D - L_2 \tag{4-5}$$

式中:ΔW 为时段内土壤贮水变化量;P_0 为时段内有效降雨量;I 为时段内有效灌溉量;K 为时段内地下水补给量;L_1 为时段内侧向补给量;ET 为时段内作物蒸发蒸腾量;D 为时段内深层渗漏量;L_2 为时段内侧向渗漏量。这种方法的优点是原理简单,缺点是所需参数较多。

4. 消退指数法

土壤水分状况是由气候、土壤、作物等多种因素综合决定的。土壤水分的减少是由蒸发蒸腾和深层渗漏造成的,除较大降雨或灌溉后短期内有一定量的深层渗漏外,一般情况下边界水分通量比蒸发蒸腾量要小很多。在土壤水分胁迫条件下,蒸发蒸腾量与土壤贮水量之间近似为线性关系(蒲胜海 等,2008)。基于此假设在无降雨和灌水的时段内,土壤贮水量的变化率与贮水量(W)之间的关系表示为:

$$ET = dW/dt = -kW \tag{4-6}$$

式中:k 为土壤水分消退指数,主要与土壤特性、下垫面、农作物生长阶段和需水、气象等条件有关。对上式在时间($t_2 - t_1$)内进行积分即可得到无降水及灌水时土壤水分消退的指数模式:

$$W_2 = W_1 \, e^{-k(t_2-t_1)} \tag{4-7}$$

若在某时段($t_2 - t_1$)内有降雨或者灌溉,土壤水分消退分成降雨或者灌溉2个阶段,这消退指数模型变成:

$$W_2 = (W_1 \, e^{-k\Delta t} + P + I) \, e^{-k(t_2-t_1-\Delta t)} \tag{4-8}$$

式中:Δt 为降雨或者灌溉前土壤水分的消退时间,P 为降水量,I 为灌溉量。消退指数 k:

$$k = (\ln W_1 - \ln W_2)/(t_2 - t_1) \tag{4-9}$$

消退指数法是通过分析消退指数与其影响因素之间的相关关系,建立消退指数与其影响因素间的统计模型,进而对土壤墒情进行预报的方法。这种方法可直接根据前期土壤含水量资料进行预报,所需参数较少且易获得,方法比较简单,但遇较大降雨或灌溉过多或地下水埋深较浅时,即下边界通量不能忽略时误差较大。

5. 土壤水动力学法

在不考虑温度等因素的影响时,作物生长条件下田间土壤水分运动的基本方程可表示:

$$\frac{\partial \theta}{\partial t} = \frac{\partial}{\partial x}\left[D(\theta)\,\frac{\partial \theta}{\partial x}\right] + \frac{\partial}{\partial y}\left[D(\theta)\,\frac{\partial \theta}{\partial y}\right] + \frac{\partial}{\partial z}\left[D(\theta)\,\frac{\partial \theta}{\partial z}\right] - \frac{\partial K(\theta)}{\partial z} - S(x,y,z,t)$$

$$\tag{4-10}$$

式中:θ 为土壤容积含水量;$D(\theta)$ 为土壤扩散率;$K(\theta)$ 为土壤导水率;S 为根系吸水项,单位时间内根系从单位体积土壤中吸收的水量。在研究地表蒸发、作物蒸腾、根系吸水等随作物生长的变化规律的基础上,探寻田间土壤水分变化的机理,进而利用数值方法求解基本方程来对土壤含水量进行预报的方法。该方法的优点是具有坚实的物理背景,但该方法需要许多难以测定的土壤和作物参数。

6. 时间序列法

土壤水分随时间的变化具有如下三个特点:一是由于气候和作物种植等因素的趋势性变化,使其土壤水分的变化在不同年份呈趋势性的上升或下降;二是由于作物需水规律和气候要素的年周期变化使土壤水分动态呈周期性;三是由于某些随机性的气候波动,使土壤水分在不同年份的相同阶段并不相同(粟容前 等,2005),这一变化规律可用时间序列的通用加法模型:

$$\theta(t) = f(t) + p(t) + s(t) \tag{4-11}$$

式中:$\theta(t)$ 为时间 t 时某点的土壤含水量;$f(t)$ 为趋势分量;$p(t)$ 为周期分量,一般可用傅里叶级数形式表示;$s(t)$ 为随机分量,一般可用残差自回归模型表示。该方法所需参数少,但年际气候因素变化较大时精度不高。

7. 遥感监测法

遥感监测法主要是通过建立影响土壤含水量的各因素(如热惯量、归一化植被指数等)与土壤含水量之间的统计模型来对土壤墒情进行预报的方法。土壤热惯量是土壤的一种热特性,是引起土壤表层温度变化的内在因素之一,和土壤含水量密切相关。现有的研究中一般依据土壤含水量与表观热惯量之间的线性经验关系预报土壤墒情:

$$W = a \times ATI + b \tag{4-12}$$

式中:W 为土壤贮水量;ATI 为表观热惯量;a,b 为经验系数。现有的遥感监测方法有热惯量法、微波法、热红外法、距平植被指数法、作物缺水指数法等。

第三节　农田灌溉量确定

一、灌溉量确定的目的意义

灌溉期和灌溉量预报是结合农作物对土壤水分的要求,根据具体年份农田土壤水分预报来推算适宜的灌溉日期及灌溉量的一种农事活动农业气象预报。它是干旱、半干旱农业区农业气象业务部门经常开展的一项服务项目。灌溉是根据本地气候条件和未来天气演变趋势,人为地调节农田土壤水分状况,为农作物生长发育创造最适宜的水分条件的重要手段。灌溉不仅能增加土壤有效水分含量,防止作物受旱,满足作物生育需水,而且还能调节农田水热状况,为农作物顺利生长创造有利的农田小气候环境,使农作物获得高产。但是,灌溉的最终效果和经济效益大小在很大程度上取决于灌溉期和灌溉量。所以,在确定灌溉期时,首先要考虑在作物生长季甚至生长季以前一段时间内,由自然降水所形成的农田实际土壤湿度状况。如果某年降水稀少,可能导致持续干旱,则须考虑经常灌水其效果才明显;如果某年雨水充沛,则农作物生育期间不必经常灌溉或不必灌溉。

所以,确定经济合理的灌溉期和灌溉量,还要考虑作物发育规律和需水情况。正因为这样,在干旱或半干旱农业区,不同年份的灌溉时间和灌溉量标准是不一样的。在干旱年份且灌溉用水资源有限的情况下,合理灌溉尤为重要。另外,编制灌溉期和灌溉量预报还可为水利部门和农业部门确定不同地区间或不同作物间的最佳水分调配方案、提高水分利用效率、确保农业高产优质高效提供科学依据。

二、作物需水量计算

作物需水量指作物在充分供水、适宜养分、生长正常、管理良好、大面积高产条件下的棵间土面(或水面)蒸发量与植株蒸腾量之和。它对合理利用降水资源、提高农业水资源利用率等都具有现实意义,是确定作物灌溉需水量的基础(刘钰 等,2009)。

根据 FAO-56 推荐的单作物系数法计算作物需水量(Allen *et al.*,1998),该方法具有较好的理论基础。

$$ET_c = K_c \times ET_0 \tag{4-13}$$

式中:ET_c 为作物需水量,mm/d;K_c 为作物系数;ET_0 为参照作物腾发量,目前大多利用的是 FAO-56 推荐的 Penman-Monteith 公式(以下简称 PM 公式)计算(Allen *et al.*,1998):

$$ET_0 = \frac{0.408\Delta(R_n - G) + \gamma \dfrac{900}{T+273} u_2(e_s - e_a)}{\Delta + \gamma(1 + 0.34u_2)} \tag{4-14}$$

式中:ET_0 为参考作物蒸散量,mm/d;R_n 为作物表面净辐射,MJ/(m² · d);G 为土壤热通量密度,MJ/(m² · d);T 为 2.0 m 高处的平均气温,℃;u_2 为 2 m 高处的风速,m/s;e_s 为饱和水汽压,kPa;e_a 为实际水汽压,kPa;Δ 为温度水汽压曲线的斜率,kPa/℃;γ 为湿度计常数,kPa/℃。

作物系数(K_c)是某种作物的最大可能蒸散或作物需水量与参照腾发量之比,它反映不同作物与参照作物的区别,是根据参照作物蒸散量计算实际作物需水量的重要参数(刘钰 等,2009)。作物系数反映了作物本身的生物学特性、产量水平、土壤耕作条件等诸多因素对需水量的影响,较合理的确定方法是采用当地的试验资料。不同作物不同生育阶段平均作物系数不同,如华北平原典型农业生态系统几种作物的参考系数见表 4-1(杨天一 等,2022)。

表 4-1 不同作物不同生育阶段的平均作物系数

作物	初始生长期	快速发育期	生育中期	生育末期
冬小麦	0.60	0.88	1.07	0.72
夏玉米	0.46	0.76	1.01	0.80
棉花	0.34	0.71	1.07	0.78
梨树	0.81	0.91	1.02	0.96

三、农田灌水指标

灌溉期的确定一方面要计算未来土壤贮水量的变化,另一方面还要考虑未来的土壤水分含量对作物的有效性。由于土壤类型、土壤肥力、作物品种、耕种栽培措施及产量水平等各异,确定适宜的土壤水分上、下限是确定灌溉量的关键。在农业气象预报和服务中,通常根据不同作物、不同发育期的需水特点,结合相应的灌水指标,作为确定灌溉期的依据。目前这类指标在农业气象上常用的有以下几种。

1. 土壤相对湿度

土壤相对湿度是实际土壤含水量占田间持水量的百分比(%),是目前广泛用于表征农业旱情的重要指标之一,可以综合反映土壤水分状况和地表水文过程的大部分信息。根据土壤的相对湿度,可以知道土壤含水的程度,以及还能保持多少水量,因此在灌溉上有参考价值。一般当土壤相对湿度在 60% 以上时可以不灌水,否则应灌水。但不同作物、不同发育期和在不同的气候区里,为取得作物丰产所定的指标是不一样的。如河南省引黄灌溉试验站提出:小麦孕穗前当土壤水分下降到田间持水量的 59% 时则应灌水。而北京地区的丰产麦田(亩产为 250~400 kg 水平),在播前 0~20 cm 土层含水量为田间持水量的 50% 以下时应灌底墒水,拔节孕穗时 0~20 cm 土层小于 65%、30~50 cm 土层小于 70% 即应灌水。

2. 土壤水势

土壤水势又叫土壤水分张力(bar,1 bar=100 kPa),是在等温条件下从土壤中提取单位水分所需要的能量,土壤水分处于饱和状态时,水势为零,含水量低于饱和状态,水势为负值,土壤越干旱,负值越大。为了方便使用,可取数值的普通对数,缩写符号为 pF,称为土壤水的 pF 值。一般植物的生存范围是 0~ 15 bar,用它来表示土壤水分状况比用土壤水分含量或有效水分更恰当,大多数农作物对土壤水势的敏感性较高。为了进行适时灌溉,了解可以获得最高产量的土壤水势范围是很有益的。当土壤水势达到了可以获得较高产量的临界值时,就要考虑灌水了。

3. 最大土壤有效水分差额

灌水前允许的最大土壤有效水分差额(%)是指在主要根系分布层内,不会导致最终产量显著下降的最大土壤有效水分损耗。在决定这个量值时,首先必须考虑作物的不同水分临界期,如玉米的伸长期、抽穗期和吐丝期,棉花的开花期和结铃期。

此外,还有用作物生长速度来表示的灌水指标,作物生长速度用植株高度增长程度来表示。一般认为,生长速度在一定温度范围内主要取决于水分,如春小麦在水分正常时,一天的生长量在 3.0~3.5 cm(拔节—开花阶段),低于此值时要灌水,但事实上还要考虑光照的影响,否则作物会出现贪青徒长。

灌溉量的确定应考虑灌溉后土壤中需维持一定的水量,以保证作物在较长时期内正常生长发育。这种需水量一般包括在相应天气条件下未来一段时间内农田土壤蒸发消耗,并还能保持相当数量的水分作为作物该次灌水以后生长发育所需的水量(一般 1 m 土层内应不少于 40 mm)。所以,灌溉量至少应是使作物在某一生长时期保持生长发育最适情况时,所需要的水量与灌水前土壤中的实际水分贮存量的差额。实际农业生产中通常认为,土壤根分布层内(一般指 1 m 深度土层)田间持水量即灌水后应达到的土壤水分量值,如果水分再多就会因为产生地下径流而无效。所以,每次灌溉量是田间持水量与灌水前土层中实际水分贮存量之差折合的水量。

有一点需要考虑,即当估计水分对作物的有效性时,指的是作物根系分布深度的水分。扎根深度不仅随作物种类而异,而且还随灌溉方法而变化。主要根系层可以按在其中吸 80% ～ 90% 水分的土壤深度来确定,它随灌溉方法而变化。观测结果表明,每隔 40 d 灌溉一次的花生,可以从深至 120～150 cm 的土层中吸取绝大部分水分,而每隔 10 d 灌溉一次的,则从 90 cm 以上的土层中获得所需要的绝大部分水分。可见,水分的利用在很大程度上取决于根系的发育,而根系的发育也受到灌溉频次的影响。可根据农田实际情况事先制定参考值,冬小麦、夏玉米和棉花的水分指标参考值见表 4-2。

表 4-2　冬小麦、夏玉米和棉花的水分指标参考值

作物	适宜水分指标			干旱指标		
	土壤湿度 (%)	占田持百分数 (%)	水分储存量 (mm)	土壤湿度 (%)	占田持百分数 (%)	水分储存量 (mm)
冬小麦	12.9～18.8	55～80	180.6～263.2	8.2～9.5	38～44	114.8～133
夏玉米	15.2～18.5	70～85	212.8～259	10.2～11.7	47～54	142.9～163.9
棉花	14.1～17.4	65～80	197.4～243	9.3～10.8	43～50	130.2～151.2

四、灌溉量的确定

得到未来逐日土壤墒情后,与作物各生育期的需水量及适宜水分指标下限进行比较,当土壤湿度大于适宜水分指标下限时,不进行灌溉;当土壤湿度小于干旱指标时,则需要进行灌溉。当土壤湿度处于适宜水分下限和干旱指标之间时,是否进行灌溉以及灌溉量多少,则需要进行经济效益分析。在水资源有限的地区,应优先保证作物需水关键期用水,如冬小麦的关键期为拔节—抽穗期和灌浆期,夏玉米为孕穗—乳熟期,棉花为开花—成铃期,而在其他生育期出现适度的水分胁迫情况,反而有利于根系下扎,增加作物根系对深层土壤水的利用。

灌溉量是在一定时期内为满足作物生长需要而补足的水量,它是建立在土壤水分变化基础之上的。如前所述,引起土壤水分变化的收支项主要是降水和农田蒸散,理论上,若某一地区某生育阶段降水远远少于农田蒸散量,那么两者之间就会产生水分赤字,两者的差额就是所需灌溉水量。在开展预报服务时,还要考虑前期土壤水分的高低,往往以占田间持水量 85% 为灌溉下限,灌水计划土层深度随生育期变化,前期较浅,后期较深,一般控制在 100 cm 之内,灌溉量公式可以表示为:

$$G = 1/1.5[0.085 \times d \times h \times c - W(t)] \tag{4-15}$$

式中:G 为灌溉量(m³/亩),1.5 和 0.085 分别为单位换算系数,d 为土壤容重(g/cm³),h 为土层深度(cm),c 为田间持水量(%),以土壤中水分占干土重的质量百分比来表示,代入公式时将其扩大 100 倍,$W(t)$ 为计划土层土壤水分储存量值(mm),

可以是实测值也可以是未来某时段预报值,利用该公式计算出来的灌溉量为净灌溉量,即为满足作物需求而必须要补给的水量,不包括损失量。

思考题

1. 什么是农田水分预报?
2. 土壤水分平衡方程各项的含义是什么?
3. 土壤水分预报的方法有哪些?
4. 作物需水量如何计算?

第五章　农作物发育期和产量预报

农作物生育期与产量预报是农用气象预报和服务的主要内容,本章介绍农作物生育期和产量预报的目的和意义、预报原理,归纳了农作物生育期和产量预报的主要方法。

第一节　农作物生育期预报

一、编制农作物发育期预报的意义

作物在外界环境条件作用下体积增大、生物量增加的过程即为生长;作物在生长的基础上为完成其生命周期必须经历的一系列质变过程即为发育;作物发育在其外部形态上表现出的种种特征叫作作物物候,如出苗、分蘖、拔节、抽穗、开花、成熟等;作物物候现象出现的日期称为物候期或发育期,如出苗期、分蘖期、拔节期、开花期等;相邻两个发育期之间的间隔时间叫作发育时期或发育阶段,如营养生长时期、生殖生长时期、光照阶段等。作物在不同的发育时期里对外界环境条件有不同的要求和反应。

农作物发育期预报是关于作物未来某个发育期出现日期的作物气象预报。它是在分析这一发育时期的发育速度与其主要环境因子,特别是气象因子关系的基础上,根据作物当前的发育状况和未来的气象条件编制出来的。现代农业气象业务上开展较为普遍的、对农业生产有较大指导意义的是作物播种期和收获期预报,有的地方还做了作物出苗期和抽穗开花期预报。部分地区根据农业生产特点、乡村旅游和经济发展需要,还开展了花卉、果树开花期和采摘期预报等。

农作物主要发育期(物候期)预报,是目前广大气象台站普遍开展的一种农业气象预报,是为农服务的一种有效形式之一。它的重要性主要表现在以下三个方面。

(1)准确及时的发育期预报对于生产单位和农户进行适时、科学的田间管理和农事作业有重要的参考价值。如作物在抽穗前后需要较多的水、肥,若能够根据抽穗期预报,在抽穗前些天施用适量穗肥和灌水,增产效果很显著,这样便可以做到经济用水用肥。此外,病虫害的防治、防霜作业、作物、果树、牧草的适时收获等,往往都与某发育期相联系,所以,准确及时的发育期预报,对于适时进行有关作业提供了科学依据。在一年二熟或三熟的地区,前茬作物的成熟期预报,对于安排后茬作物的播栽,避免生产上时常出现的"秧等田"或"田等秧"现象,充分利用生长季节也很有意义。在杂交稻制种中,为使父母本花期相遇,提高制种产量,也要求事先编制父母本开花期预报,以便在花期不遇时及早采取措施,调整开花期。

(2)作物在不同的发育时期里,对气象条件和其他环境条件有不同的要求和反应,所以要鉴定气象条件对作物生育和产量的影响必须结合作物的具体发育时期。农业气象条件的鉴定是许多种农业气象预报的重要内容,所以在编制农业气象预报时,几乎都包含作物有关发育期的预报。例如,我国长江中下游地区后季稻抽穗开花期容易遭受秋季低温的危害,造成空壳减产,要编制当年秋季低温影响情况的预报,必须先做出当年后季稻抽穗开花期的预报,然后才能预报在抽穗开花期能否出现有害低温,估计受害程度。可见,作物发育期预报是一种很重要的、基础性的农业气象预报。

(3)气候变化背景下,准确及时的发育期预报对于提前做好防灾、减灾工作非常重要。气候在时间和空间上的异常变化影响和制约着粮食作物生产,加强作物气象灾害的早期预警对于确保粮食丰产有十分重要的意义,而且对于农业生产管理有指导作用。而这些预警都是建立在作物发育期预报的基础之上。

二、农作物发育期预报的基本原理

作物生长发育规律主要受其生物学特性(作物种类、品种类型)、环境因素(气候条件、地理条件、生产条件)的影响,前者是作物发育期变化的内因,而后者是引起作物发育期变化的外因,对同一作物品种,环境因素是决定作物生育期变化的主导原因。作物发育期预报的依据有 2 个:一是生物学特性,即外界气象条件决定发育期出现的早晚;二是积温学说,即某一作物品种完成某一发育期所需的积温是一定的。作物从一个发育期到下一个发育期的间隔日数多少,即这个发育时期发育速度的快慢,与作物本身的生物学特性、气象条件、土壤肥力及栽培技术等有密切关系。通常可以用下式表示:

$$V_j = \frac{1}{N_j} = f(t_j, w_j, s_j, m_j, c_j) \tag{5-1}$$

式中:V_j 表示作物第 j 生长发育阶段的发育速率;N_j 为完成该发育阶段所需要的天数;t_j 为该阶段生长快慢的温度影响因子;w_j 为水分影响因子;s_j 为光照影响因子;m_j 为土壤、栽培等因素决定的影响因子;c_j 为作物品种等生育特性决定的影响因子。在土壤条件和栽培技术相对稳定一致的情况下,作物发育速度主要决定于作物的生物学特性和气象条件。

作物的生物学特性是影响发育速度的内因。作物种类、品种以及发育时期不同，其生育时期的长短，以及对光温等气象条件变化的反应是不同的。其感光性和感温性可能会有很大的差异。因此，在编制发育期预报时，必须从具体的作物、品种和发育时期的生物学特性出发，具体分析发育速度受气象条件影响的规律。

气象条件和其他环境条件，是影响发育速度的外因。在水分条件基本满足的情况下，对于感温性强，感光性迟钝的作物品种和发育时期来说，温度是影响发育速度的最主要因子。温度与发育速度之间存在着密切的线性或非线性关系。一般当外界温度在其下限温度至最适温度范围内变化时，作物发育速度与温度呈线性关系；当外界温度在下限温度至最适宜温度及最适到最高温度范围内变化时，作物发育速度与温度呈非线性关系。

对于感温性强且感光性也强的作物品种的某些发育时期，除了温度之外，光照条件甚至光照强弱对发育速度也有重要影响。在这种情况下编制发育期预报，还必须考虑光照条件。而对于感光性很强而感温性迟钝的作物品种的某些发育时期，其发育速度主要取决于光照条件。

在通常情况下，水分条件对耐旱作物发育速度的影响并不明显，但在水分过多或严重不足时，对发育速度就会有明显的抑制和加速作用。比如，一些旱田作物播种后，土壤水分不足会推迟出苗。又如，土壤和空气干旱会使处于灌浆阶段的作物"逼熟"，使灌浆时期缩短，提早成熟。因此，在水分过多或严重不足时，水分对发育速度的影响也不能忽视。

三、作物发育期预报的方法

作物发育期预报，是在分析研究气象因子与作物生长发育速率及其他影响因子相互联系的基础上进行的。自20世纪80年代以来，我国的农业气象研究工作者对农作物发育期预报方法已经有一些简单经验，总结了许多经验统计预报方法，并用于作物发育期的农业气象预报业务应用，比如平均间隔法、物候指标法、积温法、光温系数法、日长或暗长模式法、经验公式法等。其中，平均间隔法通过前一个发育期时间与两个发育期之间多年平均间隔日数相加，得出要预报的发育期日期；物候指标法则是利用其他动植物的物候期与要预报的作物的发育期之间的关系，来预报发育期；积温法假设作物完成某一生育阶段所需的高于生物学下限温度的积温为一常数，当到达这个阶段所需的积温时，作物就会进入下一发育阶段，且各发育期的有效积温累积速度与发育期天数存在线性相关关系。在积温法基础上，李昊宇等（2012）通过气候适宜度，综合考虑温度以及土壤水分和降水对冬小麦不同发育期的不同影响，对冬小麦发育期进行预报，取得较好预报效果。此外，对于感光性强的作物的发育期预报，还可采用光温法、温湿法等不同处理方法。

1. 平均间隔法

平均间隔法认为,对于感光性较弱的作物,在水分条件适宜的情况下,作物相邻两发育期的间隔日数具有相当大的稳定性,利用这一特点可以制作发育期预报。平均间隔法可用下式表述:

$$D = D_1 + \bar{n} \tag{5-2}$$

式中:D 为要预报的发育期出现日期;D_1 为前一个发育期的实际出现的日期(也可以是某界限温度稳定通过的日期);$\bar{n}$ 为两个发育期(或某界限温度稳定通过日期与要预报的作物发育期)之间的多年平均间隔日数。

用公式(5-2)预报,首先要根据这两个发育期的多年平均出现日期的调查资料求出 $\bar{n}$,然后将实际观测到的前一个发育期出现日期加上 $\bar{n}$,即可预报出下一个发育期的出现日期。

运用平均间隔法编制作物发育期预报,我国各地农民群众有丰富的经验。如我国河北、山西等省有"花见花,四十八"的农谚,即是说棉花(早花)从开花到吐絮大约为 48 d。我国华北地区有"穗见穗,一月对"的农谚,就是说谷子、小麦等作物从抽穗到成熟约需一个月的时间。有了这些经验就能够根据有关发育期的实际日期资料来预报下一个发育期到来的日期。由于作物发育速率受环境因子如水分、土壤养分、气温等影响较大,因此预测发育期的精确度不稳定。用平均间隔法推算发育期,都没有考虑上一个发育期或物候期出现日期至下一个作物发育期出现日期之间这段时间各年气象条件差异的影响。所以,推算出来的日期与实际出现的日期相比较,可能有一定的误差。为了提高预报的准确性,需对推算的结果进行必要的订正。

2. 物候指标法

它是根据作物、其他植物(如树木、花草等)以及某些动物的物候期与所要预报的作物发育期之间的关系,以这些物候现象和特征为指标的发育期预报方法。

物候指标法是我国农民很早就在生产上应用的一种作物发育期预报方法。如我国山东平原有"蛤蟆打哇哇,三十三天食面疙瘩"的农谚,即是说青蛙冬眠苏醒,从开始鸣叫的日期算起 33 天后小麦成熟。有了这一经验,就可以用青蛙始鸣日期来推算小麦成熟期。并且,作物本身的某些物候现象和特征也可作为发育期预报的指标。如晚稻穗分化期内幼穗长度与抽穗期有密切的关系,用这种关系,在晚稻抽穗前观测主茎幼穗长度,可推算晚稻抽穗日期。甘一忠等(2001)研究表明:广西 24°N 以北地区,苦楝春季开花期的迟早对秋冬季≥10 ℃、≥15 ℃终日出现的迟早有明显的指示作用;依据苦楝开花迟早可做出当年秋冬季界限温度结束日期长期趋势预测。刺槐盛花期在日平均气温 20~23 ℃的时候,冬小麦正在抽穗开花。枣树开花始期正是冬小麦乳熟期(张荣霞,1992)。梨花开放前的一个指标物候是杏花开放,且杏花比梨花平均早开放 12 d 左右,预测杏树开花期后就可预报出梨树的花期,进而得到玉米的播种期,可用梨花开放日期推算小麦拔节期。

3. 模型模拟法

(1)积温法

完成作物发育期所需的积温稳定理论是在作物模型中广泛使用的模拟预测的基本原理。早在 1735 年,Reaumur(莱蒙)在研究作物生长发育与温度的关系时就发现,作物完成某一生育阶段的日平均气温累计值基本保持在一定范围内,并由此提出积温理论(申双和 等,2017)。Houghton(霍顿)等 1923 年提出有效温度的概念,从此,有效积温便广泛地应用于作物发育期预报、作物产量预测和作物病虫害预测等方面,成为作物模型中必不可少的变量(申双和 等,2017)。直到目前,积温还处在模拟作物发育期模型的核心地位。

①线性模式法

对感温性强而感光性很迟钝的作物品种的某些发育时期(如播种—出苗期),在水分条件基本满足,而且外界温度又在作物发育的下限温度至最适温度这一范围内变化的情况下,则发育速度与温度的关系成正比,作物完成某一发育期所需要的有效积温为一定值。发育速度与温度的关系可用李森科公式表示为:

$$\sum t = A + Bn \tag{5-3}$$

或者

$$\frac{1}{n} = -\frac{B}{A} + \frac{1}{A}T \tag{5-4}$$

式中:B 为该发育时期的生物学下限温度;A 为通过该发育时期需要的有效积温;n 为该发育时期所经历的天数;T 为该时期的平均温度;$\sum t$ 为这一发育时期的活动积温。

实践证明,在这种情况下,A、B 数值是比较稳定的,可以看作常数。从积温关系式可以看出 A、B 是以 $\sum t$ 为因变量和以 n 为自变量的一元线性方程的两个系数,显然它们可以根据多年分期播种试验资料,用最小二乘法求得。

如果令 $\sum t = nT$,n 为:

$$n = \frac{A}{T - B} \tag{5-5}$$

这便是线性模式的发育期预报公式,具体预报时,可应用下式求出所要预报的发育期出现日期:

$$D = D_1 + \frac{A}{T - B} \tag{5-6}$$

式中:D 为要预报的发育期出现日期;D_1 为前一个发育期出现日期;T 为根据气候资料或短期气候预测得到的预报期间的日平均温度,A、B 含义同(5-3)式,适用于某一发育期刚刚出现时就来编制下一个发育期出现日期的预报。如果预报是在一个发育期出现后某些天才来编制,则预报公式可写成:

$$D = D_2 + \frac{A - \sum t}{T - B} \tag{5-7}$$

式中：D_2 为编制预报时的日期；$\sum t$ 为前一个发育期至编制预报日期之间的有效积温；其他符号含义同(5-3)式。预报发育期必须有前一个发育期出现日期的观测资料和该发育时期的生物学下限温度 B，有效积温 A 以及此时期的历年平均温度资料或温度的长期预报等。

②非线性模式法

对于感温性强而感光性迟钝的作物品种的另一些发育时期，上述的线性模式有着严重的缺陷和明显的局限性。这是因为温度对发育速度的影响有下限、上限和最适三个基点。在下限温度以上，发育速度随着温度增高而加快；在最适温度时发育速度最快；当温度超过最适点时，温度再继续升高发育速度反而减慢；当温度升高到发育的上限值或以上时，由于高温破坏了光合作用和生理代谢活动而使发育停止，显然，温度对发育速度的影响是一种非线性关系。如湖南省气象科学研究所杨继武(1994)在编制稻麦作物的发育期预报时提出了以下的非线性模式：

$$\frac{1}{n} = \frac{1}{K}(T - B)^{1+P}(M - T)^{1+Q} \tag{5-8}$$

式中：$\frac{1}{n}$ 为发育速度，M 为生物学上限温度，K, Q 为大于零的参数，其他符号含义同前。

若令

$$A(T) = \frac{K}{(T - B)^P (M - T)^{1+Q}} \tag{5-9}$$

则

$$\frac{1}{n} = \frac{T - B}{A(T)} \tag{5-10}$$

若令 $\sum t = nT$ ，则

$$\sum t = A(T) + Bn \tag{5-11}$$

(5-11)式是由非线性模式导出的积温公式，从形式上看与李森科公式相似，式中 $A(T)$ 是一个平均温度的函数，用它代替了李森科公式中的有效积温常数 A。$A(T)$ 称为有效积温变量。由(5-10)式可得：

$$n = \frac{A(T)}{T - B} \tag{5-12}$$

这便是由非线性模式建立的发育期预报公式。式中的 $A(T)$ 在模式确定后，可根据阶段平均温度计算得到。具体预报时可用下式计算出发育期出现日期：

$$D = D_1 + \frac{A(T)}{T - B} \tag{5-13}$$

此外,对于感温性强、感光性也强的作物品种的发育期预报,可采用光温系数法。一种是先通过试验求出不同光照长度下有效积温的换算系数,再用这些系数将不同光照长度下的有效积温换算成同一光照长度下的有效积温,并以此为依据,用有效积温法预报作物发育期。

另一种方法是用温度和考虑光照长度的参量与作物发育期资料,建立统计回归方程,然后据此编制作物发育期预报。如潘学标等(1999)开发研制的棉花模型将棉花发育期从播种至成熟分为 4 个阶段,用发育阶段指数表示。其中,出苗为 0,现蕾为 1,开花为 2,吐絮为 3,全部成熟为 4。

潜在发育阶段由下式计算:

$$DVS_d = DVS_{d-1} + DR \tag{5-14}$$

第 i 阶段的日发育速率

$$DR = DR_i \cdot TU_{12} \cdot e^{LSI(12-DL)/12} \cdot DWSTR \cdot NUSTR \tag{5-15}$$

式中:DVS 为各日棉花发育阶段进程,d 和 $d-1$ 分别代表当天和前一天的生长发育状况,DR 为当日的发育速度,DR_i 为第 i 阶段的平均发育速度;TU_{12} 为当天≥12 ℃的有效温度;LSI 为感光系数;DL 为日长;$DWSTR$ 为水分胁迫系数,$NUSTR$ 为营养胁迫参数。其中

$$DR_i = \frac{1}{DV_i} \tag{5-16}$$

式中 DV_i 为完成第 i 阶段发育所需的≥12 ℃的有效积温。对于中熟品种"中棉所12",出苗至现蕾:$DV_1 = 450$ ℃·d;现蕾至开花:$DV_2 = 400$ ℃·d;开花到吐絮:$DV_3 = 700$ ℃·d;吐絮到成熟:$DV_4 = 660$ ℃·d。

(2)基于气象要素的回归预报模型

随着作物模拟技术的发展和成熟,作物发育期作为构建作物模型的一个重要模块,发育期模拟的效果和准确性将直接影响作物模型的精度。综合考虑光、温、水对作物发育期的影响,利用各个发育期实时观测资料和同时期逐日、旬、月平均气温、降水及日照等地面观测资料,对播种期、开花期和成熟期采用对数模拟、多元回归和逐步回归方法建模。以辽阳市玉米为例(张梅 等,2015):

①计算日平均气温稳定通过 10 ℃初日与 5 ℃初日间隔日数,将 5 ℃初日按升序排列,间隔日数随之移动,用日序与间隔日数建立对数方程。

$$y = -9.1955\ln x + 38.763 \tag{5-17}$$

式中:y 为稳定通过 10 ℃初日与 5 ℃初日间隔日数;x 为稳定通过 5 ℃日序。

②将玉米从播种到成熟各个发育期的间隔日数,与同时期积温、≥10 ℃活动积温及有效积温、日照及旬(月)平均气温做单相关分析(表 5-1):

表 5-1　玉米播种到成熟各发育期间隔日数与温度、降水和日照时数的单相关系数

发育期	平均气温 （℃）	≥10 ℃活动 积温（℃）	≥10 ℃有效 积温（℃）	降水 （mm）	日照时数（h）
播种到出苗	−0.70	0.77	0.14	0.48	0.78
出苗到三叶	−0.26	0.75	0.40	0.57	0.81
三叶到七叶	−0.67	0.87	0.43	0.57	0.66
七叶到拔节	−0.02	0.95	0.86	0.14	0.85
拔节到开花	−0.20	0.91	0.75	0.47	0.43
开花到乳熟	−0.10	0.99	0.96	0.17	0.66
乳熟到成熟	−0.32	0.93	0.75	0.43	0.71

③选取与播种—开花及拔节—成熟天数相关较好且具生物意义的因子，建立回归预报模型。用逐步回归方法筛选出相关最好的少数因子，再从中挑选出具有生物学意义的几个因子进入方程，以保证因子的显著性、独立性和实用性。所建预报模型如下：

$$y = 44.11 - 0.02\,x_1 + 1.14\,x_2 - 0.01\,x_3 \tag{5-18}$$

式中：y 为播种到开花日数；x_1 为播种到拔节日照时数；x_2 为播种到拔节间隔日数；x_3 为三叶到拔节≥10 ℃活动积温。

（3）基于气候适宜度的预报模型

气候适宜度模型可以定量分析光、温、水等气象要素对作物生长发育的综合影响，通过构建温度、降水和光照的隶属函数，并设置各因子的影响权重实现多因素综合评判。基于气候适宜度的作物生育期预报模型借鉴基于生理发育时间模拟模型的概念和框架，定量作物发育的温度效应、光照效应和水分效应，建立统一的生理发育时间指标。通过构建温度适宜度，日照适宜度、降水适宜度及气候适宜度模型，计算作物完成某一发育期所需的累积气候适宜度，计算该发育阶段累积气候适宜度的多年平均值，作为该站各发育阶段的生理发育指标。目前已经建立基于气候适应度的冬小麦（李昊宇 等，2012）、马铃薯（王彦平 等，2015）、夏玉米（李树岩 等，2013）、水稻（孙贵拓 等，2019）、大豆（金林雪 等，2020）发育期预报模型。气候适宜度计算公式如下：

$$F(T)_i = \frac{(T_i - T_L)(T_H - T_i)^B}{(T_0 - T_L)(T_H - T_0)^B} \tag{5-19}$$

$$B = \frac{T_H - T_0}{T_0 - T_L} \tag{5-20}$$

式中：$F(T)_i$ 为作物生长发育期间逐日温度适宜度，T_i 为大豆生长发育期间逐日气

温；T_L、T_H、T_0 分别为大豆不同发育期间的下限气温、上限气温、适宜气温。B 为温度适宜度参数。降水适宜度模型定义为：

$$F(R)_i = \begin{cases} R/R_0 & R < R_0 \\ R_0/R & R \geqslant R_0 \end{cases} \tag{5-21}$$

式中：$F(R)_i$ 为降水适宜度，R 为水稻某发育阶段降水量，R_0 为作物某发育阶段需水量。

$F(S)_i$ 为日照适宜度，日照适宜度计算公式为：

$$F(S)_i = \begin{cases} e^{-[(s-s_0)/b]^2} & S < S_0 \\ 1 & S \geqslant S_0 \end{cases} \tag{5-22}$$

式中：S 为实际日照时数；S_0 为适宜日照时数下限值；b 为常数，随发育日数而变化。

根据加权平均法建立每日气候适宜度评价模型，并根据前人研究采用通径分析方法确定各气象要素权重系数。

$$F(C)_i = aF(T)_i + bF(R)_i + cF(S)_i \tag{5-23}$$

$F(C)_i$ 为每日气候适宜度评价模型，其中，a、b、c 分别为各生育期每日温度、降水和日照适宜度对于气候适宜度的权重系数，采用层次分析法（AHP）计算并进行了归一化处理。以逐日气候适宜度为基础，根据相应时段的发育期观测资料，统计夏玉米完成某一发育期所需的累积气候适宜度，计算该发育阶段累积气候适宜度的多年平均值，作为该站各发育阶段的生理发育指标。进行发育期预报时，自某一发育阶段开始，逐日累加综合气候适宜度，当累积适宜度超过该发育阶段的生理发育指标时，说明进入下一发育期，据此统计完成此发育期所需持续日数即为预报值。

第二节　作物产量气象预报

一、作物产量预报的意义

作物产量预报是根据作物在播种及生长发育过程中的气象条件，特别是关键发育阶段的气象条件与作物产量之间的定量关系，利用数理统计、遥感、作物生长模拟等方法预测作物产量的一种农业气象预报。

作物的生长发育和产量形成与环境条件和农业管理措施密切相关。气象条件、作物品种的特性、土地肥力高低、农田墒情、病虫害的发生、农田基础设施的建设、农业生产管理水平等对作物产量有极大的影响。在一般情况下，农业生产技术和农业生产条件的改善是逐步发展、相对稳定的，这时气象条件就是影响作物产量变化的关键因素。因此，作物产量预报的过程，本质上就是根据作物生长发育规律与气象条件之间的关系,分析研究两者之间的定量关系,动态监测评估气象条件,特别是气象灾害对作物产量形成的影响程度。

作物产量预报是气象为农服务的重要组成部分,为各级政府制定宏观调控政策、合理安排农业生产提供了重要的参考依据,是我国现代农业气象业务服务与科研的重要部分(庄立伟 等,1996)。

二、我国作物产量预报发展历史

作物产量预报是世界范围内广泛开展的一项农业气象预报,是我国开展较早的应用气象服务之一。农作物产量预报也是我国农业气象科研和业务服务的一项重要工作,通过分析作物生长过程与气象条件之间的相互关系,构建数学关系模型预测作物最终产量(侯英雨 等,2018);可客观、定量、动态、快速提供的作物产量预报,帮助各级决策和管理部门及时掌握粮食生产动态,为决策者制定科学的宏观调控政策,合理安排粮食调拨、贮运、进出口贸易,为充分利用气象条件提高作物产量,减轻或避免气象灾害提供决策依据。

1944 年,涂长望在《农报》上发表了《华中之重要作物与气候》,研究了我国湖南、江西、湖北和安徽省水稻、小麦、棉花产量和气候条件的关系,开始了我国作物产量预报的探索。20 世纪 70 年代末期在由国务院农村发展中心根据国家经济发展需求组织的全国产量预测研究中,气象部门开始进行比较系统的农作物产量气象预报技术研究,组织了较大规模的全国协作。20 世纪 80 年代前期至中后期,在农作物产量气象预报业务化试验的基础上,全国产量气象预报工作有了较大的发展(王建林,2010),我国气象部门研制了基于回归统计的作物产量气象预报模式,并对遥感估产进行了研究;20 世纪 90 年代,气象部门逐步建成了涵盖国、省、地、县的作物产量预报业务系统;21 世纪初开始,我国开展了作物产量动态预报技术研究,并实现业务应用。各种作物产量技术的发展和完善,也丰富了我国作物产量预报的产品种类。我国的作物产量预报经历了从大宗作物产量预报到特色经济作物产量预报,从国内作物产量预报到国外重点产粮区作物产量预报,从年景展望、趋势预报、定量预报到逐月趋势/定量动态预报的发展过程(侯英雨 等,2018)。

三、作物产量预报方法

1. 作物产量预报分类

按产量预报方法分类,作物产量预报方法主要有数理统计预报、作物生长模型模拟和遥感模型估算等方法。按照预报对象分类,作物产量预报可以分为粮食作物预报、经济作物预报、名特优小宗农产品产量预报等。按照预报时效分类,可以将作物产量预报分为年际预报、趋势预报、定量预报和动态预报四种(王建林,2010)。

2. 数理统计预报

数理统计预报是在没有全部揭示作物产量与气象影响因子内在因果关系的情况下,采用各种相关回归技术探索作物产量与影响因子之间的统计关系,建立相应的统计预报模式,经显著性检验后应用于业务的一种预报方法。这种方法比较客观、严密,技术相对成熟、数学模型简单、预报准确率高,是我国目前各级农业气象部门主要采用的作物产量预报方法,关键气象因子法、气候适宜度法、丰歉指数法应用最广泛(侯英雨 等,2018)。

关键气象因子法是利用作物生育期内多年气象资料和作物单产,以旬为步长,分析作物生育期内各旬温度、降水量、日照时数与气象产量的相关性,筛选影响气象产量的关键因子,建立产量预报的多元回归模型。利用动态更新的关键因子和回归模型,开展作物产量逐旬动态预报。关键气象因子法预报技术方法比较成熟,预报模型简单实用,预报时效较长,适用于距收获期较早时间的农业产量趋势预估;但统计模型中的预报因子生物学意义有待完善,进行动态预报时需建立多个预报方程,步骤烦琐,加之只考虑了温度、降水、日照对作物产量的影响,并未考虑土壤水分、病虫害等因子的影响,产量预报存在误差。

气候适宜度法是基于逐日的光温水等气象要素,以旬或候为步长,在作物农业气象指标的约束下,以气象要素为输入量,通过建立作物生长发育的适宜程度模型,计算作物播种至成熟阶段的气候适宜度累计值(一般预报时间至作物成熟时间的气象要素采用相似年同时段的气象要素替代),依据作物单产增减率和累计适宜度的相关关系,建立基于气候适宜指数的作物产量动态预报模型。气候适宜度法充分考虑了作物的生物学特性,从生长发育所需温度条件、光照条件、水分条件等方面,建立气候适宜度与气象产量之间的关系模型,预报准确率较高,但该方法没有考虑农业气象灾害对作物产量的影响,所以在趋势预报上具有一定的不稳定性。

丰歉指数法是结合作物生长发育和产量形成的气象指标,利用历史年与预测年作物生长过程中的温度、降水量、日照时数等资料,计算作物播种后的累计有效温度、累积降水量、标准化降水量、累计日照时数、标准化日照时数等,通过相关系数和欧氏距离建立综合诊断指标,对生育阶段的气象因子进行综合聚类分析,研究历史年、预测年作物产量丰歉气象影响指数,建立作物产量动态预报模型。历史丰歉相似年法计算相对比较简单,能够客观定量地预报出气象条件对作物产量丰歉的影响,解决了传统统计方法在短时间内筛选因子困难的问题,但没有考虑作物生长发育过程中的生理生态过程,同时也很难找到真正相似的年份,所以预报结果有一定的局限性和不稳定性。

3. 作物生长模型方法

作物生长模型方法是根据气象要素的物理学特性和作物生长发育的生物学规

律,基于作物生长过程中的物质、能量平衡和转换原理,以动力学方法模拟作物的能量和物质转化过程,利用作物生长发育和环境气象的观测资料,以光、温、水和土壤等为环境驱动变量,从模拟作物生长发育的基本生理过程着手,逐时(或逐日)模拟作物的光合作用、呼吸作用、干物质分配、叶面积增长、分蘖或分枝等生长发育过程,模拟作物干物质积累和产量形成的一种产量预报方法,其模拟结果定量地描述作物生长发育和产量形成与环境气象条件之间的关系。该方法基于作物产量形成为生物量不断积累的过程,充分考虑作物生长过程中的气象条件、品种、土壤、施肥、灌溉等管理措施对作物物质和能量转化过程的影响,可以根据生长中后期累积的干物质与最终产量的关系进行动态预报。

目前我国基于作物模型的产量预报方法主要有 3 类:①直接法,直接利用作物模型模拟的穗干重,乘以经济系数(当地籽粒重与穗干重之间的比例系数)得到当年产量预报值;②作物产量动力-统计预报模型,利用作物模型模拟的干物质与作物产量的相关关系,建立作物产量预测模型;③相对百分比法,利用作物模型模拟当年作物生物量与前一年生物量的相对百分比乘前一年实际产量,得到当年产量预报值。目前,在国家级业务中应用较多的是作物产量动力-统计模型和相对百分比方法,其中利用相对百分比法预报全国冬小麦单产的准确率接近 95%(侯英雨 等,2018)。

与数理统计方法相比而言,作物生长模拟模型具备较强的机理性。但其模拟过程涉及大气中的各种物理过程、生物圈中的各种生物和化学过程,在作物模型的建立过程中,要用到作物发育期、作物生长发育的各种过程量、各种土壤参数等来建立模型或调试已有模型的参数。由于作物模型的参数复杂,各种参数不易获取,其模拟过程要比一般大气过程的数值模拟复杂得多,目前在科研中应用比较广泛,但在农业气象业务服务中应用有待于进一步推广。

4. 遥感模型估算

遥感模型估算方法是根据作物生长发育机理,利用空间遥感资料和地面遥感资料、作物的生长状况和产量数据,通过光谱来获取作物的生长信息,依据遥感反演的植被指数或叶面积指数与作物产量的关系,通过曲线回归、偏最小二乘回归算法等构建估产模型,估算作物产量的一种方法。遥感估算模型构建包括 4 个步骤:一是确定区域主要作物的空间分布及种植特点;二是根据行政边界和作物空间分布信息提取作物生长季旬归一化植被指数;三是分析作物产量和旬归一化植被指数的相关关系构建作物产量遥感估算模型;四是作物产量遥感估算模型精度分析评估。

遥感估产的优点是可获取大范围数据资料,获取信息的速度快、周期短,但遥感数据空间分辨率低,作物信息提取受云层覆盖的影响较大、作物种类识别精度有限等局限。

四、作物产量构成

农作物产量与作物品种特性、土壤肥力、耕作制度、农业生产管理水平和气象条件密切相关。任何一个产量时间序列都分解为趋势产量、气象产量、随机产量之和，可用下式表示：

$$Y = Y_t + Y_w + \varepsilon \tag{5-24}$$

式中：Y 为作物实际产量，Y_t 为趋势产量，Y_w 为气象产量，ε 为随机产量。

在作物产量的长期时间序列中，品种的更替、农田水肥条件的改善、农业技术的进步、农用生产资料的投入、农业从业人员受教育水平、农业政策的实施等社会因素带来的生产力水平的提升，使作物产量不断增加，由此引起的作物产量变化称之为作物的趋势产量，因为该部分产量是反映历史时期生产力发展水平的长周期产量分量，也称为技术产量。自然条件变化也会影响作物产量，气象因素是自然因素中最主要的因素，受气象要素为主的短周期变化因子影响的波动产量分量称为气象产量。除社会因素和自然因素以外，由其他因素导致的产量变化称为随机产量。随机产量对实际产量的影响无法用某种函数形式表现出来，且其权值较小，一般情况下不考虑随机产量（王建林，2010），因此作物产量可以表示为趋势产量和气象产量之和：

$$Y = Y_t + Y_w \tag{5-25}$$

五、趋势产量拟合方法

趋势产量反映了技术进步、经济条件改善等造成的产量缓慢变化，所以分离趋势产量用的方法很重要，趋势产量的拟合必须符合社会技术各发展阶段的实际。趋势产量可以表示为：

从作物产量中分离趋势产量，可用一元线性回归法、二次曲线拟合法、滑动平均法，五、七和九点二次平滑法、Logistic 拟合法、HP 滤波法和指数平滑法等。

1. 一元线性回归法

一元线性回归方程是一种特殊的、最简单的线性回归形式，是根据自变量 x 和因变量 Y 的相关关系，建立 x 与 Y 的线性回归方程进行预测的方法。作物产量受许多因素影响，但在某一固定的区域内，社会经济因素往往对产量的高低起决定性作用，可用一元线性回归进行预测分析（刘树泽 等，1987）。作物趋势产量的一元线性拟合模型为：

$$Y_t = a x_t + b \tag{5-26}$$

$$b = \frac{\sum Y_i}{n} - a \frac{\sum x_i}{n} \tag{5-27}$$

$$a = \frac{n \sum x_i Y_i - \sum x_i \sum Y_i}{n \sum x_i^2 - \left(\sum x_i\right)^2} \tag{5-28}$$

式中：x_t 为时间序列；Y_t 为趋势产量；a、b 为一元线性回归方程的参数，可以用最小二乘法进行估计。

2. 二次曲线拟合法

二次曲线拟合法也可用来进行趋势产量分离（房世波,2011;徐敏 等,2016; Nguyen-Huy et al. ,2018），是指利用预报年之前的实际产量和对应年份建立相关方程,是在直线滑动平均的基础上进行改进,用指数序列加权平均,具有计算简单、样本需求量较少、适应性较强、结果较稳定的特点。由此计算趋势产量：

$$Y_t = a x^2 + bx + c \tag{5-29}$$

式中：x 为时间序列,其中 a、b、c 均为模拟系数,由最小二乘法计算得出,由此方程计算出预报年的 Y_t,即为预报年的趋势产量。

应注意,二次指数法属于迭代,具有滞后性,第 1 年拟合后的趋势产量数据延用原值,导致分离后的气象产量序列首端缺失。二次曲线拟合方法一般通过标准特征值分析算法实现,由于该方法在估算过程中的自相关函数矩阵过大,从而造成拟合结果与实际结果间的均方误差较大,使得模拟结果失真。

3. 滑动平均法

线性滑动平均是趋势产量拟合中最常用的方法（蒙华月 等,2022;Iizumi et al. , 2014;Nguyen-Huy et al. ,2018),它相当于低通滤波器。用邻近年份的数据平均值来显示变化趋势。对样本为 n 的产量序列 x,其滑动平均序列表示为：

$$Y_t = \frac{1}{k} \sum_{i=1}^{k} x_{i+j-1}, \quad j = 1, 2, \cdots, n-k+1 \tag{5-30}$$

式中：k 为滑动长度,一般取奇数,使平均值可以加到时间序列中项的时间坐标上；若 k 取偶数,可以对滑动平均后的新序列取每两项的平均值,以使滑动平均对准中间排列。经过滑动平均后,产量序列中短于滑动长度的周期大大削弱。由于惠农政策的颁布实施、农业产业结构调整、科技水平影响等一般都不低于 3 年,故 k 取值一般 $\geqslant 3$。滑动平均法的缺陷是经过滑动平均后,产量序列中短于滑动长度的周期被削弱。滑动平均法会造成产量序列两端的损失,n 个数据只能得到 $n-k+1$ 个平滑值。为了弥补数据两端的损失,处理时可以扩大时间序列范围,避免因数据缺失造成的误差。滑动平均法容易将受气候条件影响的产量信息与受技术影响的产量信息相混淆,导致部分气候产量信息丢失,且在分析长时间序列中得到的趋势产量波动较大,致使最终获得的气象产量与当前社会发展的长期趋势不符（徐敏 等,2016）。

4. 五、七和九点二次平滑法

五、七和九点二次平滑法与线性滑动平均作用一样,起到低通滤波器的作用,对

经过一次滑动平均产生的序列再进行滑动平均,得到变化趋势,是一种常用的趋势产量分离方法(魏凤英,2007)。对于产量序列

$$x(t) = a_0 + a_1 t + a_2 t^2 \tag{5-31}$$

根据最小二乘法原理确定系数a_0,a_1,a_2,得到五点二次、七点二次和九点二次平滑公式:

$$Y_{i-2} = \frac{1}{35}(-3 x_{i-2} + 12 x_{i-2} + 17 x_i + 12 x_{i+1} - 3 x_{i+2}) \tag{5-32}$$

$$Y_{i-3} = \frac{1}{21}(-2 x_{i-3} + 3 x_{i-2} + 6 x_{i-1} + 7 x_i + 6 x_{i+1} + 3 x_{i+2} - 2 x_{i+3}) \tag{5-33}$$

$$Y_{i-4} = \frac{1}{231}(-21 x_{i-4} + 14 x_{i-3} + 39 x_{i-2} + 5 x_{i-1} + 59 x_i + 54 x_{i+1} +$$

$$39 x_{i+2} + 14 x_{i+3} - 21 x_{i+3}) \tag{5-34}$$

根据实际问题的需要及样本量的大小确定平滑的点数k,然后按照方程(5-32)直接对观测数据进行平滑计算,得到$n-k+1$个平滑值。对五、七及九点端点的平滑值,为了弥补数据两端的损失,处理时可以扩大时间序列范围,避免因数据缺失造成的误差,也可以分别由相邻的二、三和四点平滑值求平均得到,这样就可以得n个平滑值。对江苏省水稻产量的研究表明,3 年滑动平均法与五点二次平滑法更具有普适性,可以捕获整个地区绝大多数典型年份气象因子带来的产量变化。

5. Logistic 曲线拟合

Logistic 增长模型又称自我抑制性方程,能较好地捕捉时间序列增长的长期趋势。Logistic 累计分布曲线方程为(赵东妮 等,2017):

$$g_t = K/(1 + e^{a-n}) \tag{5-35}$$

式中:K、a、r为 Logistic 累计分布曲线方程的 3 个未知参数,首先采用四点法估算方程中的未知参数 K,令其为K_l,则:

$$K_l = [N_1 N_4 (N_2 + N_3) - N_2 N_3 (N_1 + N_4)]/(N_1 N_4 - N_2 N_3) \tag{5-36}$$

式中:(t_1, N_1)、(t_4, N_4)分别为实际产量序列的始点、终点,(t_2, N_2)、(t_3, N_3)则为序列中间的两点。根据所得 K 值对其余两个未知参数 a、r 进行估算,将方程(5-35)转换形式得到如下方程:

$$\ln\left(\frac{K_l - g_t}{g_t}\right) = a - rt \tag{5-37}$$

令 $G(t) = \ln\left(\dfrac{K_l - g_t}{g_t}\right)$,得到 $G(t)$关于时间 t 的一次函数

$$G(t) = a - rt \tag{5-38}$$

利用最小二乘法原理确定其余两个参数 a,r 的参数值a_l,r_l,即可获得作物趋势产量序列的拟合值Y_t。

$$Y_t = \frac{K_t}{1 + e^{a_t - r_t t}} \tag{5-39}$$

6. Hodrick Prescott(HP)滤波法

HP滤波法是一种时间序列在状态空间的分解方法,其假设时间序列由长期趋势成分和短期波动成分两部分构成。HP滤波法可被认为是一个高通滤波器(high-pass filter),能将周期在8 a以下的高频成分分离出来。所以,采用HP滤波法可实现趋势产量和气象产量的分离。作物产量的时间序列可分为在长时间尺度上的平稳变化项(趋势产量)和短时间尺度上的波动项(气象产量)。该方法使得产量序列在长时间尺度上的平稳变化项与实际产量序列间偏差的平方和达到最小。

若在作物实际产量序列 g_t 中,长期趋势成分(趋势产量)和短期波动成分(气象产量)分别为 Y_t,Y_w,将 Y_t 定义为以下最小化问题的解(赵东妮 等,2017),即:

$$\min \left\{ \sum_{t=1}^{n} (g_t - y_t)^2 + \lambda \sum_{t=1}^{n} \left[(y_{t+1} - y_t) - (y_t - y_{t-1})^2 \right] \right\} \tag{5-40}$$

对式中的 $g_1, g_2, \cdots, g_n$ 进行一阶求导,并令导数为0,可得:

$$\begin{cases} y_1 : c_1 = \lambda(y_1 - 2y_2 + y_3) \\ y_2 : c_2 = \lambda(-2y_1 + 5y_2 - 4y_3 + y_4) \\ \vdots \\ y_t : c_t = \lambda(y_{t-2} - 4y_{t-1} + 6y_t - 4y_{t+1} + y_{t+2}) \\ \vdots \\ y_{n-1} : c_{n-1} = \lambda(y_{n-3} - 4y_{n-2} + 5y_{n-1} - 2y_n) \\ y_n : c_n = \lambda(y_{n-2} - 2y_{n-1} + y_n) \end{cases} \tag{5-41}$$

用矩阵形式表示为:

$$c = \lambda \boldsymbol{F} y_t \tag{5-42}$$

式中,$\boldsymbol{F}$ 为如下系数矩阵:

$$\boldsymbol{F} = \begin{bmatrix} 1 & -2 & 1 & 0 & \cdots & & & & 0 \\ -2 & 5 & -4 & 1 & 0 & \cdots & & & 0 \\ 1 & -4 & 6 & -4 & 1 & 0 & \cdots & & 0 \\ 0 & 1 & -4 & 6 & -4 & 1 & 0 & \cdots & 0 \\ \vdots & \vdots & \vdots & \vdots & \vdots & \vdots & \vdots & & \vdots \\ 0 & \cdots & 0 & 1 & -4 & 6 & 4 & 1 & 0 \\ 0 & \cdots & & 0 & 1 & -4 & 6 & 4 & 1 \\ 0 & \cdots & & & 0 & 1 & -4 & 5 & -2 \\ 0 & \cdots & & & & 0 & 1 & -2 & 1 \end{bmatrix} \tag{5-43}$$

从上述公式得到:

$$g_t - I y_t = \lambda \boldsymbol{F} y_t \tag{5-44}$$

整理得 $y_t = (\lambda \boldsymbol{F} + \boldsymbol{I})^{-1} g_t$，该式表明参数 λ 的选取直接影响 HP 滤波法的结果：当 $\lambda = 0$ 时，HP 滤波法提取出的趋势产量序列为实际单产产量序列 $\{g_t\}$；随着 λ 值的不断增大，趋势会越来越平滑，最终估计出的趋势不断接近于直线。因产量预报研究中的数据为年度数据，根据以往的研究经验，参数 λ 的参照值应选取 100。最终得到 HP 滤波法提取趋势产量序列的表达式为：

$$y_t = (100\boldsymbol{F} + \boldsymbol{I})^{-1} g_t \tag{5-45}$$

式中，$\boldsymbol{F}$ 为系数矩阵；$\boldsymbol{I}$ 为单位矩阵。

对辽宁省水稻趋势产量的研究表明，从趋势产量的拟合结果实际符合情况来看，HP 滤波法拟合出的趋势产量序列与惠农政策的实施和社会发展的实际情况吻合最好，能较真实地反映改革开放前后由于生产力和国家政策变化所带来的实际产量的变化趋势（赵东妮 等，2017）。

7. 指数平滑法

指数平滑方法是基于移动平均法而提出的一种时间序列分析预测法。该方法根据"厚近薄远"原则，对全部历史数据序列赋予不同权重，用不断修匀后的数据来估算预测模型中的时变参数（冯金巧 等，2007）。其原理是任一期的指数平滑值都是本期实际观察值与前一期指数平滑值的加权平均。该方法的优点在于可以通过对历史数据序列进行逐层的平滑计算而消除数据序列中异常数据对序列的整体影响，从而拟合出序列的主要变化趋势，进而预测序列的未来变化趋势。

由于作物产量受社会因素和自然因素的影响，表现出非线性变化，适用于三次指数平滑法，但因该方法的指数平滑模型中的参数固定，当时间序列变化较大时，预测模型的精度会受到很大影响，且难以确定平滑初值，因此可采用动态三次指数平滑模型提取时间序列的趋势项。其动态三次指数平滑法的预测模型如式（5-46）：

$$F_{t+m} = a_t + b_t m + \frac{1}{2} c_t m^2 \tag{5-46}$$

式中：m 代表预测期数；a_t, b_t, c_t 为模型参数。

$$a_t = 3 S_t^{(1)} - 3 S_t^{(2)} + S_t^{(3)} \tag{5-47}$$

$$b_t = \frac{\alpha}{2(1-\alpha)} \left[(6-5\alpha)S_t^{(1)} - (10-8\alpha)S_t^{(2)} + (4-3\alpha)S_t^{(3)} \right] \tag{5-48}$$

$$c_t = \frac{\alpha^2}{(1-\alpha)^2} (S_t^{(1)} - 2 S_t^{(2)} + S_t^{(3)}) \tag{5-49}$$

式中：α 为静态平滑参数且 $0 < \alpha < 1$；$S_t^{(1)}, S_t^{(2)}, S_t^{(3)}$ 分别为单指数平滑值、双指数平滑值和三次指数平滑值，即：

$$\begin{cases} S_t^{(1)} = \alpha\, y_t + \alpha(1-\alpha) S_{t-1}^{(1)} \\ S_t^{(2)} = \alpha\, S_t^{(1)} + \alpha(1-\alpha) S_{t-1}^{(2)} \\ S_t^{(3)} = \alpha\, S_t^{(2)} + \alpha(1-\alpha) S_{t-1}^{(3)} \end{cases} \tag{5-50}$$

为了使预测模型更加精准,本研究采用动态三次指数平滑模型,方法如下:

首先将式(5-50)展开,可得到:

$$\begin{cases} S_t^{(1)} = \displaystyle\sum_{i=1}^{t} \alpha\,(1-\alpha)^{t-i} y_t + (1-\alpha)^t S_0^{(1)} \\[2mm] S_t^{(2)} = \displaystyle\sum_{i=1}^{t} \alpha\,(1-\alpha)^{t-i} S_t^{(1)} + (1-\alpha)^t S_0^{(2)} \\[2mm] S_t^{(3)} = \displaystyle\sum_{i=1}^{t} \alpha\,(1-\alpha)^{t-i} S_t^{(2)} + (1-\alpha)^t S_0^{(3)} \end{cases} \tag{5-51}$$

其中,方程系数 $\displaystyle\sum_{i=1}^{t} \alpha\,(1-\alpha)^{t-i} = 1-(1-\alpha)^t \neq 1$,所以令 $\varphi_t = \dfrac{\alpha}{1-(1-\alpha)^t}$,若 $t>1$,则 $0<\varphi_t<1$;若 $t=1$,则 $\lim\limits_{t\to1}\varphi_t = 1$;将 $\varphi_t = \dfrac{\alpha}{1-(1-\alpha)^t}$ 代入式(5-51)中得到动态三次指数平滑预测模型,即:

$$\begin{cases} S_t^{(1)} = \varphi_t\, y_t + (1-\varphi_t) S_{t-1}^{(1)} \\ S_t^{(2)} = \varphi_t\, S_t^{(1)} + (1-\varphi_t) S_{t-1}^{(2)} \\ S_t^{(3)} = \varphi_t\, S_t^{(2)} + (1-\varphi_t) S_{t-1}^{(3)} \end{cases} \tag{5-52}$$

将式(5-52)中的 3 个方程进行递推,可得到:

$$\begin{cases} S_t^{(1)} = \displaystyle\sum_{i=1}^{t} \Big[\varphi_i \prod_{j=i+1}^{t} (1-\varphi_j) \Big] y_i \\[3mm] S_t^{(2)} = \displaystyle\sum_{i=1}^{t} \Big[\varphi_i \prod_{j=i+1}^{t} (1-\varphi_j) \Big] S_t^{(1)} \\[3mm] S_t^{(3)} = \displaystyle\sum_{i=1}^{t} \Big[\varphi_i \prod_{j=i+1}^{t} (1-\varphi_j) \Big] S_t^{(2)} \end{cases} \tag{5-53}$$

设 $\displaystyle\prod_{j=i+1}^{t} (1-\varphi_j) = 1$,则 $\displaystyle\sum_{i=1}^{t} \Big[\varphi_i \prod_{j=i+1}^{t} (1-\varphi_j) \Big] = 1$,即权重之和为 1。因此,通过将 t 的时间函数 φ_t 作为动态平滑参数以及将 $S_t^{(1)} = S_t^{(2)} = S_t^{(3)} = y_t$ 作为初始值,构建动态三次指数平滑模型。

最终的预测模型函数为:

$$y_{t3} = F_{t+m} = a_t + b_t m + \frac{1}{2} c_t m^2 \tag{5-54}$$

其中，a_t、b_t、c_t 模型参数分别为：

$$\begin{cases} a_t = 3\,S_t^{(1)} - 3\,S_t^{(2)} + S_t^{(3)} \\ b_t = \dfrac{\varphi_t}{2(1-\varphi_t)}\left[(6-5\,\varphi_t)S_t^{(1)} - (10-8\,\varphi_t)S_t^{(2)} + (4-3\,\varphi_t)S_t^{(3)}\right] \\ c_t = \dfrac{\varphi_t^2}{(1-\varphi_t)^2}(S_t^{(1)} - 2S_t^{(2)} + S_t^{(3)}) \end{cases}$$

$$(5\text{-}55)$$

基于以上原理，构建指数平滑预测模型，从而通过作物实际产量序列拟合出作物趋势产量序列。

六、气象产量预报

气象产量反映了因气象条件的不同造成的作物产量波动，可用实际产量与趋势产量的差得到气象产量，即：

$$Y_w = Y - Y_t \tag{5-56}$$

在气象产量的拟合与预报中，关键气象因子法、气候适宜度法、丰歉指数法是目前最广泛使用的方法。

1. 关键气象因子法

基于关键气象因素的气象产量预报方法，基本思路是首先采用数理统计方法，找到影响作物产量的关键气象要素，然后分析各关键气象要素与作物产量的关系，建立作物气象产量的预报模型。基于关键气象要素建立的气象产量预报模型方法简单、参数少，易于使用。但在建模时没有考虑到土壤营养成分、病虫害、种植制度和技术、品种和田间管理措施等方面综合的影响，因此造成预报产量与实际产量结果存在一些误差（黄珍珠 等，2018；刘维 等，2022）。

（1）气象资料处理

选取气象产量预报地区某种作物主要种植区所在市（县）气象台站气温、降水量、日照时数等与作物产量直接相关的气象要素进行膨化处理，气象资料处理中时间尺度组合从当年作物播种月至收获月依次按照旬、月进行时段膨化组合。由于不同地区作物种植面积差异较大，为了准确地反映各地气象要素对作物产量的影响，要对膨化组合后的各气象要素引入面积权重：

$$X_i = \sum_{k=1}^{j}\left(W_{ij} \times \frac{A_{ij}}{A_i}\right) \tag{5-57}$$

式中：k 为气象站数，$k=1、2、3\cdots j$，i、j 分别为年编号和气象站编号，A_{ij}、A_i 分别为气象站所对应市（县）的第 i 年作物种植面积和气象产量预报地区当年平均种植总面积，W_{ij} 为各气象站按照旬、月进行时段膨化组合后的气象要素，X_i 为第 i 年引入面积权重后的气象要素。

（2）影响作物产量的关键气象因子

根据面积权重处理后的以旬和月为单位的温度、降水、日照、风速等因子或因子组合与气象产量进行相关分析，从中选取通过 $\alpha \leqslant 0.05$ 水平显著性检验、生物学意义明显的关键气象因子，表 5-2 为筛选的关键气象因子及与河南夏玉米气象产量的相关系数（李树岩 等，2014）。

表 5-2 筛选的关键气象因子及与河南夏玉米气象产量的相关系数

序号	关键气象因子	相关系数	序号	关键气象因子	相关系数
1	5月下旬至6中旬降水量	0.146*	8	8月上旬平均气温	−0.315**
2	6月下旬降水量	−0.155*	9	8月中旬平均气温	0.155*
3	7月中旬平均气温	0.389**	10	8月下旬降水量	−0.353*
4	7月中旬日照时	0.336**	11	8月下旬日照时	0.183*
5	7月下旬平均气温	−0.336*	12	9月上旬降水量	−0.206**
6	7月下旬降水量	0.223*	13	9月中旬日照时数	0.152*
7	7月下旬日照时数	−0.304**	14		

注：* 和 ** 分别表示通过 0.1 和 0.01 水平的显著性检验。

（3）作物产量预报

①预报模型的建立

若相关分析得到的关键气象因子较多，可通过逐步回归筛选因子并结合生物学意义等综合考虑，选取与作物产量关系最密切的气象要素作为自变量，气象产量作为因变量，从作物产量影响关键期开始，以旬为尺度，采用多元线性回归的方法，建立气象产量预报模型。

$$Y_w = b_0 + \sum_{i=1}^{n} b_i x_i \tag{5-58}$$

式中：Y_w 表示气象产量，x_i 表示第 i 个关键气象因子，b_0 为常数，b_i 为系数。李树岩等（2014）构建夏玉米产量预报模型的线性回归系数见表 5-3。

表 5-3 夏玉米产量预报模型线性回归系数

起报时段	b_0	b_1	b_2	b_3	b_5	b_7	b_8	b_{10}
7月中旬	−0.380	0.038	−0.041					
7月下旬	−88.400		−0.052	3.374				
8月上旬	−11.82		−0.059	2.559	−1.964			
8月中旬	61.620		−0.055	2.220	−1.755		−2.604	
8月下旬	61.620	−0.055		2.220	−1.755		−2.604	
9月上旬	6.174		−0.043	2.043		−0.109	−1.796	−0.085
9月中旬	6.174		−0.043	2.043		−0.109	−1.796	−0.085

②模型回代检验

将建模所用年限的气象资料分别代入到预报模型中,分别计算每年气象产量,再加上趋势产量,得到模拟产量,最后与实际产量相比较,用准确率进行模型预报效果检验。

$$准确率＝[1-|(模拟产量-实际产量)|/实际产量]×100\% \qquad (5-59)$$

③模型应用检验

在预报年份,按照当年该地作物主要种植区域作物面积和该地当年平均种植面积,算出各地面积权重,再算出根据权重处理后的各气象要素。然后代入预报模型中计算当年的气象产量,得到当年的预报产量,再根据当年的实际产量进行准确率计算。

2. 气候适宜度法

气候适宜度除了可以评价作物长势、作为作物区划指标和作物对气候变化的适应性评价以外,还可以运用于作物产量预报业务。基于气候适宜度指数的产量预报模型建立的基本思路为:以气候适宜度指数为基础,结合作物农业气象指标,构建作物温度、降水和日照适宜度模型,在此基础上建立作物气候适宜度指数,利用历史年与预测年作物播种以后的逐日气象资料,建立作物产量动态预报模型(魏瑞江 等,2009;邱美娟 等,2018)。

(1)气候适宜度模型构建

①气温适宜度

通过作物农业气象指标确定模型中作物各生长发育期的最低温度、最高温度和适宜温度,计算不同站点作物日气温适宜度,见公式(5-60)和(5-61)。利用站点日气温适宜度,可以求得区域日气温适宜度:

$$F(t)_{区域} = \frac{1}{n}\sum_{i=1}^{n} F(t_i) \qquad (5-60)$$

式中:i 为区域内站点个数,当区域为省时,n 为省下辖县数;当区域为市时,n 为各市下辖县个数;当区域为县时,$n=1$。日照适宜度和降水适宜度同理。利用区域日气温适宜度,求得区域旬气温适宜度:

$$F(t_{旬})_{区域} = \frac{1}{m}\sum_{i=1}^{m} F(t)_{区域} \qquad (5-61)$$

式中:m 为旬内天数,为 10 或者 11。

②日照适宜度

一般认为当日照时数达到可照时数的 70% 以上时,作物对日照的反应达到适宜状态,日照适宜度计算公式如下:

$$F(s_i) = \begin{cases} 1 & s \geqslant s_0 \\ \dfrac{s}{s_0} & s \leqslant s_0 \end{cases} \tag{5-62}$$

但对于水稻等短日照作物,过多的日照对其生长发育会有抑制作用,可以采用以下逐日日照适宜度模型:

$$F(s_i) = \begin{cases} 1, & s_i \leqslant s_0 \\ e^{-[(s_i - s_0)/b]^2}, & s_i \geqslant s_0 \\ e^{-[(s_0 - s_i)/b]^2}, & s_i < s_1 \end{cases} \tag{5-63}$$

式中:$F(s_i)$ 为站点逐日日照适宜度;s_i 为站点逐日日照时数(h);s_0 为站点逐日日照百分率为 70% 时的日照时数;s_1 为站点逐日日照百分率为 30% 时的日照时数;b 为常数。利用站点逐日日照适宜度计算区域逐日日照适宜度 $F(s)_{区域}$ 和区域旬日照适宜度 $F(s_旬)_{区域}$:

$$F(s)_{区域} = \frac{1}{n} \sum_{i=1}^{n} F(s_i) \tag{5-64}$$

$$F(s_旬)_{区域} = \frac{1}{m} \sum_{i=1}^{m} F(s)_{区域} \tag{5-65}$$

③降水适宜度

区域平均旬降水量为计算区域内所有站点日平均降水量的累积值。

$$P = \sum^{d} \left(\sum^{n} P_i / n \right) \tag{5-66}$$

式中:P 为区域旬降水量,P_i 为区域内各代表站的日降水量,n 为区域内的代表站个数。d 为天数,第 1 个“旬”为最早播种日期到 10 日(或 20 日,或月末)的天数,第 2 旬开始就按 10 天(如遇到月末就按 8 天,或 9 天,或 10 天,或 11 天)计算,以此类推,最后 1 旬按 1 日(或 11 日,或 21 日)到最后收获日期的天数计算。

区域降水适宜度模型为:

$$F(p_旬) = \begin{cases} 1 & -30\% \leqslant (P - p_a)/p_a \times 100 \leqslant 30\% \\ P/p_a & (P - p_a)/p_a \times 100 < -30\% \\ p_a/P & (P - p_a)/p_a \times 100 > 30\% \end{cases} \tag{5-67}$$

式中:p_a 为区域旬多年(一般取值 30 年)平均降水量。

若对于水田作物水稻,并且研究区域内水稻生育期内降水较丰沛,基本能满足其生长发育需求,此时应考虑抽穗扬花期的降水量,该时期如遇强降水将会导致结实率降低,不利于水稻产量形成,由于逐日降水量的随机性,故直接计算站点旬降水适宜度和区域旬降水适宜度(刘维 等,2021):

抽穗开花期:

$$F(p_{旬}) = \begin{cases} 1 & p_s \leqslant 30\% \\ \dfrac{p_a}{p_{旬}} & p_s > 30\% \end{cases} \tag{5-68}$$

其他生育期：

$$F(p_{旬}) = 1 \tag{5-69}$$

$$p_s = \frac{(p_{旬} - p_a)}{p_a} \times 100\% \tag{5-70}$$

$$F(p_{旬})_{区域} = \frac{1}{n} \sum_{i=1}^{n} F(p_{旬}) \tag{5-71}$$

式中：$F(p_{旬})$为站点旬降水适宜度；$p_{旬}$为旬降水量（mm）；p_a为旬多年（多取值 30 年）平均降水量；p_s为旬降水距平百分率；$F(p_{旬})_{区域}$为区域旬降水适宜度。

④气候适宜度模型

根据气温、降水、日照适宜度，采用几何平均方法对气象要素单因子适宜度求值，构建综合气候适宜度模型：

$$F(c_{旬})_{区域} = \sqrt[3]{F(t_{旬})_{区域} \times F(s_{旬})_{区域} \times F(p_{旬})_{区域}} \tag{5-72}$$

式中：$F(c_{旬})_{区域}$为区域旬气候适宜度，区域分别为省级、地市级、县级三级区域。

（2）气候适宜指数

由于作物在各个生育阶段的生理生态特征不同，对环境气象条件的需求也不尽相同，同时，各个时段气象条件对其生长发育及产量形成的满足程度也有所差异。因此，为反映不同时段气象条件对作物产量形成的影响程度，建立作物播种至任意一旬的气候适宜指数，即由期间各旬气候适宜度加权集成：

$$F(C) = \sum_{i=1}^{n} K_i F_i(c_{旬})_{区域} \tag{5-73}$$

式中：$F(C)$为作物播种至某一旬的气候适宜指数；K_i为各旬气候适宜度对产量的影响系数；n为播种至某旬的旬数。影响系数K_i由公式（5-74）求得：

$$K_i = \frac{R_i}{\sum\limits_{i=1}^{n} R_i} \tag{5-74}$$

式中R_i为区域某旬气候适宜度与气象产量的相关系数。

（3）产量资料处理

因为一定区域内，相邻两年作物单产的变化主要是由相邻两年气象条件的差异引起的，考虑到产量变化的可比性，采用相对产量表述气象产量，即：

$$\Delta Y_{wj} = \frac{Y_w}{Y_t} \times 100\% \tag{5-75}$$

式中：ΔY_{wj}为相对产量，Y_w为气象产量，Y_t为趋势产量。

(4)平均单产动态预报模型建立

将作物不同时段气候适宜指数与相对气象产量 ΔY_{wj} 进行回归,建立不同时段作物相对气象产量动态预报模型,即:

$$\Delta Y_{wj} = a \times F(C) + b \tag{5-76}$$

式中:ΔY_{wj} 为不同区域的相对气象产量,a 和 b 为模拟系数,在此基础上,根据 ΔY_{wj} 结果,利用公式(5-77)对各区域作物平均单产进行动态预报:

$$Y_{i预报} = Y_t \times (1 + \Delta Y_{wj}/100) + b \tag{5-77}$$

邱美娟等(2018)构建基于气候适宜度指数(CI)的不同时段吉林大豆相对气象产量预报模型结果见表 5-4。

表 5-4　基于气候适宜度指数(CI)的不同时段吉林大豆相对气象产量预报模型

预报时间	相对气象产量预报模型	F 值	样本长度	检验结果
7月上旬	$\Delta Y = 121.679 \times CSI - 35.422$	5.252	34	$Sig = 0.029 < 0.05$
7月中旬	$\Delta Y = 126.483 \times CSI - 21.920$	5.815	34	$Sig = 0.022 < 0.05$
7月下旬	$\Delta Y = 121.841 \times CSI - 46.051$	7.626	34	$Sig = 0.009 < 0.05$
8月上旬	$\Delta Y = 125.329 \times CSI - 77.253$	13.890	34	$Sig = 0.001 < 0.05$
7月中旬	$\Delta Y = 125.625 \times CSI - 80.1$	13.884	34	$Sig = 0.001 < 0.05$

注:ΔY 为相对气象产量;CSI 为播种至某一时段的气候适宜度指数。

(5)预报准确率

利用各区域模型预报的一季稻平均单产与当年实际平均单产进行对比,可得出当年平均单产预报准确率,即:

$$F_i = \left(1 - \frac{|(Y_{i预报} - Y_{i实际})|}{Y_{i实际}}\right) \times 100\% \tag{5-78}$$

式中 F_i 为预报年的预报准确率。

3. 丰歉指数法

利用历史年与预报年作物播种后逐日最高温度、最低温度、降雨量和日照时数及生育期等资料,计算作物播种后的积温、标准化降雨量、累积日照时数等;利用欧式距离和相关系数法计算预报年气象要素与历史上任意一年同一时段同类气象要素的差异,建立综合诊断指标;根据诊断指标,确定历史最大类似年型;利用类似年型作物产量丰歉气象影响指数,分析预报年作物产量历史丰歉气象影响指数,建立基于历史产量和历史丰歉气象影响指数的作物产量动态预报方法(邱美娟 等,2019;帅细强 等,2021)。

(1)作物产量资料的处理

为了分析气象条件变化对产量的影响,对作物单产进行处理:

$$\Delta Y_i = \frac{Y_i - Y_{i-1}}{Y_{i-1}} \times 100\%　\tag{5-79}$$

式中：ΔY_i 为第 i 年和第 $i-1$ 年作物单产丰歉值，称作作物产量丰歉气象影响指数，Y_i 和 Y_{i-1} 分别为第 i 年和第 $i-1$ 年作物单产值。

（2）气象数据处理

由于相同地区的土壤肥力、土壤类型和农业投入等条件在相邻两年相对稳定，所以相邻两年作物单产的波动主要是由气象条件的差异引起的。即：

$$\Delta Y = F(\Delta X)　\tag{5-80}$$

式中：ΔX 为相邻两年气象要素的变化量，$\Delta X = X_i - X_{i-1}$，X_i 为当年气象要素值，X_{i-1} 为前一年对应的气象要素值。

气象要素值包括日照（累积日照、分段累积日照、标准化日照、分段标准化日照）、温度（积温、标准化积温）、降水（累积降水量、分段累积降水量、标准化降水量、分段标准化降水量）三大类 10 种气象要素。部分气象要素含义如下。

积温：从播种日开始，每 5 d（月末为 6 d 或 4 d）累计逐日区域平均温度。根据同样方法和区域平均有效温度计算得到有效积温序列。区域平均温度根据各站点温度值用算术平均方法计算区域的平均值，当日平均气温≤0 ℃时，此站点温度不参加平均。

分段累积降水量和分段累积日照时数：利用区域平均降水量分时段计算逐日降水量和日照时数累积值。播种日至预报日的时段累积值分别称作累积降水量和累积日照时数。

标准化降水量、分段标准化降水量、标准化日照时数和分段标准化日照时数：在作物的生长发育过程中，降水量的时间分布和降水量具有同样的重要性。为了考虑降水量及其时间分布差异对作物生长发育的影响，将累积降水量进行标准化处理，处理后的降水量称为标准化降水量（$\hat{p_i}$）。

$$\hat{p_i} = \frac{p_i}{S_{pi}}　\tag{5-81}$$

$$S_{pi} = \sqrt{\frac{\sum_{i=1}^{m} (p_i - \bar{p})^2}{m-1}}　\tag{5-82}$$

式中：$\hat{p_i}$ 为标准化降水量，p_i 为累积降水量，S_{pi} 为累积降水量的标准差，m 为样本长度，$\bar{p}$ 为累积降水量平均值。分段标准化降水量、标准化日照时数和分段标准化日照时数计算方法与此类似。

（3）气象要素相似度

同一地区在不考虑作物品种更新变化的情况下，如果两个相邻年份之间气象条件的差异变化不大,理论上即可认为这两个年份同一作物的产量变化也应该相近,所以可以通过利用气象条件相似年的方法来预报作物产量。相似年筛选采用气象要素综合聚类方法,即计算预报年(k 年)作物播种至产量预报时间段某气象要素的变化量与历史上任意一年(i 年)同时段该气象要素变化量的欧氏距离(d_{ik})和相关系数(r_{ik}),再计算预报年气象要素与历史上任意一年的相似度(C_{ik}):

$$C_{ik} = \frac{r_{ik}}{d_{ik}} \times 100\% \qquad (5\text{-}83)$$

根据公式(5-84)计算欧式距离。

$$d_{ik} = \sqrt{\sum_{j=1}^{N} (\Delta X_{ij} - \Delta X_{kj})^2} \qquad (5\text{-}84)$$

根据公式(5-85)计算相关系数。

$$r_{ik} = \frac{\sum_{j=1}^{N} (\Delta X_{ij} - \Delta \bar{X}_i)(\Delta X_{kj} - \Delta \bar{X}_k)}{\sqrt{\sum_{j=1}^{N} (\Delta X_{ij} - \Delta \bar{X}_i)^2 \sum_{j=1}^{N} (\Delta X_{kj} - \Delta \bar{X}_k)^2}} \qquad (5\text{-}85)$$

C_{ik} 数值越高,则相似度越高。

(4)预报方法

但由于作物品种的更新换代、农业生产水平的发展和提高、预报时刻之后气象条件的变化等诸多原因,导致气象条件变化最相似的年份,其作物产量的变化反而不一定最接近。因此,为了减少预报的偶然性,在确定 ΔY 的计算方法时,从日照、温度、降水 3 类因子中分别选取一个因子,组成 32 种组合;对每种组合中的 3 个因子分别计算 C_{ik},每个因子选取历史上 3 个最大的 C_{ik},得到 9 个对应的 ΔY,采用单因子分析法、两种因子的组合分析法、大概率法、加权平均法、综合影响指数分析法等方法对预报结果与实际产量丰歉进行对比分析,得到预报因子和预报方法。

①单因子分析法

根据 32 种组合的预报试验结果,对每种组合中某个单因子的三个历史年型预报结果与实际产量丰歉值进行分析对比,可选择 3 个预报试验结果的平均值,也可选择预报结果中两个以上符号一致结果的平均值,以此确定预报方法。

②两种因子的组合分析法

根据 32 种组合的预报试验结果,对每种组合的某两个单因子的 6 个预报试验结果与实际产量丰歉值进行分析对比,可选择 6 个预报试验结果的平均值,也可选择同类要素预报结果中两个以上符号一致结果的平均值,以此确定预报方法。

③大概率法

根据 32 种组合的预报试验结果,综合分析每种组合的 9 种预报试验结果,在所得到的 9 个相似年的基础上,根据 9 个相似年中产量为增产年或减产年的出现概率,以出现概率较多的增产年或减产年的产量丰歉气象影响指数平均值为预报值,即:

$$\Delta Y_{预报} = \begin{cases} \dfrac{\sum \Delta Y_{i(+)}}{L} & (L > M) \\ \dfrac{\sum \Delta Y_{i(-)}}{M} & (L < M) \end{cases} \tag{5-86}$$

式中:$\Delta Y_{预报}$ 为采用大概率法得到的作物单产丰歉气象影响指数预报值,$\sum \Delta Y_{i(+)}$ 是 9 个相似年中作物单产为增产年的气象影响指数累加,$\sum \Delta Y_{i(-)}$ 为 9 个相似年中作物单产为减产年的气象影响指数累加,L、M 分别为 9 个相似年中作物单产为增产年或减产年的个数。

④加权平均法

在所得到的 9 个相似年的基础上,根据 9 个相似年中作物单产为增产年或减产年出现概率为权重,采用加权平均得到预报年的单产丰歉 $\sum \Delta Y_{i(+)}$ 气象影响指数,即:

$$\Delta Y_{预报} = \frac{\sum \Delta Y_{i(+)}}{L} \times a_{(+)} + \frac{\sum \Delta Y_{i(-)}}{M} \times a_{(-)} \tag{5-87}$$

式中:$\Delta Y_{预报}$ 为采用加权平均法计算得到的作物单产丰歉气象影响指数,$\sum \Delta Y_{i(+)}$,$\sum \Delta Y_{i(-)}$,L 和 M 均与(5-86)式中的含义相同,$a_{(+)}$,$a_{(-)}$ 分别为 9 个历史相似年中作物产量为增产年或减产年的概率。

$$a_{(+)} = \frac{L}{9} \times 100\% \tag{5-88}$$

$$a_{(-)} = \frac{M}{9} \times 100\% \tag{5-89}$$

⑤综合影响指数分析法

在日照、温度和降水三类因子的组合中,利用三类因子分别计算出 $C_{决}$ 值后,再用式(5-90)求得 $C_{决综}$,把最大的三个 $C_{决综}$ 综值所对应三年的作物产量丰歉作为气象影响指数。可选取 3 个结果的平均值,也可选取 3 个气象影响指数结果中两个以上符号一致的预报试验结果的平均值,确定预报方法。

$$C_{决综} = C_{决光} + C_{决温} + C_{决水} \tag{5-90}$$

式中,$C_{决综}$ 为光照、温度、降水综合诊断指标,$C_{决光}$,$C_{决温}$,$C_{决水}$ 分别为任一组合中的光照、温度和降水的三种因子的诊断指标。

郑昌玲等(2007)总结了我国早稻产量预报中逐月预报因子选择和预报方法见表 5-5。

表 5-5　早稻逐月预报因子和预报方法

预报时间	因子与方法	江南	华南	分区集成	全国	全国集合
4月30日	因子	累积降水量 分段标准化 日照时数积温	累积降水量 分段累积日照 时数积温		累积降水量 分段累积 日照时数	
	方法	加权平均	综合影响指数预报中符号一致结果的平均	区域预报结果的加权平均	①累积降水预报中 3 个结果的平均；②分段累积日照预报中符号一致结果的平均；③产量丰歉预报结果选择①、②结果的平均	①当分区集成结果与全国预报结果符号一致时取二者平均值；②当分区集成结果与全国预报结果符号不同时取分区集成预报的结果
5月31日	因子	标准化降水量 累积日照数 有效积温	标准化降水量 累积日照数 积温		分段标准化降水量 标准化日照时数 有效积温	
	方法	①标准化降水预报中 3 个结果的平均；②累积日照预报中符号一致结果的平均；③有效积温预报中 3 个结果的平均；④产量丰歉预报结果选择①、②、③结果的平均	综合影响指数预报中符号一致结果的平均	区域预报结果的加权平均	综合影响指数预报中符号一致结果的平均	①当分区集成结果与全国预报结果符号一致时取二者平均值；②当分区集成结果与全国预报结果符号不同时取分区集成预报的结果

续表

预报时间	因子与方法	江南	华南	分区集成	全国	全国集合
6月30日	因子	累积降水量 积温	累积降水量 标准化日照时数		分段累积降水量 分段累积日照时数	
	方法	①累积降水预报中符号一致结果的平均； ②积温预报中3个结果的平均； ③产量丰歉预报结果选择①、②结果的平均	①累积降水预报中3个结果的平均； ②标准化日照预报中符号一致结果的平均； ③产量丰歉预报结果选择①、②结果的平均	区域预报结果的加权平均	①分段累积降水预报中3个结果的平均； ②分段累积日照预报中3个结果的平均； ③产量丰歉预报结果选择①、②结果的平均	①当分区集成结果与全国预报结果符号一致时取二者平均值； ②当分区集成结果与全国预报结果符号不同时取分区集成预报的结果
7月31日	因子	累积降水量 累积日照时数 积温	累积降水量 标准化日照时数		分段累积降水量 有效积温	
	方法	①累积降水预报中3个结果的平均； ②累积日照预报中符号一致结果的平均； ③积温预报中符号一致结果的平均； ④产量丰歉预报结果选择①、②、③结果的平均	①累积降水预报中符号一致结果的平均； ②标准化日照预报中符号一致结果的平均； ③产量丰歉预报结果选择①、②结果的平均	区域预报结果的加权平均	①分段累积降水预报中3个结果的平均； ②有效积温预报中符号一致结果的平均； ③产量丰歉预报结果选择①、②结果的平均	①当分区集成结果与全国预报结果符号一致时取二者平均值； ②当分区集成结果与全国预报结果符号不同时取分区集成预报的结果

(5)产量预报值的计算

计算作物单产丰歉值后，利用式(5-91)计算作物单产的预报值。

$$Y'_i = Y_{i-1} \times (1 + \Delta Y_{预报}/100) \tag{5-91}$$

式中：Y'_i 为第 i 年作物单产预报值，Y_{i-1} 为第 $i-1$ 年作物单产，$\Delta Y_{预报}$ 为第 i 年作物单产丰歉值的预报值。

(6)准确率

利用上述方法对作物单产丰歉趋势 ΔY 进行预报,如果预报的 ΔY 与实际符号一致,则预报所得作物丰歉趋势准确,反之不准确。根据公式(5-92)可以得到作物单产预报值,计算预报准确率:

$$准确率 = (1 - |Y'_i - Y_i| / Y_i) \times 100\% \qquad (5\text{-}92)$$

式中:Y'_i 为第 i 年作物单产预报值,Y_i 为第 i 年作物单产实际值。

该方法利用作物生育期、气象资料与作物生理指标结合作相应的处理,根据相似系数和相似距离方法对作物生育阶段的气象因子进行综合聚类分析,建立作物产量气象影响指数从而预测产量。该方法解决了在短时间内筛选预报因子难的问题,解决了常规统计方提前,可在作物播种 1 个月后每 5 d 动态滚动预报,并且预报准确率较高,同时预报的范围拓展到区域,使动态预报的范围更广,基本能够满足作物产量动态预报服务的需要,但其趋势预报准确性和预报准确率有待进一步提高。影响趋势预报准确性与预报准确率的原因可能有:一是实际产量受气象条件,特别是极端气象灾害天气影响较大,该研究中对气象数据的处理可能对极端气象灾害反应不灵敏;二是该研究中提取气象产量的方法比较单一,有待进一步改进和提高。

4. 农业气象年景法

农业气象年景是指农作物生长发育和产量形成期间影响最终粮食产量的综合农业气象条件组合特征,年景好坏不仅关系产量的高低,而且对品质优劣也具有影响。农业气象年景预报实质是农业气象灾害预报和农业气象产量预报的综合预报(冯定原 等,1983)。开展农业气象年景预报,预测未来农作物生长发育和产量形成期间的农业气象条件组合特征,及时为农业部门和生产单位提供丰、平、歉等农业气象年景依据,使之合理制定或调整种植计划,采取有效农技措施,趋利避害,确保农业丰产稳产具有重要意义。

(1)农业气象年景计算

根据中国气象局和国家统计局有关农业气象年景评估中的类别和指标阈值规定,产量丰歉年的判别均是与上一年相比的粮食增产绝对数和增减百分率,为使作物农业气象年景评估信息具有统一性和可对比性,农业气象年景采用公式(5-93)表示。

$$F_i = \frac{Y_{wj}}{Y_{j-1}} \times 100\% \qquad (5\text{-}93)$$

式中:Y_{wj} 为评估年的气象产量,Y_{j-1} 为评估年的前一年实际产量;F_i 为各市(地)提取的农业气象年景年际时间序列值。$F_i \geqslant 5\%$ 为丰产年型,$-5\% \leqslant F_i < 5\%$ 为平产年型,$F_i < -5\%$ 为歉产年型。利用各市(地)评估年的气象产量与前一年实际产量数据可提取各市(地)年际时间序列的增减产百分率 F_i 值。

（2）气候适宜指数计算

作物的产量与作物生长发育期间的气温、降水、日照时数等气象因子密切相关，因此，作物主要生育期的旬气温、降水、日照时数等气候适宜度指标及各旬综合气候适宜度指标采用气候适宜指数的计算方法。

（3）农业气象年景评估方法

基于各市（地）作物主要生育期各旬气温、降水、日照时数适宜度指数，计算的各旬综合气候适宜度指数；计算各市（地）年际时间序列的增减产百分率；经逐步回归分析，建立各市（地）作物农业气象年景评估指标值的统计回归模型，据此回归模型可计算评估各市（地）作物农业气象年景；同时，基于各市（地）评估指标值模型的计算结果，采用加权系数算法计算评估地区（省、区域或国家）作物农业气象年景评估指标值，进而可评估评估地区农业气象年景（杨晓强 等，2018；田宏伟 等，2020）。具体计算见公式：

$$F = \sum_{i=1}^{n} \left(F_i \times \frac{S_i}{S} \right) \tag{5-94}$$

式中：F 为评估地区评估年份作物农业气象年景计算值，F_i 为评估年第 i 个市（地）作物农业气象年景计算值，S_i 为评估年第 i 个市（地）作物播种面积，S 为评估年评估地区作物播种面积。

也可采用以下方法进行计算：

①建立气候适宜度指数

按照计算的旬气候适宜度权重系数，将作物播种日所在旬—作物某一生育时段逐旬气候适宜度加权平均构成不同时段的气候适宜度指数，即

$$CSI = \sum \left[K_i \times F(c_i) \right] \tag{5-95}$$

式中：CSI 为气候适宜度指数；$F(c_i)$ 为第 i 旬的气候适宜度。

②产量预报模型建立与检验

利用历年逐年作物产量气象影响指数与不同生育时段的气候适宜度指数建立一元线性回归方程，建立不同生育时段的作物产量动态丰歉预报模型，即

$$\Delta Y = a \times CSI + b \tag{5-96}$$

式中：ΔY 为作物产量气象影响指数，CSI 的含义同公式（5-95），a 为回归系数，b 为回归常数。

利用建立的产量丰歉预报模型对历年研究区作物单产趋势进行回代检验，以预报丰歉趋势与实际丰歉趋势一致者为"预报准确"，并根据趋势预测结果计算预报产量，即

$$Y_i = Y_{i-1}(1 + \Delta Y_i / 100) \tag{5-97}$$

式中：i 代表第 i 年，$i-1$ 代表第 i 年的前一年。ΔY_i 为第 i 年相对于第 $i-1$ 年作物单

产增减率,即作物产量气象影响指数,正负值分别表示丰和歉。Y_i、Y_{i-1}分别为第 i 年和第 $i-1$ 年全省作物单产。

(4)预报效果评价

为评价预报产量值与实际产量值之间的差距和模型的预报效果,选择丰歉趋势准确率、产量预报准确率进行评价。

①丰歉趋势准确率

丰歉趋势准确率为回代检验趋势预报准确的年数占总参与检验年数的百分比。

②产量预报准确率

$$单年预报准确率 = [1 - (Y_1 - Y_2)/Y_2] \times 100\% \qquad (5-98)$$

式中:Y_1 为某年的产量预报值,Y_2 为来源于统计局的此年的实际产量值。将各年准确率平均值作为多年平均准确率。

粮食产量是关系到国计民生的重大问题,以全球气候变暖为主要特征的气候变化,使得粮食产量大幅度波动。联合国政府间气候变化专门委员会(IPCC)于 2019 年 8 月 8 日在日内瓦发布的《气候变化与土地特别报告》指出,气候变化已经在影响粮食安全,并且未来的影响将越来越大。美国哥伦比亚大学和国际食物政策研究所的科学家在《科学进展》发表的一篇文章,首次估算了厄尔尼诺等不同气候变异模式可以在多大程度上影响全球和区域范围内玉米、小麦和大豆等粮食作物产量。该研究发现,在全球范围内,玉米是最易受气候变异影响而歉收的作物,玉米产量年际波动中有 18% 是气候变异的结果。相比之下,大豆和小麦同时歉收的风险较小,气候变异在其全球产量波动中分别占 7% 和 6%。因此,各国政府及农业生产部门越来越重视粮食产量的预测预报工作,以便采取相应的对策。农作物产量气象预报作为农业产量预报的重要组成部分,也成为气象业务部门为各级政府和农业生产单位服务的重要项目,得到广泛开展。

思考题

1. 编制农作物发育期和产量预报的意义有哪些?
2. 作物发育期和产量预报基本原理是什么?
3. 作物生育期预报有哪些方法?
4. 农作物产量气象预报的基本方法有哪些?

第六章　农作物病虫害发生发展气象等级预报

本章主要介绍我国主要农作物及果树病害和害虫,农作物病虫害发生、发展与流行的气象条件,阐明主要病虫害的发生发展预报原理和预报模型构建方法。

第一节　农作物主要病虫害发生的气象条件

一、农作物主要病害症状及发生的气象条件

1. 稻瘟病

（1）病害症状

稻瘟病,又名稻热病,是一种通过气流传播的由水稻真菌引发的病害。稻瘟病病原菌无性阶段(自然条件下)为灰梨孢菌(*Pyricularia oryzae* Cav.),属半知菌类梨形孢属;有性阶段(在人工培养基上经用不同菌株交配后形成的有性世代)为灰色大角间座壳菌(*Magnaporthe grisea* Barr.),属子囊菌广大角间座壳属。水稻一旦出现稻瘟病可引发大幅减产,严重时减产 40%～50%,甚至颗粒无收。在整个水稻生育期都会发生,根据受害时期和部位的不同,可分为苗瘟、叶瘟、节瘟、穗颈瘟和谷粒瘟等,主要危害叶片、茎秆和穗部,以穗颈瘟对产量影响最大。发病原以菌丝体和分生孢子在稻草、病谷、种子上越冬。带病种子、病稻、草堆和以稻草沤制而未腐熟的肥料是来年病害的初侵来源。第 2 年产生分生孢子借风雨传播到稻株上,萌发侵入寄主向邻近细胞扩展发病,形成中心病株。病部形成的分生孢子,借风雨传播进行再侵染。播种带菌种子可引起苗瘟。当分生孢子着落于稻株表面后,遇有结水条件,在 15～32 ℃下均能萌发,形成附着胞,产生侵入丝。侵入丝多穿过角质层,从机动细胞或长形细胞直接侵入。潜育期长短与温度有关。在适温条件下,叶瘟潜育期为 4～7 d,穗颈瘟为 10～14 d,枝梗瘟为 7～12 d,节瘟为 7～30 d。条件适宜时,叶片上病斑形成后即可产孢。其中,以急性型病斑产孢量最大。产孢高峰与温度有关,以 28 ℃时为最多。分蘖盛期叶片上的 1 个病斑,孢子形成量最高可达 4 万个。在自然情况下,风是孢子飞散的必要条件,雨、露、光等能促进孢子脱离。孢子自 20 时左

右开始释放,直至翌日日出前,释放高峰为凌晨00—04时,其孢子释放总量占全天释放总量的40%以上。遇阴雨时,孢子可全天释放。孢子的传播距离与所在高度和风速呈正相关。病菌孢子抗逆性较差,在远距离传播途中易丧失活性。

(2)发病气象条件

稻瘟病原菌菌丝发育的温度范围为8~37 ℃,以26~28 ℃为最适宜。温度和湿度对稻瘟病发病影响最大,适温高湿,特别是雨、雾、露天气更利于稻瘟病发生。在温度达20~30 ℃特别是24~28 ℃的条件下,若出现持续连阴雨,连阴天在10~15 d,平均日照时数不足6 h,相对湿度达90%以上,就极易出现严重的稻瘟病现象。抽穗期阴雨连绵、雨量多,平均空气相对湿度在90%以上,气温20 ℃以下连续7 d,稻瘟病容易大发生。顾鑫等(2018)研究三江平原稻瘟病发生与气象因子的关系见表6-1,表明黑龙江省三江平原6月份的日照时数、8月份的降水量以及7月份的平均气温是影响当地稻瘟病发生最关键的因素。

表6-1　2006—2015年黑龙江省三江平原水稻稻瘟病病情指数与主要气象因子

年份	平均气温(℃)			降水量(mm)			日照时数(h)			病情指数
	6 月	7 月	8 月	6 月	7 月	8 月	6 月	7 月	8 月	
2006	18.67	24.04	26.39	79.66	92.67	88.14	311.23	278.74	297.09	29.36
2007	15.21	19.24	20.44	75.42	77.97	68.57	291.14	289.54	306.35	17.52
2008	14.39	20.03	23.61	81.38	89.27	77.97	308.09	290.36	298.49	21.14
2009	13.81	19.32	20.88	62.56	63.47	68.63	282.54	301.94	301.25	18.25
2010	15.12	20.78	24.18	62.57	94.94	72.81	299.12	307.59	298.44	21.35
2011	18.71	22.06	25.75	77.10	92.64	76.74	281.15	338.23	304.17	22.19
2012	17.34	19.11	19.77	78.20	79.97	78.75	281.25	281.01	317.58	18.15
2013	15.26	20.06	20.61	57.32	63.43	56.67	282.29	299.79	286.95	17.53
2014	15.87	20.31	21.14	57.13	69.70	52.17	285.79	281.31	344.49	19.22
2015	16.25	21.98	23.69	78.36	93.68	87.69	290.30	289.68	294.33	22.31

2. 水稻纹枯病

(1)病害症状

水稻纹枯病又名云纹病,是由立枯丝核菌感染得病,多在高温、高湿条件下发生,苗期至穗期都可发病。病原为瓜亡革菌(*Thanatephorus cucumeris* (Frank) Donk.),属担子菌亚门真菌。无性态为立枯丝核菌(*Rhizoctonia solani* Kühn),属半知菌亚门真菌。纹枯病是水稻生产上的主要病害之一。该病使水稻不能抽穗,或抽穗的秕谷较多,粒重下降。叶鞘染病在近水面处产生暗绿色水浸状边缘模糊小斑,后渐扩大呈椭圆形或云纹形,中部呈灰绿或灰褐色,湿度低时中部呈淡黄或灰白色,中部组织破坏呈半透明状,边缘暗褐。发病严重时数个病斑融合形成大病斑,呈不规则状云纹斑,常致叶片发黄枯死。叶片染病病斑也呈云纹状,边缘褪黄,发病快时病斑呈污绿色,叶片很快腐烂,茎秆受害症状似叶片,后期呈黄褐色,易折。穗颈部受害初为污绿色,后变灰褐,常不能抽穗,抽穗的秕谷较多,千粒重下降。湿度大时,病部长出白色网状菌丝,后汇聚成白色菌丝团,形成菌核,菌核深褐色,易脱落。高温条件下病斑上产生一层白色粉霉层即病菌的担子和担孢子。

(2)发病气象条件

当日平均气温达 21 ℃以上,相对湿度达 90%以上时,即可发病。气温达 28~32 ℃、连续阴雨、田间湿度在 96%以上对稻纹枯病的发展和流行最有利,20 ℃以下时停止发病。孙朴和胥德梅(2013)分析 2007—2012 年喜德县水稻纹枯病发生级别及相关气象因子(表 6-2)表明:喜德县水稻纹枯病发生级别与相关因子 6 月份降水量、8 月上中旬平均气温、7 月份降水量、8 月上中旬降水量呈正相关且相关性较好,与 6 月份平均气温、7 月份平均气温呈正相关。

表 6-2　2007—2012 年喜德县水稻纹枯病发生级别及相关气象因子

| 年份 | 6 月 | | 7 月 | | 8 月 | | 发生级别 |
	平均气温(℃)	降水量(mm)	平均气温(℃)	降水量(mm)	平均气温(℃)	降水量(mm)	(Y)
2007	19.9	215.3	21.6	216.8	20.7	73.2	2
2008	19.6	168.9	20.7	241.2	19.7	68.4	2
2009	19.5	148.9	21.0	250.8	20.5	44.0	3
2010	18.5	153.6	21.6	308.6	22.5	35.1	4
2011	20.6	202.3	20.9	120.6	21.7	20.9	3
2012	18.9	270.5	21.2	360.9	22.3	28.9	2

3. 水稻立枯病

(1)病害症状

旱育秧立枯病成为旱育稀植技巧的最大障碍,正常条件发病率 15%左右,因为气候、管理等方面的起因,毁灭性发病也屡见不鲜。该病害是由于受多种不利环境的因素影响,导致秧苗的抗病能力降低,从而被镰刀菌、立枯兹核菌和稻蠕泡菌等乘虚侵入所至的苗期病害。水稻立枯病从病因上可分为两种类型,一是真菌性立枯病,二是生理性立枯病,也称青枯病:在苗床上两者往往同时发病。真菌性立枯病是由真菌危害引起的侵染性病害,由于种子或床土消毒不彻底,加之幼苗的生长环境不良,如低温寡照、气温忽高忽低等和管理不当,致使秧苗生长不健壮,抗病力减弱,病毒乘虚侵入,导致发病。生理性立枯病也称青枯病,一般是在秧苗期低温多雨持续时间长和管理措施不当,使幼苗生长细弱,茎叶徒长,根系发育不良,在天气一旦骤晴,根系吸收水分满足不了叶片蒸腾需水的要求,使叶片严重失水,天气一旦转晴,秧苗迅速青枯死亡,造成的生理性病害(青枯病)。

(2)发病气象条件

其发病的主要原因是气温过低、温差过大、土壤偏碱、光照不足和秧苗细弱等因素。低温、阴雨、光照不足是诱发立枯病的重要条件,其中以低温影响最大。在低温条件下幼苗抗病能力降低,有利于病害发生。气温过低,对病原菌发育和侵染影响小,但对幼苗生长不利,根系发育不良,吸收营养能力下降,更有助于病害发展。如天气持续低温或阴雨后暴晴,土壤水分不足,幼苗生理失调,病害发生加重。秧苗在 2~3 叶期时胚乳将近耗尽,抗寒力最差,日平均气温低于 12~15 ℃则生育受阻,抗病性显著削弱,病菌易侵入,此时若遇低温阴雨最易发生立枯病。所以,旱育秧苗 2~3 叶期是立枯病流行的主要时期。日最低气温连续 2~3 d 低于 5 ℃,接着日最高气温连续 2~3 d 高于 15 ℃,是水稻立枯病发病的气象指标(刘智和亢晋霞,2013)。

4. 稻白叶枯病

(1)病害症状

其又称白叶瘟、地火烧、茅草瘟等,是一种由病原菌为水稻黄单细胞菌($X. cam\text{-}pestris\ pv.\ oryzae$ Dye)的细菌引起的病害,细菌经水流传播至秧田引起秧苗发病,稻白叶枯病对水稻产量的影响较大,感染稻白叶枯病后水稻可减产 20%~30%,甚至 50%~60%。中国早在 20 世纪 30 年代就有发生,50 年代长江流域以南发生较重,60 年代扩展到黄河流域,70 年代蔓延到东北、西北各省(自治区),目前仅新疆、甘肃等稻区尚未发现。前期出现在水稻叶尖或叶缘处,呈半透明黄色斑点,后逐渐扩大成为条斑,条斑扩展至叶片基部甚至整个叶片,并发展成为灰白色病斑,导致叶片向内卷曲。

(2)发病气象条件

气候条件、品种抗病性、肥水条件直接影响水稻白叶枯病发生,高温高湿有利于病菌显示其毒力,偏施氮肥稻株抗性低,温度降低时病害轻,20 ℃以下不表现症状。7—8 月高温高湿、台风、暴雨、多露是稻白叶枯病发展流行的气象条件,稻田长期积水、氮肥过多、水稻生长过旺、土壤酸性等条件均利于该病害发生,通常晚稻发病重于早稻,籼稻重于粳糯稻。吴冠清和陈观浩(2009)利用广东省化州市 1985—2007 年田间系统调查资料和根据气象资料,分别对晚稻白叶枯病流行程度与主要气象因子进行了分析(表 6-3),表明以降雨强度是影响晚稻白叶枯病流行程度的主要因子,平均气温影响排第二位,雨日、日照时数的直接效应很小。

表 6-3　　晚稻白叶枯病流行程度和影响因子的历史资料

年份	X_1	X_2	X_3	X_4	X_5	Y
1985	830.6	18	24.9	21.1	40.5	5
1986	486.1	11	25.3	22.1	80.3	3
1987	395.8	11	25.6	14.3	42.1	2
1988	258.3	7	25.5	10.8	57.6	1
1989	302.9	14	26.3	7.7	72.2	1
1990	219.2	15	27.0	12.9	74.8	1
1991	387.3	11	26.6	14.9	65.2	1
1992	401.9	19	26.3	13.0	72.0	1
1993	320.8	9	26.5	16.1	51.3	1
1994	530.3	18	26.4	13.2	60.2	2
1995	332.4	12	26.0	13.1	81.2	2
1996	519.3	18	26.2	16.5	52.2	4
1997	365.6	18	22.8	14.9	19.2	4
1998	352.1	11	27.3	13.6	85.1	1
1999	392.4	11	26.1	14.4	76.2	1
2000	276.0	12	26.8	16.0	59.8	1
2001	630.0	12	27.6	29.9	78.0	4
2002	729.8	16	25.1	25.9	27.8	5
2003	352.5	16	26.9	10.2	69.1	2
2004	245.5	9	27.3	12.8	79.6	0
2005	489.0	16	27.2	14.5	49.9	1
2006	223.8	8	26.6	10.7	61.9	0
2007	396.2	14	25.8	12.2	49.8	1

注：X_1 为 8 月中旬—9 月下旬降雨量(mm)；X_2 为 9 月份雨日(d)；X_3 为 9 月下旬平均气温(℃)；X_4 为 8 月中旬—9 月中旬降雨强度(降雨量除以降雨日数 mm/d)；X_5 为 9 月下旬日照时数(h)；Y 为流行程度。

5. 马铃薯晚疫病

(1)病害症状

马铃薯晚疫病是马铃薯的主要病害之一,该病在中国中部和北部大部分地区发生普遍,其损失程度因各地气候条件不同而异。在适宜病害流行的条件下,植株提前枯死,可造成 20％～40％ 的产量损失。由于抗病品种的推广使用,减轻了病害的危害,但流行年份造成的损失仍然很大。马铃薯晚疫病是由致病疫霉引起,导致马铃薯茎叶死亡和块茎腐烂的一种毁灭性真菌病害。

(2)发病气象条件

有 5 d 以上日平均相对湿度大于 75％ 的高湿天气出现 3 次以上,并在该期间有最低气温不低于 10 ℃,日平均气温≥0 ℃的积温达 50 ℃·d 以上后易出现中心病株。降水在 10 mm 以上,降水日数在 15 d 以上时就可出现中心病株。高湿旬次数愈多,病害愈严重。晚疫病的流行主要由温湿度是否适宜与持续时间的长短及品种的抗病性而定。早晚雾浓露重或阴雨连绵的天气,有利于病害发生,气温在 10～25 ℃、相对湿度在 75％以上为病害流行条件。马铃薯晚疫病气象等级指标见表 6-4。

表 6-4　马铃薯晚疫病发生气象等级指标(陈利伟 等,2022)

晚疫病发生气象等级	相对湿度 RH(％)	日平均气温 T(℃)
无	RH<80％	T≤10 或 T>30
低	80％≤RH≤85％	10<T≤13 或 24<T≤30
中	85％<RH≤90％	13<T≤16 或 20<T≤24
高	RH>90％	16<T≤20

6. 甜菜褐斑病

(1)病害症状

甜菜褐斑病(*Cercospora leaf spots*,CLS)又叫"火龙",是由甜菜尾孢菌侵染所引起的、发生在甜菜上的一种病害。病原为甜菜尾孢菌(*Cercospora beticola* Sacc.),为真菌界、半知菌亚门、不完全菌纲、丛梗孢目、尾孢科、甜菜尾孢菌属。主要发病部位是叶、叶柄和种球。甜菜褐斑病又称叶斑病、斑点病,是一种严重危害甜菜生产的世界性病害,我国各地均有发生。发病由老叶开始,然后是幼叶。发病初期在叶部表现为叶表面出现很多针尖大小的褐色小斑点,之后斑点逐渐扩大,呈圆形、椭圆形或不规则的轮廓,最后,叶片病斑连成大片,造成叶片的干枯脱落。在一般年份,该病可造成甜菜块根减产 10％～20％,含糖降低 1～2 度,叶茎损失 40％～70％。一般发生可使块根减产 10％～20％,严重发生地块可减达产 40％。

(2)发病气象条件

日平均气温在 15 ℃以上,连阴雨达 2 d,降雨量在 10 mm 以上,则 10 d 后容易开始发病。褐斑病出现后,旬平均气温在 19～25 ℃,并伴有 3～4 d 连续降雨,病害易导致迅速发展流行。在每年 6 月下旬到 7 月上旬开始发病,7 月到 8 月为盛期,9 月中旬停止蔓延。重茬和迎茬地由于土壤中残留大量的褐斑病菌,发病重;距离上年甜菜地或当年采种地近的甜菜发病重;重黏土地、下湿地、背阴地以及排水不良、湿度较高的地块发病重;浇水过多或植株过密、速效氮肥用量过大,导致叶丛过于繁茂和徒长,通风不良、光照不足、株行间湿度过高,发病重。杨安沛等(2014)研究表明,伊犁地区甜菜褐斑病发生时期为 7 月初至 9 月底。发生初期为 7 月上中旬,发生高峰期为 8 月下旬至 9 月上旬。病害整个发展过程包括三个时期,即从 7 上旬至 7 月底为病害发展平缓期,7 月底至 8 月底为病害快速发展期,8 月底以后为病害发展衰退期,病情逐渐下降。7 月中下旬—8 月上中旬的温湿度、降雨量、雨日天数与甜菜褐斑病病情增长率相关性密切。

7. 白菜霜霉病

(1)病害症状

白菜霜霉病,俗称白霉病和霜叶病等,是在白菜种植期间常见的真菌病害。白菜霜霉病病原为鞭毛菌亚门卵菌纲霜霉属寄生霜霉(*Peronospora parasitica* (Pers.) Fr.),菌丝体无色,无隔,在丝胞间生长,靠吸器伸入细胞内吸水分和营养,吸器为囊状、球状或分叉状。病菌随病残体在土壤中,或留种株上,或附着于种子上越冬,借风雨传播,进行多次再侵染。孢子囊形成要求有水滴或露水,因此连阴雨天气,空气湿度大,或结露持续时间长时此病易流行。平均最低气温较高的年份发病重。早播、脱肥或病毒病重等条件下发病重。

(2)发病气象条件

病菌产生孢子囊的最适温度为 8～12 ℃,孢子囊萌发的适宜温度为 7～13 ℃,最高 25 ℃,最低 3 ℃。在水滴中和适温下,孢子囊经 3～4 h 即可萌发,侵入的最适温度为 16 ℃。菌丝生长发育的最适温度为 20～24 ℃,产生卵孢子的适宜温度为 10～15 ℃,相对湿度 70%～75%。病害发生和流行的平均气温为 16 ℃左右,病斑在 16～20 ℃扩展最快,高湿是孢子囊形成、萌发和侵染的重要条件,多雨时病害常严重发生,田间高湿,即使无雨,病情也加重。北方大白菜莲座期以后至包心期,若气温偏高,或阴天多雨,日照不足,多雾,重露,温度在 18～20 ℃,空气相对湿度在 70%～80%,昼夜温差大,且雾、露多时,病害易流行。霜霉病孢子囊不同时期的适宜温度见表 6-5。

表 6-5　霜霉病孢子囊的适宜温度(孔吉萍和戚家新,1992)

生育时期	最适宜的温度条件(℃)
产生	8～12
卵孢子萌发	7～13
侵入	16
菌丝体生长	20～24

8. 小麦锈病

(1)病害症状

小麦锈病又叫黄疸,主要有条锈(*Puccinia striiformis* West)、叶锈(*P. recondita var. tritici* Erikss et Henn)、秆锈(*P. graminis var. tritici* Erikss et Henn)三种,分别是由条锈病菌、叶锈病菌和秆锈病菌引起的发生在小麦的病害。其主要为害小麦叶片,也可为害叶鞘、茎秆、穗部。小麦发病后轻者麦粒不饱满,重者麦株枯死,不能抽穗。小麦锈病的主要特点是危害性强、影响范围广,一旦感染,将对小麦生长造成严重影响,进而降低小麦的产量。小麦锈病属于真菌类型的病害,当前出现最为频繁的小麦锈病主要有秆锈病、叶锈病、条锈病,其中叶锈病的发生范围、发生率以及危害性在三种病害中最高。一般减产 5‰～15‰,严重者达 50‰以上。小麦锈病分条锈病、叶锈病和秆锈病 3 种,是我国小麦发生面积广、危害最重的一类病害。条锈病主要危害小麦;叶锈病一般只侵染小麦;秆锈病小麦变种除侵染小麦外,还侵染大麦和一些禾本科杂草。

（2）发病气象条件

三种锈菌在我国都是以夏孢子世代在小麦为主的麦类作物上逐代侵染而完成周年循环。是典型的远程气传病害。当夏孢子落在寄主叶片上,在适合的温度（条锈 1.4～17 ℃,叶锈 2～32 ℃,秆锈 3～31 ℃）和有水膜的条件下,萌发产生芽管,沿叶表生长,遇到气孔,芽管顶端膨大形成附着胞,进而侵入气孔在气孔下形成气孔下囊,并长出数根侵染菌丝,蔓延于叶肉细胞间隙中,产生吸器伸入叶肉细胞内吸取养分以寄生生活。菌丝在麦叶组织内生长 15 d 后,便在叶面上产生夏孢子堆,每个夏孢子堆可持续产生夏孢子若干天,夏孢子繁殖很快。在大雾天,下毛毛雨时和叶面结露时,都有利于锈病发生。9～13 ℃为条锈菌侵入最适温度,15～30 ℃为叶锈菌侵入最适温度;18～20 ℃为秆锈菌侵入最适温度。小麦叶锈病对温度的适应范围较大。在所有种麦地区,夏季均可在自生麦苗上繁殖,成为当地秋苗发病的菌源。冬季在小麦停止生长但最冷月气温不低于 0 ℃的地方,以休眠菌丝体潜存于麦叶组织内越冬,春季温度合适再扩大繁殖为害。秆锈病同叶锈基本一样,但越冬要求温度比叶锈高,一般在最冷月日均温在 10 ℃左右的闽、粤东南沿海地区和云南南部地区越冬。余为东等（2007）利用 1995—2005 年商丘市小麦锈病发病总面积资料及地面气象资料和大气环流特征量,分析影响商丘小麦锈病发生流行的主要气象因子如表 6-6 所示,表明平均风速与锈病发生面积呈极显著负相关,上年度 7—9 月的平均气温与锈病发生面积也呈显著负相关,而与 1—7 月降水总量呈正相关。

表 6-6　影响商丘市小麦锈病发生流行的主要气象因子

气象因子	相关系数	气象因子	相关系数
上年 5 月中旬—10 月下旬平均风速	−0.935**	上年 6 月上旬—10 月上旬平均风速	−0.935**
上年 5 月中旬—10 月中旬平均风速	−0.934**	上年 5 月上旬—10 月下旬平均风速	−0.933**
上年 5 月下旬—10 月中旬平均风速	−0.933**	上年 3 月上旬—当年 2 月下旬平均风速	−0.906**
上年 7 月下旬—8 月中旬平均气温	−0.838*	上年 7 月下旬—9 月上旬平均气温	−0.835*
上年 1—7 月降水总量	0.772*	上年 5 月上旬—6 月中旬日照时数	−0.714
上年 7—8 月亚洲环流指数	0.821*	上年 11 月—当年 3 月亚洲环流指数	−0.689
上年 3—4 月太阳黑子指数	0.623	上年度 3—4 月极涡强度指数	−0.676
上年度 7 月亚欧环流指数	0.656	上年度 1 月份相对湿度	0.639
上年 8 月上旬—8 月中旬平均气温	−0.774*	上年 3 月下旬—4 月中旬平均气温	0.718

注：* 和 ** 分别表示通过 0.01 和 0.001 水平显著性检验。

9. 小麦赤霉病

(1)病害症状

该病由多种镰刀菌引起。有 *Fusarium graminearum Schw.* 称禾谷镰孢，*F. arde-naceum*(Fr.) Sacc. 称燕麦镰孢，*F. culmorum*(W. G. Smith)Sacc. 称黄色镰孢，*F. moniliforme* Sheld. 称串珠镰孢，*F. acuminatum*(Ell. et Ev.) Wr. 称锐顶镰孢等，都属于半知菌亚门真菌。优势种为禾谷镰孢(*F. graminearum*)，其大型分生孢子镰刀形，有隔膜 3～7 个，顶端钝圆，基部足细胞明显，单个孢子无色，聚集在一起呈粉红色黏稠状，小型孢子很少产生。有性态为 *Gibberella zeae*(Sehw.) Petch. 称玉蜀黍赤霉，属子囊菌亚门真菌。子囊壳散生或聚生于寄主组织表面，略包于子座中，梨形，有孔口，顶部呈疣状突起，紫红或紫蓝至紫黑色。小麦赤霉病在中国南方冬麦区，如长江中、下游冬麦区，川滇冬麦区和华南冬麦区等地经常流行为害；东北三江平原春麦区在多雨年份也可流行成灾。尤以多雨潮湿的温带发生严重。一般大流行年病穗率达 50%～100%，产量损失 10%～20%，中等发生年病穗率 30%～50%，产量损失 5%～10%。大多发生在小麦抽穗扬花期，最开始是在个别的小穗苗上面发病，然后沿着主麦穗上下扩展，一直到附近的小穗苗。在小麦苗期，由于种子带有赤霉病的病菌，会引起苗枯的症状，主要体现是根鞘以及芽鞘都呈现为黄褐色的水浸状，然后慢慢腐烂，地上部分的叶子发黄，甚至有些幼苗还未出土便死了。在小麦成株以后，发病症状是茎基腐、秆腐、穗腐，其中穗腐的危害性最大。被害的小穗苗最开始是其基部变成水渍状，后渐渐褪色，由绿色变成褐色的病斑，然后在颖壳的合缝处会长出一层比较明显的粉红色霉层，也叫分生孢子。在后期，病部将出现紫黑色的粗糙颗粒，叫作子囊壳。小麦的籽粒发病后，会变得皱缩干瘪，颜色呈苍白色或者紫红色，有时在籽粒的表明也有一层粉红色的霉层。茎基腐主要是发生在小麦茎的基部，时其变成褐色直至腐烂，严重的还会整株枯死。

(2)发病气象条件

春季气温 7 ℃以上，土壤含水量大于 50%形成子囊壳，气温高于 12 ℃形成子囊孢子。在降雨或空气潮湿的情况下，子囊孢子成熟并散落在花药上，经花丝侵染小穗发病。迟熟、颖壳较厚、不耐肥品种发病较重；田间病残体菌量大发病重；地势低洼、排水不良、黏重土壤，偏施氮肥、密度大，田间郁闭发病重。当温度达到 15 ℃以上时，小麦开始发病。25 ℃是小麦发病最适宜的温度。在扬花期，如果高温湿润的气候来得比较早，并且持续时间长，发病就会比较早而且特别严重。在确定温度适宜的情况下，小麦赤霉病菌的子囊壳开始产生的时候，土壤的相对湿度是 50%～60%，最适合其发育的土壤相对湿度是 70%～80%。当持续日数达到 3 d 以上，并且降水雨量大于 30 mm，此时为麦赤霉病菌发育的最好湿度条件。小麦赤霉病菌发育阶段及其条件见表 6-7。

表 6-7　小麦赤霉病菌发育阶段及其条件(杜利敏,2015)

生长阶段	土壤含水量(%)	空气相对湿度(%)	气温(℃)
子囊壳形成期	>50	>95	>7,<35
子囊形成期	>50	>95	>10
子囊孢子形成期	>50	>95	>12,<32
子囊孢子放射期	>50	>95	>10

10. 番茄病毒病

(1)病害症状

病原引致番茄病毒病的毒原有 20 多种,主要有烟草花叶病毒(*Tobacccco mosaic virus* 简称 ToMV)、黄瓜花叶病毒(CMV)、烟草卷叶病毒(TLCV)、苜蓿花叶病毒(AMV)等。该病症状主要有 3 种:①花叶型,叶片上出现黄绿相间或深浅相间斑驳,叶脉透明,叶略有皱缩,植株略矮;②蕨叶型,植株不同程度矮化,由上部叶片开始全部或部分变成线状,中、下部叶片向上微卷,花冠变为巨花;③条斑型,可发生在叶、茎、果上,在叶片上为茶褐色的斑点或云纹,在茎蔓上为黑褐色条形斑块,斑块不深入茎、果内部。不同病毒在番茄不同生长期发生侵染时所产生的症状都不尽相同。番茄感染病毒病后会出现叶片卷缩、变黄、变脆,花叶、条斑和蕨叶,植株矮化等症状。通过蚜虫、田间操作接触传病,夏季病害重,苗期易感病,管理粗放,果实膨大期缺水,土壤中缺少钙、钾等元素易发生病毒病。

(2)发病气象条件

病毒病发病期棚内平均温度 24.2 ℃,平均湿度 40%,平均地温 24~30 ℃,极端最高地温 41.8 ℃,极端最小相对湿度 10%,发病前 11 d 最高温度均超过 35 ℃,长时间高温低湿环境易产生蚜虫而导致病毒病发生。根据病毒病出现的前期、发生期及后期温棚内观测到的 24 h 平均温度和湿度变化情况,可知发病前棚内平均温度 23.2 ℃,平均相对湿度 55%,地温 21.3 ℃,当棚内平均温度上升(平均温度 28.2 ℃,棚内白天平均温度 35.4 ℃,最高温度 41.9 ℃,平均地温 24.3 ℃)而湿度下降(平均相对湿度 40%,白天平均相对湿度 30%,最小相对湿度 8%)时棚中番茄病毒病暴发,当棚内温度下降(平均温度 23.7 ℃,最高温度 36.1 ℃,平均地温 21.6 ℃)湿度上升(平均湿度 49%,最小湿度 20%)时病毒病缓慢结束。牛西午等(1995)研究表明:强光照射,高温高湿一般是 7 月的气候特征,雨后晴天,尤其是暴雨造成田间积水,土壤黏重、板结,番茄缺氧沤根,地上部分植株蒸腾量剧增。养分、水分供需失调,抗病力明显下降,发病严重。病毒病发生还是流行都与环境有关,6—8 月的降水量分布与气温变化决定着病害发生、流行的速度、范围和发病程度。

11. 黄瓜白粉病

(1)病害症状

黄瓜白粉病菌为 *Erysiphe cichoracearum*,*Sphaerotheca fuliginea*,属子囊菌亚门,

瓜类单丝壳白粉菌,系专性弱寄生菌,只在活寄主上存活。黄瓜白粉病全国各地均有发生。北方温室和大棚内最易发生此病,其次是春播露地黄瓜,而秋黄瓜发病较轻。因白粉病影响叶片的光合作用,对黄瓜生长后期造成很大的产量损失。从苗期到结瓜期均可发生,尤其在黄瓜生长中后期及植株生长衰弱时,易发生流行。露地栽培以夏季发生白粉病较多,而温室栽培的黄瓜四季均可发生。黄瓜发生白粉病一般减产10%左右,流行年份可减产20%～40%。白粉病系真菌性病害,病菌为专性寄生菌,可随病残体在土中越冬,或在保护地黄瓜上继续危害越冬,并成为翌年的初侵染源植株。

(2)发病气象条件

黄瓜白粉病的发生与温度和湿度有关,温度在15～30℃容易发病。随着湿度的增加,病情流行快、发病重,特别是雨后转晴、田间湿度较大时,或高温干旱与高温高湿条件交替出现时会导致病害大流行。高温干旱病菌会受到抑制,发病轻。此外,肥水不足、植株生长细弱、栽植过密,通风透光不良、排水不畅的地块易发病。从幼苗期即可受害,但以黄瓜生长中后期发病最多。病菌可借气流和雨水传播,条件适宜时可进行多次再侵染,病菌最适宜发病温度为16～25℃,孢子萌发温度为10～30℃。当空气相对湿度达75%时,有利于白粉病的发生和流行。保护地栽培黄瓜管理粗放,浇灌水不当或通风透光不良,栽培密度过高,氮肥施用过多等情况下发病均较重。王爱英(2003)根据多年田间调查该病害表明,5月底—6月初开始发病,高发期为7—8月。在持续至1 h降雨后的24 h内,相对湿度不低于47%,温度为1～28.5℃,其中降雨是黄瓜白粉病的主导因素。

12. 番茄根腐病

(1)病害症状

番茄根腐病,俗称"烂脖根死棵病",番茄棘壳孢(*Pyrenochaeta lycopersici* Schneider et Ger lach),属半知菌亚门真菌。主要危害番茄的根部,发病初在主根和茎基部产生褐斑,后逐渐扩大凹陷,严重时病斑绕茎基部或根部一周变褐腐烂,导致地上部逐渐枯萎。纵剖茎基或根部,维管束变为深褐色,后根茎腐烂,不长新根,植株枯萎而死。苗期主要在植株根颈处发病。叶片发病,开始有水渍状病斑,后扩展、腐烂,叶片萎蔫、枯死;茎部发病,从上往下产生水渍状病斑,皮层变褐腐烂,直至枯萎;根颈部发病,开始有水渍状病斑,嫩叶在中午萎蔫、早晚恢复正常,后根颈部表皮呈水渍状环斑,地上嫩叶萎蔫,早晚不能恢复正常,老叶从叶尖开始变黄,严重时地上部老叶枯黄、嫩叶绿色萎蔫,最后整株死亡。成株期发病,病症主要表现在根颈、根和果实上,根颈出现水渍状病斑后迅速扩展,地上部分植株由早晚可以恢复正常生长变成全天萎蔫,果实褐色腐败,湿度大时,病部生有白色霉状物,后逐渐扩大形成同心轮纹。

(2)发病气象条件

病菌的最适发病温度为22～24℃,如果在生长期遇到较长时间的低温而导致土壤温度低于 20 ℃,则非常不利于根系生长发育,容易诱发番茄根腐病的发生,土壤黏重的重茬地及地下害虫严重的地块发病重。高温、高湿环境有利于此病发生。如果种植地块连年种植番茄,地面长期积水,经常施用没有完全腐熟的堆肥,地下害虫积累比较多,或农事活动而造成植株根部伤口比较多的地块该病的发生比较严重。杜栋梁(2016)认为:定植时土壤温度过低,不利于根系生长,影响根系活力,为病菌初侵染创造了条件;前期植株生长过快,如骤遇连续低温,冻伤根系,易发病;定植时,土壤湿度过大、排水不畅、连阴雨天气不及时放风等易导致该病发生和流行。

13. 柑橘黄龙病

(1)病害症状

柑橘黄龙病(*Rickettsiae-like organism gloeosporioides* Penz)又名黄梢病,是我国南方柑橘产区的严重病害,病原物为一种类革兰氏阴性细菌,属韧皮杆菌。该病最早 1919 年发生于我国广东省潮汕地区,按潮州语果树的新梢,称为“龙”,“黄龙”指新梢枝叶呈黄化病状。该病在非洲又称“青果病”,因发病时果实保持绿色而得名。黄龙病是毁灭性病害。柑橘植株一旦感病后可在 2～5 a 内死亡或丧失生产能力,其病原为革兰氏阴性细菌,主要寄生在柑橘韧皮部筛管细胞中。其症状是:发病初期在浓绿的树冠上出现 1～2 条或多条发病的枝梢,叶片黄化。病害扩展是从一个枝梢到另一个枝梢,最后全部枝梢发病。

(2)发病气象条件

黄龙病传播途径有两种:一是通过嫁接(接穗)、苗木传播;二是柑橘木虱传播。从已发生黄龙病的柑橘树上剪取枝条,未经脱毒处理而繁育苗木、引进种植,或从周边柑橘黄龙病树木虱带病迁入引进病源,再经木虱吸取在体内繁殖而终身带病,再迁飞到健康柑橘树吸取汁液,使黄龙病迅速扩散传播。目前没有证据表明土壤、流水、大风、修剪、劳作能传播柑橘黄龙病。宗德华和池再香(2010)研究贵州江县椪柑果树发生黄龙病病害的气象条件表明:气温在 22～28 ℃,相对湿度 80%～90% 的条件下有利于黄龙病病菌的滋生和蔓延;当日平均气温≥25 ℃时,黄龙病的病源就开始存在;当日平均气温≥27 ℃、相对湿度≥80% 时最有利于黄龙病的发生和传播;当连续 5 d 平均气温≥27 ℃时就能导致大面积的黄龙病病害发生、蔓延和迅速传播。侯显达等(2022)研究得到广西桂林市恭城县和阳朔县砂糖橘黄龙病发病气象指标范围(表 6-8)。

表 6-8　砂糖橘黄龙病发病程度气象指标范围

变量和单位	重度发病等级	中度发病等级	轻度发病等级
X_1	43.3	15.8～33.9	49.1～163.2
X_2	3.9	6.1～8.5	8.8～11.8
X_3	104.1	86.9～173.7	214.2～342.6
X_4	38.9	44.6～50.1	51.6～59.3

续表

变量和单位	重度发病等级	中度发病等级	轻度发病等级
X_5	180.6	123.8~161.9	88.7~122.1
X_6	34.5	33.3~35.5	30.7~33.7

注：X_1为当年1月+12月最后7 d的每日日照时数总和(h)；X_2为当年1月每日平均温度的月平均(℃)。X_3为当年8月+9月前10 d的降水量累计(mm)；X_4为当年8月11—31日的每日最小相对湿度的平均(%)；X_5为当年8月11—31日的每日日照时数总和(h)；X_6为当年8月14—31日的每日最高温度的平均(℃)。

14. 苹果白粉病

(1)病害症状

苹果白粉病(Apple powdery mildew)在我国苹果产区发生普遍。除为害苹果外，还为害梨、沙果、海棠、槟子和山定子等，对山定子实生苗、小苹果类的槟沙果、海棠和苹果中的倭锦、红玉、国光等品种危害重。苹果白粉病是由白叉丝单囊壳菌(*Podosphaera leucotricha*)引起、发生在苹果上的病害。主要危害寄主叶片，染病后，顶端叶片和嫩茎发生灰白色斑块，像覆盖了一层白粉。严重时病叶卷曲萎缩。新梢被害后，展叶迟缓，抽生新叶细长，呈紫红色。大树染病时，病芽在春季萌发较晚，抽出的新梢和嫩叶整个被覆盖上一层白粉，新梢节间短，叶片狭长，叶缘向上，质地硬脆。

(2)发病气象条件

分生孢子萌发入侵的最适温度为21 ℃左右，最适相对湿度为100%。用分生孢子在13~25 ℃及100%湿度条件下进行人工接种，45~48 h内即可完成整个侵染过程。生长季节系统接种的结果指出，病害的潜育期3~6 d，其间所需的平均有效积温为97.5 ℃·d。分生孢子由气流传播。空气中孢子捕捉数量的变化曲线与果园病情发展完全一致。空中孢子的传播与气温及雨量有密切关系。当春季气温逐渐升高时，孢子传播的数量即增多，而降雨，尤其是暴雨可使空中孢子数量骤然降低。具体来说，当气温在21~25 ℃、相对湿度达70%以上时，有利于孢子的繁殖与传播，而高于25 ℃即有阻碍作用。本病的发生、流行与气候、栽培条件及品种有关。春季温暖干旱、夏季多雨凉爽、秋季晴朗有利于该病的发生和流行。连续下雨会抑制白粉病的发生。白粉菌是专化性强的严格寄生菌。果园偏施氮肥或钾肥不足、种植过密、土壤黏重、积水过多发病重。果树修剪方式直接与越冬菌源即带菌芽的数量有关。轻剪有利于越冬菌源的保留和积累。苗木从5月中下旬开始发病，6月和8、9月份发病较重。大树发芽后就开始发病。地势低洼积水，土质瘠薄及管理粗放的小树、幼树及衰老树易发病，偏施氮肥，树体生长过旺发病重，果园杂草多而茂盛；整枝太轻，枝条过多通风透光差的发病重，雨水多，光照少，高温高湿时发病重。刘志超等(2018)研究表明：白粉病发生早晚与同期病害前期降水量和温度、湿度有关,春季干旱少雨温度偏高会使病害早发且较重;间隔较短且较大的降水会抑制白粉病的蔓延。当气温低于 10 ℃,果树基本不发病,在 15～20 ℃、相对湿度在 55％以下时,病菌扩散迅速;温度高于 30 ℃且维持一定时间即有拟制作用。

二、主要虫害生活习性及发生的气象条件

1. 棉花蚜虫

(1)生活习性及危害特点

在棉花上已发现的蚜虫有 5 种,即:棉蚜、棉长管蚜、苜蓿蚜、拐枣蚜、菜豆根蚜。其中为害棉花的以棉蚜(*Aphis gossypii* Glover)为主,是我国棉花上的重要害虫之一。以黄河流域和辽河流域棉区为害最重,长江流域棉区次之。棉花蚜虫属同翅目蚜科,以卵和干母寄主越冬。棉蚜以刺吸式口器在棉叶背面和嫩头部位吸食液汁,使棉叶畸形生长,向背面蜷缩。棉蚜危害主要在幼苗期和蕾铃期,幼苗期危害的棉蚜称苗蚜,一般危害推迟棉苗发育,造成晚熟减产,严重危害时使棉苗不能继续发育甚至死亡;蕾铃期为害的棉蚜称为伏蚜,使蕾铃脱落,有的造成落叶而减产;棉花吐絮期有时还有棉蚜为害,称秋蚜,污染棉絮,降低棉花品质。棉蚜的繁殖力很强,在早春和晚秋完成一个世代需要 15～20 d,夏季只需 4～5 d,一头成蚜一天可产蚜 18 头,一生可产若蚜 60～70 头。棉蚜的扩撒主要靠有翅蚜的迁飞,一年约有三次大迁飞,由越冬寄主前往棉田,其中第二次大迁飞是在棉田内扩散蔓延,第三次大迁飞是由棉田前往越冬寄主。棉蚜在我国南部棉区一年发生 20～30 代,北部棉区一年发生 10～20 代,在全国大部分地区,棉蚜以卵在木槿、石榴、花椒和冬青四大越冬寄主上越冬。

(2)发生的气象条件

在棉田为害的棉蚜有苗蚜和伏蚜之分。苗蚜发生在出苗到现蕾以前,适宜偏低温度,气温超过 27 ℃时繁殖受到抑制,虫口迅速下降;伏蚜主要发生在 7 月中下旬到 8 月份,适宜偏高的温度,在 17～28 ℃下大量繁殖,当平均气温高于 30 ℃时,虫口才迅速减退。棉蚜最适温度为 25 ℃,相对湿度为 55％～85％,多雨气候不利于蚜虫发生,大雨对蚜虫有明显的抑制作用,而时晴时雨、阴天、细雨对其发生有利。地形、地貌对蚜虫迁飞影响很大,如遇障碍物,易形成发生中心,造成严重危害。一般单作棉田发生早而重,套作棉田则发生较迟。棉株的营养条件对蚜虫的发生有影响,含氮量高的棉株,蚜虫为害严重。穆新豫(2010)研究表明:新疆是阿克苏地区春季平均温度达 10 ℃以上时,黑棉蚜(紫团蚜)越冬卵开始孵化,4 月中、下旬出现在甘草叶、独行菜、骆驼刺等杂草上,随后迁入棉田。其最适宜温度为 20～22 ℃,发生危害温度区间 17～23 ℃,在此范围内发生严重;17 ℃以下,23 ℃以上,虫口密度锐减。黑棉蚜

常造成棉株顶心、茎叶干缩。棉蚜(黄蚜)一般夏末到秋末为害,有时春、夏、秋 3 季混合发生,为害严重,其最适宜温度为 21~26 ℃,21 ℃以下、27 ℃以上时,对其发育繁殖起到抑制作用。棉田蚜虫在相对湿度 40％～80％都会发生,最适相对湿度 70％～80％,90％以上时,虫口密度迅速下降。九江鄱阳湖区日平均气温稳定通过 18 ℃、80％保证率初日出现在 5 月 10—12 日,且在 7、8 月日平均气温持续≥30 ℃的高温、强日照天气也较常见。可见,在早春与酷暑期间,温度条件也是当地棉蚜发生与为害的重要影响因子之一(吴昊 等,2013)。吴超等(2020)研究认为:豫东植棉区棉花苗蚜达到峰值的气象条件为高温 29~31 ℃,低温 18.7~25.6 ℃,相对湿度 59.5％～63％；37 ℃以上高温僵蚜大量出现,单日降水量超 50 mm(或连续 5 d 湿度大于 75％)种群数量明显下降;在不适宜气候条件下会大量产生有翅蚜来适应新环境,连续 5 d 平均气温超过 25 ℃种群繁殖受抑制。

2. 棉铃虫

(1)生活习性及危害特点

棉铃虫(*Helicoverpa armigera* Hubner)属于鳞翅目夜蛾科,是棉花蕾铃期的主要害虫,广泛分布在中国及世界各地,中国棉区和蔬菜种植区均有发生。黄河流域棉区、长江流域棉区受害较重。寄主植物有 20 多科 200 余种。棉铃虫是棉花蕾铃期重要钻蛀性害虫,主要蛀食蕾、花、铃,也取食嫩叶。该虫是中国棉区蕾铃期害虫的优势种,近年为害十分猖獗。棉铃虫在华南地区每年发生 6 代,以蛹在寄主根际附近土中越冬。翌年春季陆续羽化并产卵。第 1 代多在番茄、豌豆等作物上为害。第 2 代以后在田间有世代重叠现象。成虫白天栖息在叶背或荫蔽处,黄昏开始活动,吸取植物花蜜作补充营养,飞翔力强,有趋光性,产卵时有强烈的趋嫩性。卵散产在寄主嫩叶、果柄等处,每雌一般产卵 900 多粒,最多可达 5000 余粒。初孵幼虫当天栖息在叶背不食不动,第 2 天转移到生长点,但为害还不明显,第 3 天变为 2 龄,开始蛀食花朵、嫩枝、嫩蕾、果实,可转株为害,每幼虫可钻蛀 3~5 个果实。4 龄以后是暴食阶段。

(2)发生的气象条件

棉铃虫的老熟幼虫入土 5~15 cm 深处作土室化蛹。在新疆翌年 5 月初,平均温度稳定在 20 ℃或 5 cm 地温达 19.2 ℃时,开始有成虫羽化,5 月底达到羽化高峰期,6 月上旬为产卵高峰期,主要在麦田,棉田较少;第 2 代成虫羽化为 6 月底,7 月上旬为产卵高峰期,孵化高峰期在 7 月中旬,主要在棉田为害;第 3 代发生在 8 月中、下旬,主要为害棉花伏桃,每一世代与温度高低有关,一般相差 2~5 d。棉铃虫发生的最适宜温度为 25~28 ℃,相对湿度为 70％～90％(王莉萍和崔晓冬,2021)。薛晓萍等(2009)通过分析山东省各代棉铃虫历年实际发生情况和其对应的气象条件,用数理统计方法对棉铃虫发生发展具有影响的气象因子进行筛选,划分与棉铃虫发生等级相对应的气象因子影响等级域值,见表 6-9。

表 6-9　影响 2 代棉铃虫发生的主要气象因子的等级区间域值

等级	X_1(℃)	X_2(℃)	X_3(成)	X_4(%)
1 级	≤-620.9	≤234.8	≤186.0	>11.4
2 级	-619.0～-500	234.9～298.0	186.1～217.2	7.9～11.3
3 级	-499.0～-380.2	298.1～361.6	217.3～248.7	4.4～7.8
4 级	-380.1～-260.5	361.7～424.8	248.8～280.0	1.0～4.3
5 级	>-260.4	>424.9	>280.1	≤0.9

注:X_1为冬季逐日最低气温累计值;X_2为 3—4 月逐日最低气温累计值;X_3为 5—6 月上旬日平均云量总和;X_4为 4 月的湿润系数。

3. 稻飞虱

(1)生活习性及危害特点

稻飞虱,昆虫纲同翅目($Homoptera$)飞虱科($Delphacidae$)害虫,俗名火蟓虫。以刺吸植株汁液为害水稻等作物。常见种类有褐飞虱($Nilaparvata\ lugens$)、白背飞虱($Sogatella\ furcifera$)和灰飞虱($Laodelphax\ striatellus$),危害较重的是褐飞虱和白背飞虱,早稻前期以白背飞虱为主,后期以褐飞虱为主;中晚稻以褐飞虱为主。灰飞虱很少直接成灾,但能传播稻、麦、玉米等作物的病毒。中国北方,长江流域以南各省(自治区)发生较多。朝鲜、南亚次大陆和东南亚,也见于日本。褐飞虱在中国北方各稻区均有分布;长江流域以南各省(自治区)发生较烈。白背飞虱分布范围大体相同,以长江流域发生较多。这两种飞虱还分布于日本、朝鲜、南亚次大陆和东南亚。灰飞虱以华北、华东和华中稻区发生较多,也见于日本、朝鲜。3 种稻飞虱都喜在水稻上取食、繁殖。褐飞虱能在野生稻上发生,多认为是专食性害虫。

稻飞虱的越冬虫态和越冬区域因种类而异。褐飞虱在广西和广东南部至福建龙溪以南地区,各虫态皆可越冬。冬暖年份,越冬的北限在 23°～26°N,凡冬季再生稻和落谷苗能存活的地区皆可安全越冬。在长江以南各省每年发生 4～11 代,部分地区世代重叠。其田间盛发期正值水稻穗期。白背飞虱在广西至福建德化以南地区以卵在自生苗和游草上越冬,越冬北限在 26°N 左右。在中国每年发生 3～8 代,为害单季中、晚稻和双季早稻较重。灰飞虱在华北以若虫在杂草丛、稻桩或落叶下越冬,在浙江以若虫在麦田杂草上越冬,在福建南部各虫态皆可越冬。华北地区灰飞虱每年发生 4～5 代,长江中、下游 5～6 代,福建 7～8 代。田间为害期虽比白背飞虱迟,但仍以穗期为害最烈。

(2)发生的气象条件

褐飞虱生长发育的适宜温度为 20～30 ℃,最适温度为 26～28 ℃,相对湿度80%以上。在长江中、下游稻区,凡盛夏不热、晚秋不凉、夏秋多雨的年份,其易酿成大发生。高肥密植稻田的小气候有利其生存。褐飞虱耐寒性弱,卵在 0 ℃下经 7 d 即不能孵化,长翅型成虫经 4 d 即死亡。耐饥力也差,老龄若虫经 3～5 d、成虫经 3～6 d 即饿死。白背飞虱对温度适应幅度较褐飞虱宽,能在 15～30 ℃下正常生存,要求相对湿度 80%～90%。初夏多雨、盛夏长期干旱,易引起大发生。在华中稻区,迟熟早稻常易受其害。灰飞虱为温带地区的害虫,适温为 25 ℃左右,耐低温能力较强,而夏季高温则对其发育不利,华北地区 7—8 月降雨少的年份有利于大发生。天敌类群与褐飞虱相似,并经常在夏季的雨后出现,一般是 5 月底、6 月初开始出现。

稻飞虱迁飞高度在 500～2000 m,夏季迁飞高度为 1500～2000 m,最高可达 2200 m;秋季迁飞高度为 500～1100 m,最高可 1800 m,集中迁飞高度主要受空中温度和湿度的影响,起飞的适宜温度为 18 ℃以上,低于这一温度则不能起飞。稻飞虱开始迁入期,850 hPa 天气图上气温多在 15 ℃以上,地面温度达 25 ℃。温度的空间分布决定了稻飞虱可以迁飞的空间区域,稻飞虱空中群集的最适宜温度为 17 ℃左右,且在最大风速层中迁飞,稻飞虱迁入气象指标见表 6-10;相对湿度在 80%以上对成虫产卵、孵化和幼虫成活有利。因此,多雨及多露水的高湿天气,有利于害虫发生。当相对湿度在 70%以下时,不利于害虫生存和为害。

表 6-10　稻飞虱迁入气象指标(陈中云 等,2013)

最高温度 (℃)	最低温度 (℃)	最适温度 (℃)	相对湿度 (%)	风速 (m/s)	>30 mm 降雨日数 (d)
30	20	26	>90	5	6

4. 稻纵卷叶螟

(1)生活习性及危害特点

稻纵卷叶螟(*Cnaphalocrocis medinalis* Guenee),螟蛾科,是中国水稻产区的主要害虫之一,广泛分布于各稻区。除为害水稻外,还可取食大麦、小麦、甘蔗、粟等作物及稗、李氏禾、雀稗、双穗雀稗、马唐、狗尾草、蟋蟀草、茅草、芦苇等杂草。以幼虫为害水稻,缀叶成纵苞,躲藏其中取食上表皮及叶肉,仅留白色下表皮。苗期受害影响水稻正常生长,甚至枯死;分蘖期至拔节期受害,分蘖减少,植株缩短,生育期推迟;孕穗后特别是抽穗到齐穗期剑叶被害,影响开花结实,空壳率提高,千粒重下降。稻纵卷叶螟是一种迁飞性害虫,自北而南一年发生 1～11 代;南岭山脉一线以南,常年有一定数量的蛹和少量幼虫越冬,30°N 以北稻区不能越冬,故广大稻区初次虫源均自南方迁来。成虫有趋光性,栖息趋荫蔽性和产卵趋嫩性,适温高湿产卵量大,一般每雌产卵 40～70 粒,卵多单产,也有 2～5 粒产于一起,气温 22～28 ℃,相对湿度 80%以上,卵孵化率可达 80%甚至 90%以上。初孵幼虫大部分钻入心叶为害,进入 2 龄后,则在叶上结苞,孕穗后期可钻入穗苞取食。幼虫一生食叶 5～6 片,多达 9～10 片,食量随虫龄增加而增大,1～3 龄食叶量仅在 10%以内,幼虫老熟多数离开老虫苞,在稻丛基部黄叶及无效分蘖嫩叶上结满茧化蛹。

（2）发生的气象条件

稻纵卷叶螟生长、发育和繁殖的适宜温度为 22～28 ℃,适宜相对湿度 80％以上。30 ℃以上或相对湿度 70％以下,不利于它的活动、产卵和生存。在适温下,湿度和降雨量是影响发生量的一个重要因素,雨量适当,成虫怀卵率大为提高,产下的卵孵化率也较高;少雨干旱时,怀卵率和孵化率显著降低。但雨量过大,特别在盛蛾期或盛孵期连续大雨,对成虫的活动、卵的附着和低龄幼虫的存活率都不利。稻纵卷叶螟一般是连作稻条件下的发生世代大于间作稻。同时,迁飞状况也与水稻种植制度有关。纵卷叶螟蛾一般是从华南稻区向北迁飞至华中稻区,再从华中稻区向东北迁飞至华东稻区,或从华东向西北迁飞至北方稻区,以及从北方向南方回迁。白先达等（2010）研究表明:稻纵卷叶螟迁入桂林地区的地面适宜温度为 20～30 ℃,26～28 ℃为最适宜发生的温度。在高空 1500 m 高度上温度在 17～20 ℃最适宜稻纵卷叶螟的迁飞。梁章桉等（2011）对 1996—2010 年广东省化州市第 3 代稻纵卷叶螟发生的历史资料进行分析,分析化州市环境气象因子与第 3 代稻纵卷叶螟发生的关系（表 6-11）,影响该害虫发生程度的环境气象因子依次为 1—2 月降雨量、温雨系数、4 月上旬雨日、温湿系数、相对湿度。其中 1—2 月降雨量和温雨系数为主要因子。

表 6-11　1996—2010 年化州市环境气象因子与第 3 代稻纵卷叶螟发生的关系

时间(年)	4 月上旬雨日 (d)	1—2 月降雨量 (mm)	1—2 月 温雨系数	4 月上旬 相对湿度(%)	4 月上旬 温湿系数	稻纵卷叶螟发生 程度(级)
1996	8	139.1	9.34	92	4.97	4
1997	7	131.9	8.14	89	3.82	3
1998	4	89.6	5.24	82	3.25	3
1999	2	17.0	0.96	80	3.48	1
2000	4	24.4	1.45	84	3.54	1
2001	4	83.1	4.89	90	3.73	3
2002	3	40.1	2.32	87	3.47	2
2003	3	45.3	2.62	86	3.55	2
2004	7	105.0	6.44	85	4.03	3
2005	5	35.3	2.15	87	3.85	2
2006	3	27.0	1.54	88	3.48	2
2007	8	119.2	6.85	90	5.06	5
2008	5	86.4	6.50	86	3.71	3
2009	3	17.3	0.99	81	3.88	3
2010	7	63.3	3.60	90	3.98	4

5. 玉米螟

(1)生活习性及危害特点

玉米螟(*Pyrausta nubilalis*. Hubern)是玉米的主要虫害,主要分布于北京、东北三省、河北、河南、四川、广西等地。各地的春、夏、秋播玉米都有不同程度受害,尤以夏播玉米最重,可发危害玉米植株的各个部位,使受害部分丧失功能,降低籽粒产量。它的食性复杂,危害寄主超过 200 种,主要危害玉米、高粱、水稻等,其中以玉米受害最重。玉米螟的发生代数随纬度而有显著的差异:在中国,45°N 以北一年发生 1 代,40°~45°N 一年 2 代,30°~40°N 一年 3 代,25°~30°N 一年 4 代,20°~25°N 一年 5~6 代。海拔越高,发生代数越少。在四川省一年发生 2~4 代,温度高、海拔低,发生代数较多。通常以老熟幼虫在玉米茎秆、穗轴内或高粱、向日葵的秸秆中越冬,次年4—5月化蛹,蛹经过 10 d 左右羽化。成虫夜间活动,飞翔力强,有趋光性,寿命 5~10 d,喜欢在离地 50 cm 以上、生长较茂盛的玉米叶背面中脉两侧产卵,一个雌蛾可产卵 350~700 粒,卵期 3~5 d。幼虫孵出后,先聚集在一起,然后在植株幼嫩部分爬行,开始危害。初孵幼虫,能吐丝下垂,借风力飘迁邻株,形成转株危害。幼虫多为五龄,三龄前主要集中在幼嫩心叶、雄穗、苞叶和花丝上活动取食,被害心叶展开后,即呈现许多横排小孔;四龄以后,大部分钻入茎秆。玉米螟的危害,主要是因为叶片被幼虫咬食后,会降低其光合效率;雄穗被蛀,常易折断,影响授粉;苞叶、花丝被蛀食,会造成缺粒和秕粒;茎秆、穗柄、穗轴被蛀食后,形成隧道,破坏植株内水分、养分的输送,使茎秆倒折率增加,籽粒产量下降。

(2)发生的气象条件

玉米螟虫害的发生发展与环境温、湿度关系密切,适合在高温、高湿条件下发育,最适宜玉米螟生长发育的温度为 20~30 ℃,相对湿度在 60% 以上。若冬季气温较高或明显暖冬,则天敌寄生量少,有利于玉米螟春季的繁殖,危害较重。当气温在 17~22 ℃ 及相对湿度 60% 以上时,最有利于成虫产卵和幼虫孵化,若遇卵期气候条件干旱,造成玉米叶片卷曲,卵块易从叶背面脱落而死亡,则虫害会有所减轻。袁福香等(2008)研究得到玉米螟各发育期的生理气象指标见表 6-12,影响玉米螟发生的关键气象因子分级见表 6-13。

表 6-12　玉米螟各发育期的生理气象指标

发育阶段	发育起点温度 (℃)	最高限制气温 (℃)	最适发育气温 (℃)	适宜气温 (℃)	最适湿度 (%)
卵孵化期	10.4	32.0	26.0	18~32	70~100
幼虫期	10.0	31.0		20~30	60~80
化蛹期	11.1	31.0		20~35	60~80
羽化期		35.0		15~30	70~100
成虫期	10.4	32.0	26.0	15~30	70~100

表 6-13 影响玉米螟发生的关键气象因子分级

	5级	4级	3级	2级	1级
冬季的气温(℃)	<~14.5	[−14.5,−12.5]	[−12.5,−11.6]	[−11.6,−9.3]	>−9.3
5月份的气温(℃)	>17.0	[16.1,17.0]	[15.5 16.1]	[14.3,15.5]	>14.3
5月份的降水量(mm)	< 22.3	[22.3,28.8]	[28.8,45.7]	[45.7,67.8]	>67.8
6月份的降水量(mm)	< 46.2	[46.2,75.5]	[75.5,97.6]	[97.6,135.0]	>135.0
7月上旬的水热系数	< 0.5	[0.5,1.2]	[1.2,3.5]	[3.5,5.0]	>5.0

6. 温室白粉虱

(1)生活习性及危害特点

温室白粉虱(*Trialeurodes vaporariorum* (Westwood))属同翅目粉虱科。1975年始于北京,现几乎遍布中国。寄主目前已达121科898种植物,主要有黄瓜、菜豆、茄子、番茄、青椒、甘蓝、甜瓜、西瓜、花椰菜、白菜、油菜、萝卜、莴苣、魔芋、芹菜等各种蔬菜及花卉、农作物(郑长英 等,2012)。成虫和若虫吸食植物汁液,被害叶片褪绿、变黄、萎蔫,甚至全株枯死。此外,由于其繁殖力强,繁殖速度快,种群数量庞大,群聚为害,并分泌大量蜜液,严重污染叶片和果实,往往引起煤污病的大发生,使蔬菜失去商品价值。除严重危害番茄、青椒、茄子、马铃薯等茄科作物外,也是严重危害黄瓜、菜豆的害虫。在北方,温室一年可生10余代,以各虫态在温室越冬并继续危害。成虫有趋嫩性,白粉虱的种群数量,由春至秋持续发展,夏季的高温多雨抑制作用不明显,到秋季数量达高峰,集中危害瓜类、豆类和茄果类蔬菜。在北方由于温室和露地蔬菜生产紧密衔接和相互交替,可使白粉虱周年发生此虫世代重叠严重。

(2)发生的气象条件

温室白粉虱的种群数量由春至秋持续发展,夏季的高温多雨抑制作用不明显,到秋季数量达到高峰,集中危害瓜类、豆类和茄果类蔬菜。温室白粉虱为变温动物,虫体虽小,但发育速度快,其繁殖的最适温度为20~28 ℃,繁殖力极强,世代重叠发生。在北方日光温室条件下,从卵—若虫—蛹—成虫,完成一个世代约23~32 d,一年可发生10余代,寄主范围十分广泛。在环境温度低于7.2 ℃或高于30 ℃时,其卵及若虫死亡率高,成虫寿命缩短,产卵少,甚至不繁殖。其发育历期为:18 ℃时31.5 d,24 ℃时24.7 d,27 ℃时22.8 d。温室白粉虱的成虫喜欢低湿度条件,一般45%~55%的相对湿度适宜其存活,而其若虫则喜欢高湿环境,能在90%~98%的相对湿度中长期生存(郭晋太 等,2003)。成虫有群集性,对黄色有趋性,营有性生殖或孤雌生殖。卵多散产于叶片上。若虫期共3龄。各虫态的发育受温度因素的影响较大,抗寒力弱。早春由温室向外扩散,在田间点片发生。温室白粉虱是一种既不抗高温又不耐严寒的害虫,其生长发育适宜的温度为20~28 ℃,当温度升至30 ℃时,死亡率高达85%以上(顾耘 等,2006)。

7. 红蜘蛛

(1)生活习性及危害特点

红蜘蛛(*Tetranychus cinnbarinus*),又名棉红蜘蛛,俗称大蜘蛛、大龙、砂龙等,学名叶螨。分布广泛,食性杂,可危害110多种植物。以口针刺破叶片、撒梢、花蕾和果实表皮,吸食汁液。叶片被吸处韧呈淡绿色,后变灰白色斑点,严重时全叶呈灰白色而失去光泽,叶背面布满灰尘状蜕皮壳,引起落叶,影响树势。受害幼果表面出现淡绿色斑点,成熟果实受害后表面出现淡黄色斑点,并大量落果。浙江、福建1年发生12～20代,一个世代约16 d,田间世代重叠。冬季多以成螨和幼体在枝叶上活动,多数地区无明显越冬阶段。春季世代产卵量最多,卵产于叶片、果实及嫩枝上,以叶背主脉两侧为多。在每年3—5月发芽、开花前后,是其发生和危害盛期。该虫有趋嫩、喜光性,叶背和叶面虫口较多。红蜘蛛是周年为害性害虫,年发生代数多,世代置叠。在江西赣南,1月份略有越冬现象,温暖的冬季越冬不明显。大多以螨或卵在多年生老叶、枝条隙缝或潜叶蛾为害的卷叶内越冬。红蜘蛛4—5月和9—11月危害最严重。

(2)发生的气象条件

红蜘蛛在田间的发生和消长,受温度、光照、风雨、天敌、营养条件和越冬虫口基数等综合影响,其中气温往往起主导作用。红蜘蛛发育和繁殖的最适宜条件为气温20～30 ℃,相对湿度60%～70%,低于10 ℃或高于30 ℃虫口受到抑制(陶炳贵,2007)。当旬均温达到12 ℃时,叶片上的虫口开始增长。早春平均气温达6～8 ℃时,棉红蜘蛛便开始在萌芽早的杂草上产卵,当气温升到25～30 ℃、相对湿度在80%以下时繁殖最快,有风时就迅速蔓延;棉红蜘蛛喜欢高温干旱。夏季期间,温度越高,天气越旱,危害就越重。大雨的冲刷虽对红蜘蛛有抑制作用,但也帮助了它的传播与扩散,雨后天晴,它的数量会急剧上升(段桂云 等,2008)。

8. 金针虫

(1)生活习性及危害特点

金针虫(*Elateridae*)是叩头虫的幼虫,危害植物根部、茎基、取食有机质,取食烟草的有很多种。有沟金针虫、细胸金针虫和褐纹金针虫三种,其幼虫统称金针虫,其中以沟金针虫分布范围最广。为害时,可咬断刚出土的幼苗,也可外入已长大的幼苗根里取食为害,被害处不完全咬断,断口不整齐。还能钻蛀较大的种子及块茎、块根,蛀成孔洞,被害株则干枯而死亡。沟金针虫在8—9月间化蛹,蛹期20 d左右,9月羽化为成虫,即在土中越冬,次年3—4月出土活动。金针虫的活动,与土壤温度、湿度、寄主植物的生育时期等有密切关系。其上升表土为害的时间,与春玉米的播种至幼苗期相吻合。沟金针虫对温度条件反应敏感,根据土壤温度变化在土壤中上迁下潜活动为害,具有冬眠、夏眠的生活习性(任三学 等,2020)。

（2）发生的气象条件

金针虫随着土壤温度季节性变化而上下移动，在春、秋两季表土温度适合金针虫活动，上升到表土层危害，形成两个危害高峰。夏季、冬季则向下移动越夏越冬。主要受气温和降水的影响，沟金针虫越冬成虫和幼虫在 3、4 月当 10 cm 深土温达到 9～12 ℃时，上升活动并危害正在返青拔节的小麦。细胸金针虫越冬成虫在 3 月当 10 cm 深土温达 8～11 ℃时，开始出土活动；越冬幼虫 2 月下旬 10 cm 深土温达 4.8 ℃时，开始上升活动危害，当小麦返青至拔节期时，进入危害活动盛期（王靖等，2014）。土温是影响金针虫危害的重要因素。土温 7～20 ℃是金针虫适合的温度范围，春季雨水适宜，土壤墒情好，危害加重，春季少雨干旱危害轻，同时对成虫出土和交配产卵不利；秋季雨水多，土壤墒情好，有利于老熟幼虫化蛹和羽化。

9. 桃小食心虫

（1）生活习性及危害特点

桃小食心虫（*Carposina niponensis Walsingham*），昆虫纲鳞翅目蛀果蛾科小食心虫属的一种昆虫，又名桃蛀果蛾。危害桃、苹果、梨、花红、山楂和酸枣等。越冬幼虫出土后，在地面的缝隙、石块、土块及草根等处，结长纺锤形夏茧化蛹。越冬代成虫一般在 6 月中旬至 7 月上旬开始羽化，羽化盛期在 7 月上中旬。一个越冬幼虫从出土作茧化蛹，直到羽化出成虫，所需时间最短 14 d，最长 19 d，一般 16 d。成虫羽化后，主要在果实的萼洼处产卵，少数产在梗洼，卵期 6～8 d。幼虫孵化后，在果面爬行寻找适当部位，咬破果皮钻入果内（但不吞食果皮，所以胃毒剂对桃小幼虫无效）。幼虫入果后 3 d 内，从入果孔流出胶质状小水珠，不久水珠风干成白色蜡状物。第一代幼虫最早入果的时间在 6 月下旬，7 月上旬入果数量逐渐增多，7 月中旬进入果盛期。幼虫入果后，一般在果内生活二十余天，多数在 7 月下旬至 8 月上旬老熟脱果。脱果后，入土作茧。初步观察，这一代幼虫当年能够化蛹，并羽化为成虫的仅有 20% 左右，绝大部分直接以成熟幼虫越冬。因此，第一代幼虫是一年中防治的重点。第一代入土的老熟幼虫，能化蛹的一部分，经过十余天蛹期，在 8 月中下旬羽化为第一代成虫产卵。卵期 6～7 d，孵化出第三代幼虫继续入果为害。

（2）发生的气象条件

桃小食心虫的发生与温、湿度关系密切。越冬幼虫出土始期，当旬平均气温达到 16.9 ℃，地温达到 19.7 ℃时，如果有适当的降水，即可连续出土。温度在 21～27 ℃，相对湿度在 75% 以上，对成虫的繁殖有利；高温、干燥对成虫的繁殖不利，长期下雨或暴风雨抑制成虫的活动和产卵。马俊岭等（2018）等证实当桃小食心虫发生高峰日平均气温为 26.8 ℃；当桃小食心虫发生量较低时，平均气温为 20.0～28.0 ℃。桃小食心虫幼虫出土的早晚受温度、湿度和降雨影响极大，当 5 月下旬平均气温达到 18～20 ℃，平均湿度达 50% 以上，降雨量在 10 mm 以上，土壤含水量在 10％以上时,桃小食心虫越冬幼虫即可顺利出土,雨后有大量幼虫出土,成虫高峰期在 7 月上旬;降雨量在 10 mm 以下,土壤含水量在 5％以下时,桃小食心虫越冬幼虫出土受抑制,成虫高峰期推迟在 7 月中旬(于洁 等,2007)。郝文乾等(2014)利用 2009 年 5 月 17 日至 8 月 31 日山西太谷县枣园的气象数据和虫害数据,得到桃小食心虫成虫发生量和气象因子的关系见表 6-14。夜间桃小食心虫活动高峰的平均温度在 5 月下旬为 20.26 ℃,7 月上旬为 27.26 ℃,即在试验枣园桃小食心虫越冬代发生期的温度都在最适范围内,超过 30 ℃ 的高温及干燥环境不利于桃小食心虫成虫交尾。

表 6-14　　山西太谷县桃小食心虫成虫发生量和气象因子统计

项目	5 月 15—31 日	6 月 01—15 日	6 月 16—30 日	7 月 01—15 日	7 月 16—31 日	8 月 01—15 日	8 月 16—31 日
累计诱捕量/头	06	297	447	193	534	256	51
占全年累计诱捕量的比例/%	5.62	15.76	23.73	10.25	28.34	13.59	2.71
温度/℃	20.06	25.12	27.07	27.26	26.33	27.24	21.93
相对湿度/%	31.46	45.03	66.87	39.83	59.98	50.25	32.96

10. 柑橘粉蚧

(1)生活习性及危害特点

柑橘粉蚧(*Planococcus citri*(Risso))在我国各主要柑橘产区均有分布,主要危害柑橘叶片、枝条和果实,造成叶片发黄、枝梢枯萎、树势衰退等,且易诱发煤污病。介壳虫作为部分植物病菌的优良载体,在其吸食植物汁液的同时也会将其虫体携带的病菌传播给植物,进而造成植物感染其他病害(闫承璞 等,2020)。被害果表面有絮状污染物,果蒂被害时,可引起落果。该虫向体外排泄的含糖液体,可招致蚁类上树,表面霉菌大量繁殖,诱发煤烟病,严重影响植株生长和果实品质。初孵幼蚧经一段时间的爬行后,多群集于嫩叶主脉两侧及枝梢的嫩芽、腋芽、果柄、果蒂处,或两果相接,或两叶相交处定居取食,特别是套袋果上危害较严重,但每次蜕皮后常稍作迁移,喜生活在阴湿稠密的脐橙树上。柑橘粉蚧主要以雌成虫在树皮缝隙及树洞内越冬。在华南橘区 1 年发生 3～4 代,世代严重重叠。初孵幼蚧经一段时间的爬行后,多群集于嫩叶主脉两侧及枝梢的嫩芽、腋芽、果柄、果蒂处,或两果相接,或两叶相交处定居取食,但每次蜕皮后常稍作迁移。

(2)发生的气象条件

柑橘粉蚧喜生活在阴湿稠密的橘树上,生长发育的适宜温度为 22～25 ℃。2 月中下旬开始活动产卵,4 月中旬第一代成虫出现,5 月上旬产卵,5 月下旬至 7 月上旬是第二代若蚧发生高峰期,以后各代转移危害果实,继而又危害夏梢和秋梢,其中以 8 月至 11 月危害最为严重。高俊燕等(2012)研究表明:柑橘粉蚧的发生与温度及湿度有密切的关系,湿度过低或过高均影响粉蚧的发生,冬季及初春气温及湿度较低,粉蚧在植株根基部越冬或取食危害,5月份进入雨季,空气温度湿度增加,初孵幼蚧由根部向上迁移,多群集于嫩叶主脉两侧及枝梢的嫩芽、腋芽、果柄、果蒂处,或两果相接处,或两叶相交处定居取食。在德宏柠檬种植区一般6月初对开始对柠檬幼果套袋,此时柑橘粉蚧的第二代若虫发生高峰期,防治不及时,若虫进入套袋果上取食危害,8月初粉蚧在套袋果上大量繁殖,严重时整果受害。

第二节　病虫害发生发展与气象环境的关系

农作物病虫害作为我国农业生产的重要自然灾害之一,是影响农业生产持续稳定发展的一大制约因素,具有种类多、影响大、并时常暴发成灾的特点。当前我国的农作物病虫害有700余种,比较常见的有水稻纹枯病、小麦纹枯病、小麦白粉病、小麦条锈病、马铃薯晚疫病等,农作物病虫害发生的面积约有17亿亩次,防治面积高达23亿亩次(张志华和曾贵权,2017)。而且农作物病虫害的发生和传播并非孤立因素,其往往与大尺度气候背景、气象条件有紧密的联系。

一、病虫害发生发展与大尺度气候背景的关系

1. 厄尔尼诺现象

厄尔尼诺(El Niño)事件是赤道东太平洋,南美沿岸海水温度激烈上升的现象。厄尔尼诺现象的出现会对大气正常的环流产生重要的影响,造成全球性的气候异常,并导致大范围的气象灾害,从而加剧病虫害的发生流行(叶彩玲 等,2005)。赵圣菊1988年首次将厄尔尼诺现象引入农作物病虫害预测研究,发现厄尔尼诺年的次年,长江流域小麦赤霉病出现了较大范围的流行,非厄尔尼诺年的次年均为轻发生年或中度流行年,从而提出厄尔尼诺的出现对长江流域小麦赤霉病的大流行具有前兆性背景指示。受厄尔尼诺现象影响,异常气候条件导致重大病虫害发生时间、区域、种类表现出新的特点。厄尔尼诺年气候变暖,暖冬有利于生物病虫害的过冬,不仅病虫害种类和数量难以减少,而且还使有害生物提前繁殖,形成二代、三代等多代危害,延长了繁殖期和危害时间。厄尔尼诺年及其次年通常也是病虫害发生或流行的年份。张俊香和延军平(2001)研究统计表明:陕西省在20世纪50年代以来的14次厄尔尼诺年中,其中病虫害发生程度在中度以上的年份有1953、1957—1958、1963—1964、1976—1977、1982—1983、1986—1988、1991—1992、1997—1998年。李亚红 等(2016)研究证实:受厄尔尼诺现象的影响,2015年6月底之前的异常干旱导致云南稻飞虱、黏虫等迁飞性害虫发生减轻,受5—7月雨季偏迟、前旱后涝以及8月低温阴雨寡照气候影响,稻瘟病、马铃薯晚疫病和玉米叶斑类病害发生前轻后重,小长蝽、蝗虫等次要害虫种类呈上升为害趋势。张颜春等(2021)认为:受厄尔尼诺现象的影响,异常气候频繁发生,致使露地甜樱桃

病虫害呈现日趋严重的态势。郑森强和梁建茵(1998)研究表明:从 20 世纪 50 年代中期至 90 年代初,厄尔尼诺事件出现 9 次,其中广东省稻飞虱大发生出现在厄尔尼诺事件当年的有 5 次,出现在反厄尔尼诺事件当年的有 2 次,因此,在厄尔尼诺事件期间,广东省出现稻飞虱大发生的概率达 55.5%。其余厄尔尼诺当年多为稻飞虱中等发生年份,而在反厄尔尼诺年份,广东省出现稻飞虱中发生的概率较高(表 6-15)。

表 6-15　厄尔尼诺事件与广东省稻飞虱发生的关系

事件	出现时间 (年.月)	持续时间(月)	强度等级	年份	稻飞虱 发生程度
厄 尔 尼 诺	1957.4	17	强	1957	大发生
	1963.7	7	最弱	1963	中发生
	1965.5	11	中等	1965	中发生
	1968.10	16	中等	1969	中发生
	1972.6	10	强	1972	大发生
	1976.6	10	弱	1976	大发生
	1982.9	13	最强	1983	特大发生
	1986.10	18	强	1987	中发生
	1991.4	17	强	1991	大发生
反 厄 尔 尼 诺	1964.4	9	弱	1964	中发生
	1967.7	12	中等	1968	中发生
	1970.8	17	中等	1971	中发生
	1973.9	17	强	1974	大发生
	1975.5	11	中等	1975	大发生
	1984.10	12	弱	1985	中发生
	1988.6	17	强	1989	中发生

注:1957 年、1972 年广东省部分地区早稻稻飞虱大发生至特大发生。

2. 海温

　　海温是反映海水温度状况的物理量,其主要受到海洋热收支状况的影响,而且海温是引起国内天气变化的重要因素,并且与农作物病虫害发生存在联系。海温变化是影响大气环流的一个非常重要的因子,赤道东太平洋的海温异常可以造成全球的天气气候变化,太平洋海域的海温异常,也可引起中国的天气气候异常,进而影响到农作物病虫害的发生与流行。海温在农作物病虫害的发生流行方面具有明显的前兆性指示(叶彩玲 等,2005)。赤道东太平洋海温在长江流域小麦赤霉病大流行年的上一年为正距平,在轻发生年的上一年为负距平(赵圣菊和姚彩文,1989a,1989b),刘了凡等(1999)研究发现:鲁西南第三代玉米螟的发生程度、发生期、卵峰日与北太平洋某些区域的海温之间有显著的相关性。有研究表明,西太平洋海温会显著影响稻纵卷叶螟(*Cnaphalocrocis medinalis*)迁入峰期的发生量,其迁入持续时间与海温具有较好的相关性,而且这种相关程度随季节而变化(高苹 等,2008)。汪秀清等(2003)分析吉林白城玉米螟发生程度与前一年 3 月 $10°N\sim10°S$,$170°E\sim95°W$ 范围内的海温距平和值呈显著的正相关,与前一年 12 月 $35°\sim40°N$,$140°\sim155°E$ 的海温距平值呈显著的反相关关系,从而建立玉米螟发生程度预报模式。司红君等(2022)以皖江地区核心城市芜湖为例,通过分析各主要病虫害发生发展的气象影响因子,并基于环流和海温指数,使用多元逐步回归方法建立了各水稻病虫害长期预测模型。

3. 大气环流

大气环流是指大范围的大气层内具有一定稳定性的各种气流运行的综合现象。大气环流构成了全球大气运行的基本形式,是全球气候特征和大范围天气形势的主导因子,也是各种尺度天气系统活动的背景。它的变化直接或间接影响气象条件的变化。暖冬气候有利于各种病虫害安全越冬,预计气候变暖后各类病虫害危害将比以前严重,许多害虫的危害作用将加剧 $10\%\sim20\%$,因为温室效应引发的冬季气温升高使得各类冬种作物面积扩大,增加了寄主植物源,有利于病虫害越冬、繁殖,从而使病源、虫源越冬基数增多,虫口基数呈指数上升(王飞 等,2003)。吴春艳等(2003)研究发现:小麦赤霉病的发病程度与 500 hPa 大气环流因子和海温因子有着很好的相关性,并建立了时效长达一年的长期预报模型。钱拴等(2005)以关键环流特征因子距平为预测因子,建立了两个全国小麦白粉病发病面积距平预测模式。西太平洋副热带高压是影响我国气象条件最重要的半永久性的环流系统。褐飞虱在我国的夏季北迁与西太平洋副热带高压的强度和位置及其相关的风、雨格局有关,陈辉(2019)研究表明:每年 4 月份,西南气流将中南半岛的白背飞虱带到我国华南地区。随着副高的缓慢北移,西南气流逐渐加强并北移,冷暖气流在华南相遇,华南进入了华南前汛期。该时段白背飞虱主要分布在华南区域,东部沿海省市白背飞虱数量显著增多。直到 6 月中下旬,副高第一次北跳之后,雨带移至长江中下游,西南风再次加强并北移,白背飞虱也迁入了长江中下游流域。7 月中下旬,副高第二次北跳之后,白背飞虱迁入江淮流域一带。

4. 南方涛动

南方涛动主要指南太平洋的副热带高压与低纬印度洋和西太平洋的赤道低压之间呈反相关的一种大尺度气压升降振荡现象。当南方涛动指数(Southern Oscillation Index,SOI)出现持续性负值时,印度洋赤道低压系统的气压值比常年偏高,南太平洋副热带高压系统的气压值比常年偏低,东西太平洋气压差减小,此时赤道东太平洋海面水温伴随出现异常增暖现象,表明该年有厄尔尼诺现象。这种气压场涛动的直接结果是全球行星风带的北移,赤道辐合带的位置比常年偏北,进入我国大陆的东南季风和西南季风加强,最终导致褐飞虱北迁的输送气流也增强。相反地,如果南方涛动指数出现持续性正值时,印度洋赤道低压系统的气压值比常年偏低,南太平洋副热带高压系统的气压值比常年偏高,东西太平洋气压差增大,此时赤道东太平洋海面水温伴随出现异常偏冷现象,则表明该年有拉尼娜现象。Scherm 等(1998)分析了大气遥相关型与中国北方地区 40 a 来小麦条锈病发生流行的关系,结果表明:中国北方地区小麦条锈病的发生同南方涛动指数有显著相关关系,并对其机理进行了分析。Maelzer 和 Zalucki(2000)研究发现:澳大利亚农业害虫春季第一代的发生数量与某些月份的南方涛动指数有显著的相关性,建立了多元回归方程该回归方程可提前 6~15 个月对害虫发生做出预报,提出了南方涛动指数可在世界其他地方用作对昆虫数量的预测。蒋蓉(2013)认为:SOI 持续为负值的厄尔尼诺事件,会引发江苏省褐飞虱迁入的偏重以上发生,且褐飞虱迁入的偏重以上发生(以褐飞虱迁入江苏的首次迁入峰高峰日为准)与 SOI 变化反映出来的厄尔尼诺事件开始期之间有 1~14 个月的滞后时间。朱敏等(1997)研究了 1973—1987 年各季南方涛动指数相加所得到的指数与这 15 年我国褐飞虱大发生情况的关系(表 6-16),并认为南方涛动强烈异常的当年为我国褐飞虱大发生年。

表 6-16　南方涛动指数(SOI)区间与 1973—1987 年我国褐飞虱发生的关系

SOI 值	发生次数		
	大发生	中发生	轻发生
｜ΣSOI｜>4.0	6	0	0
1.9≤｜ΣSOI｜≤4.0	1	0	0
1.0≤｜ΣSOI｜<1.9	0	2	1
0≤｜ΣSOI｜<1.0	1	2	2

二、病虫害发生发展与气象要素的关系

温度、降水、湿度、风和光照等气象条件既与各类农业病害的发生流行,以及害虫的生长发育、繁殖和活动有着密切的关系,同时也是病虫害发生的自然控制区域。特别是其综合影响对于病虫害发生发展有重要作用。这些气象要素还通过对寄主作物和天敌生长发育与繁殖的影响,间接地影响病虫害的发生与危害。

1. 降水或者空气湿度

水分与许多昆虫的生长发育、繁殖、寿命密切相关。好湿性害虫要求湿度偏高(相对湿度>70%),好干性害虫要求湿度偏低。降水和雨量是影响害虫数量变动的主要因素。降水量和大气的相对湿度,影响害虫的成活率和繁殖力,影响程度因害虫种类不同而异,同一害虫因年份之间雨量和湿度的变化而使发生程度也有很大差异。大雨对弱小的害虫造成机械损伤,从而降低田间虫口密度。湿度低时可直接影响卵

的孵化、低龄幼虫的成活和成虫的产卵量。梅雨期长且梅雨量多的年份有利于江淮地区稻飞虱、稻纵卷叶螟的迁入危害,稻纵卷叶螟迁入早的年份可比常年多繁殖1代。西太平洋副热带高压偏强年份有利于害虫迁入始见期提早、数量增加、范围扩大、危害加重。台风暴雨可使部分病害突发流行、田间虫口密度显著降低,台风多雨有利于害虫的迁入危害(霍治国 等,2012)。

　　适量的降水、湿度有利于病菌的繁殖和扩散,绝大多数真菌孢子在植株叶面液态水中的产生量和萌发率显著提高(张志华和曾贵权,2017)。不同的病虫害对湿度的要求不同,分喜湿型和喜干型。一般喜湿的病虫害相对湿度要求70%以上,喜干的病虫害相对湿度要求50%以下,当湿度因素适合其生长要求时就会迅速繁殖,造成灾害。雨日、湿度和温度可左右病菌孢子产生的快慢和早晚,直接影响着病害发生的迟早和严重程度。连阴雨、雨日多、高湿寡照的气象条件能诱发病征(病原物在寄主受害部位表现出来的特征)的产生,使病害流行速率加快,病情加重。相对湿度<70%,病菌的生育和繁殖往往受抑制。丁俊杰(2013)在三江平原大豆主产区设立气象观测站,监测2005—2010年6年中7月、8月(大豆灰斑病易感期)日降水量,同时在气象站周围种植易感大豆灰斑病品种合丰45号,定点定株逐日调查和记录大豆灰斑病病情指数。7—8月旬降水量与8月末大豆灰斑病病情指数结果见表6-17,分析表明:大豆灰斑病发生和流行与7月上旬、8月下旬、7月下旬降水量呈显著正相关。

表6-17　2005—2010年7—8月旬降水量与8月末大豆灰斑病病情指数分析

		2005年	2006年	2007年	2008年	2009年	2010年
7月	降水量(mm)	98.0	117.1	1.5	3.2	97.6	108.2
上旬	降水日数(d)	5	4	2	4	7	7
7月	降水量(mm)	155	43.7	12.4	50	75.9	21.8
中旬	降水日数(d)	6	5		5		3
7月	降水量(mm)	58.6	14.1	6.5	10.4	75.4	35.6
下旬	降水日数(d)	8	8		1	6	6
8月	降水量(mm)	46.8	29.8	64.5	6.8	7	45.7
上旬	降水日数(d)	5	5	4	1	2	6
8月	降水量(mm)	6.1	0.9	25.6	11.7	64.4	86.6
中旬	降水日数(d)	1	1	3	3	7	4
8月	降水量(mm)	28.5	34.7	5.1	5.2	104.7	90.1
下旬	降水日数(d)	6	3	7	2	7	6
8月末最终病情指数		55	30	5	3	45	69

2. 温度

温度条件是影响病虫害流行的重要因素。温度主要影响虫卵的孵化、害虫的代谢繁殖以及害虫的活动性等。大多数害虫属于卵生生物,只有温度合适的情况下虫卵才能孵化,温度过高或过低虫卵都不能正常孵化,就不能成为幼虫或成虫危害农作物。害虫生长的温度范围大致为 6~36 ℃,在这个范围内一般温度越高,害虫新陈代谢越旺盛,繁殖能力越强,造成的危害也随之加重(王佳真,2018);温度降低,害虫则新陈代谢减慢,繁殖周期变长,当温度超出这个范围,害虫一般停止活动甚至死亡。害虫的活动性同样受温度的影响,过高或过低都会抑制害虫的活动,害虫的活动力与农作物受害程度成正比。不同的病虫害都有各自发生的温度区间和最适发生温度,如玉米螟虫卵的孵化温度区间为 18~32 ℃,其中 26 ℃时孵化率最高,害虫的活动要求一定的适宜温度范围,一般在 8~40 ℃。其中 22~30 ℃为最适温区、−10~8 ℃为停育低温区、<−10 ℃为致死低温区、40~45 ℃为停育高温区、>45 ℃为致死高温区。温度对发育速度的影响最为明显,在适宜范围内,害虫的发育速度随温度升高呈直线性增长,害虫的活动旺盛、寿命长、世代多。陈常理(2011)研究不同温度下 B 型烟粉虱发育历期的影响(表 6-18),表明生命周期在 28 ℃下最短,为 21.37 d,22 ℃下最长,为 26.32 d。

表 6-18　　温度对 B 型烟粉虱发育历期的影响

温度(℃)		22	25	28	31	34
卵		7.80±0.22a	6.79±0.14b	5.56±0.13c	4.98±0.24d	4.95±0.07d
若虫期	1龄	2.64±0.28bc	3.20±0.44a	2.83±0.31abc	3.11±0.17ab	2.46±0.23c
	2龄	3.36±0.25b	2.27±0.22b	2.29±0.37b	3.00±0.03a	2.70b±0.46a
	3龄	2.07±0.433b	2.04±0.35b	2.75±0.36a	3.23±0.69a	2.85±0.48a
	4龄	7.12±0.64ab	5.21±0.43c	4.99±0.85c	6.40±1.28bc	8.29±2.32a
伪蛹		4.33±1.37a	2.91±0.57b	2.96±0.67b	2.65±0.49b	2.18±0.43b
卵成虫		26.32±1.98a	22.43±0.80b	21.37±1.91b	23.14±1.53b	23.42±1.92b

注:表中的数值为平均值±标准差。同一行中小写英文字母相同,表示在 0.05 水平上差异不显著。

大多数病原菌要求的适宜温度为 25~30 ℃,高于或低于最适温度的时间越长,病菌孢子的萌芽时间也就越长。少数病原菌要求的温度较低。温暖加上潮湿的天气,适宜于病害的产生和侵染;高温多雨,利于病菌的繁殖和传播。小麦秆锈病原菌的夏孢子最佳萌发侵入温度是 18~22 ℃,脱离这个温度区间其萌发侵入能力急剧下降。邹玲等(2007)当春季旬平均气温达 15 ℃以上,即为桂林柑橘春梢期溃疡病的始发期;春、夏、秋梢期间,平均温度达 20~30 ℃,则溃疡病可能严重发生,旬平均气温为 28~30 ℃,发病率最高。

3. 光照

光对害虫的影响主要表现为光波、光强、光周期三个方面。光波与害虫的趋光性关系密切,昆虫一般看不见红色光波部分,但都能看见紫外线部分,因此可以采用黑光灯诱杀农业害虫。光强主要影响害虫的取食、栖息、产卵等昼夜行为,且与害虫体色及趋集程度有一定的关系。光周期是引起害虫滞育和休眠的重要因子。自然界的短光照会刺激害虫休眠。光照的时间和强度可以影响病原物及害虫的存活和繁殖。当光照充足且时间长时,蚜虫胎生无翅蚜,当光照不足且时间短时,蚜虫则生有翅蚜,能够迁飞。光强影响害虫发育历期,及幼虫成活率,霍祥鑫(2021)研究表明:在光周期15L:9D、不同光照强度对梨小食心虫各发育阶段有影响(表6-19),光照强度1000 lux时卵孵化率为87%、光照强度2000 lux时卵孵化率为91%、光照强度10000 lux时卵孵化率为93%,可以看出梨小食心虫卵在高光照强度下孵化率很高。梨小食心虫的预蛹期在不同光照强度的影响下有明显的差异性,在2000 lux光照强度的影响下梨小食心虫的预蛹期最短。

表 6-19　不同光照强度梨小食心虫发育历期

处理	孵化率(%)	卵期(d)	幼虫期(d)	幼虫存活率(%)	预蛹期(d)
1000 lux	0.87 ± 0.013a	4.67 ± 0.333a	13.46 ± 0.680a	0.18 ± 0.046a	2.93 ± 0.123a
2000 lux	0.91 ± 0.005a	4.00 ± 0.577a	14.79 ± 1.135a	0.11 ± 0.040a	1.83 ± 0.178b
10000 lux	1.83 ± 0.178b	3.33 ± 0.333a	13.38 ± 1.343a	0.19 ± 0.076a	2.46 ± 0.235ab

注:表中的数值为平均值±标准差。同一列中小写英文字母不相同,表示在0.05水平上差异显著。

植物病菌的孢子囊在600 W/m²的光强下暴露3 h以上,其存活量急剧下降,光照强度弱或者阴天的情况下孢子囊存活时间比晴天长。紫外线能够促进小麦白粉病菌产生闭囊壳,从而减轻对小麦的侵害。王朝梁和崔秀明(2000)研究光照与三七(Panax notoginseng)病害的关系表明,三七黑斑病随光照强度的增加而加重(表6-20),说明光照过强是诱发三七黑斑病发生的重要条件,温度高、湿度大、光照强极易造成黑斑病的蔓延流行。刘宝生等(2010)研究环境光照对病害发生轻重有显著影响,表明向阳面树体发病程度(平均病情指数41.66%)明显重于背阴面的树体(平均病情指数13.77%),证实光照越强法桐叶烧病发病率越高、病情越重。

表 6-20　不同光照条件下黑斑病的发生情况

透光率(%)	出苗率(%)	存苗率(%)	发病率(%)
5	84.7	90.5	9.2
10	82.5	92.6	10.3
15	85.6	95.5	10.8
20	82.3	90.2	17.4
30	76.2	50.8	47.7

4. 风

风速和风向都可影响病原物的传播。一般当风速较小时有助于害虫起飞,当风速较大时会抑制害虫的起飞。风速还会影响害虫迁飞的方向,如风速小于 2 m/s,黏虫逆风向迁移,但风速为 3~4 m/s,94.8%的黏虫顺风向迁移。风与害虫取食、迁飞等活动的关系十分密切。稻飞虱一般在 4—6 月春季由中南半岛等地随盛行气流迁飞进人我国境内,迁飞方向随当时的高空风向而定,降落地区基本上与我国的雨区从南向北推移相吻合,影响害虫的取食、迁飞等活动。一般弱风能刺激起飞,迁飞速度方向基本与风速、风向一致。但风太大又可以阻碍一些害虫的迁飞和传播。风力大时也影响害虫的田间分布,是病原孢子传播三大自然动力(还有水力和昆虫)中最主要的一种动力。风力输送病菌的远近取决于孢子的数量、体积、比重、形状和风的速度等。

病原物既小又轻,极易跟随气流传播。例如,小麦条锈病菌的夏孢子,随气流传播到高寒地区越夏,到了秋季再随气流回到冬麦区,侵染冬麦秋苗进行越冬,到第二年春季发病。大风强风还可能造成植物出现伤口,为病菌侵染创造条件。另外,病菌袍子很轻,只要遇到最轻微的气流就会从袍子堆中向外扩散;同时强风还能制造伤口,为病菌侵染创造条件,风雨交加有利于病菌传播与侵染。大风常伴随大雨,植株叶片相互摩擦冲击容易破伤感染病菌,另外,病菌随风雨一起飞散或随水流动而传染。

第三节　　病虫害发生发展等级预报原理与方法

一、概念与目的意义

病虫害气象等级预报是根据影响病虫害发生流行程度与不同时段气象条件(日照时数、温度、风速、湿度、降水量)的相关关系,确定危害作物的关键生育期、关键促病因子,通过数学方法构建指数模型,依据未来天气条件预报病虫害发生流行的气象等级;同时结合前期发生实际情况对病虫害未来发生趋势进行预估。

农作物病虫害作为我国农业生产的重要自然灾害之一,是影响农业生产持续稳定发展的一大制约因素,具有种类多、影响大、并时常暴发成灾的特点。农作物病虫害在我国的自然灾害中比较突出,表现出种类比较多且影响比较大的特点,目前我国的主要农作物病虫害种类就已经超过 1400 种,其中重大流行性、迁移性病虫害有 20多种。通常在满足供病虫自身使用的寄主植物、病虫处于可以危害农作物的发育阶段、环境适宜病虫发展蔓延等条件之后,就会造成农业病虫害的发生、发展以及流行。在上述条件中,气象条件最为关键,而且通常在发生气象灾害的同时,会造成重大病虫害的发生、发展和流行,每年农作物主要病虫害发生面积都在 3 亿 hm² 以上。因此,在目前全球气候变换以及生态环境恶化的同时,也加剧了病虫害的流行趋势,使得我国的病虫出现范围在向高纬度地区延伸。2008 年初我国南方地区暴发了特大雪灾,灾后的粮食减产与暴雪引起的病虫灾害的严重发生有直接关系。

二、预报的基本原理

各种农作物病虫害的发生发展必须同时具备以下三个条件:

①有可供病虫滋生和取食的寄主作物,而且作物正处在可受病虫危害的生育时期;

②病虫本身处在对作物有危害能力的发育阶段;

③有使病虫进一步发展蔓延和为害的适宜环境条件。

因此,在编制作物病虫危害预报时必须考虑两方面因素:一是病虫本身的生物学特性。如昆虫的发育生物学特性,包括生长、变态、休眠和滞育等特性,昆虫的繁殖生物学特性,行为生物学特性,迁飞和扩散特性,以及群体结构、分布和生长型等;病害病原生物的侵染、潜育、孢子生成、传播、越冬等特性。二是影响病虫发生、发展和为害的外界环境条件。这些环境因素一般可分为两类,即生物学因素和非生物学因素。前者如寄主作物的有无及其数量,是否处在病虫可以侵害的发育时期;天敌的有无及其数量,也包括病虫因子,如虫源基数、菌源量、发育进度等。非生物学因素包括气象因子、土壤因子等,其中气象因子是最主要的环境因素,无论哪一种作物病虫害,其发生、发展及其危害程度都与气象条件有密切关系。因为气象条件一方面直接影响病虫的生长发育、发生、传播和危害,另一方面也作用于病虫赖以生存的寄主作物和天敌等其他生物,而这种作用的结果又反过来对病虫产生影响。此外,病虫害的防治工作能否顺利进行和取得良好的效果,也在很大程度上取决于气象条件。

因此,气象条件常常是决定病虫害是否发生发展和危害的关键因子。不同的病虫害发生发展要求的气象条件不同,同一种病虫害不同的气象条件对其影响也是不同的。弄清楚病虫害发生发展与气象条件的关系和规律是做好病虫害气象等级预报的基础。

农业病虫害发生发展气象等级预报为气象部门近些年开展起来的病虫害发生潜势的预报服务,目前技术相对成熟、业务上能够实现农业病虫害发生发展气象等级实时预报的,包括北方草原蝗虫、东北地区玉米螟、江南稻飞虱 3 种虫害和江淮江汉小麦赤霉病、西南地区稻瘟病及黄河中下游小麦条锈病发生发展的气象等级预报。对于某个区域或较大范围的病虫害发生期(流行期)、发生量(发生程度)和流行程度进行长、中短期预测服务的内容主要有农林植保部门承担。

农业病虫害发生发展气象等级预报的方法主要是依据农业病虫害发生发展所需的光、温、水、湿等环境气象条件,即病虫生理气象指标,研究害虫各生长发育阶段和病害发展流行的主要气象影响因子或影响条件,结合病虫历史实际发生情况,利用现代数理统计方法,分析、诊断和预测病虫害发生发展环境气象条件的适宜程度。农业病虫害发生发展气象等级的确定,参照中国气象局《气象灾害预警信号发布与传播办

法》的有关规定,即根据气象灾害可能造成的危害程度、紧急程度和发展态势分为3
个等级:1级,气象条件适宜病虫害的发生发展;2级,气象条件基本适宜病虫害的发
生发展;3级,气象条件不适宜病虫害的发生发展。

　　在农业病虫害发生发展气象等级预报中,由于引起病害的绝大多数细菌和真菌
都是环境适宜条件下短时间内以无性繁殖方式迅速增殖侵害生物有机体的,所以其
气象预报重点关注对产量影响较大的、关键时段的促病气象条件;而害虫一般有较大
的虫源基数(上一世代繁殖产生的越冬或不越冬基数),迁入害虫则还需要考虑迁入
虫源,并且发生发展历程较病害时间长,因此虫害气象预报主要关注关键生长发育阶
段及迁入等主要生理活动的适宜不适宜气象条件。对此,目前农业病害和虫害发生
发展气象等级预报采用两种不同的技术路线和方法。

三、病虫害发生发展等级预报的分类与方法

1. 研究进展

　　自20世纪70年代开始,国外学者关于气象条件对病虫害发生发展的影响就有
了较系统的研究,并通过研究影响病虫害发生流行的气象因子来建立病虫害预报的
气象模式,其中以英国、美国、澳大利亚等国的研究成果相对较多。我国学者在20世
纪80年代以前,主要是以寻找、观察农作物病虫害发生发展的周边气象条件为主,并
以指标法、物候、统计等方法进行了短期预报。到80年代以后,主要在农作物病虫害
发生发展与气象条件的关系、发生的气象环境成因、气候分区、气象预测预报等研究
方面取得了重要进展,促进了农作物病虫害预测预报技术水平的提高。建立了短期、
中期、长期的预测预报模型,预报内容涉及病虫害发生期预测、发生速率及发生程度
预报、发生量预报以及农作物病虫害气候分区研究等,预测范围包括县、市、省或某个
发生区,预测对象不仅包括多种粮食作物、经济作物,而且还对油料、果树、蔬菜、热带
作物等的主要病虫害进行气象预测服务。从技术方法上看,在以经验为基础的综合
分析法上,摸索出许多统计预报方法,使病虫害的气象预测预报进入到以多种统计分
析方法并举的阶段,并向着数学模式化方向发展。研究内容比较广泛,但大体上可以
划分为农作物病虫害的大尺度气候背景的预测研究、中小尺度气象要素关系研究和
预报方法研究(王博妮和景元书,2009)。

2. 病虫害等级预报预报分类

　　长期预报:一般通过病虫害与大气环流、副热带高压、厄尔尼诺、海温、冬季温度、
南方涛动等大尺度因子的相关分析及耦合机制研究,进行其流行前期的气候背景分
析。根据前兆的气候背景指标,构建包容气象指标的作物病虫害趋势的气象预报模
式来进行长期的趋势预报。

　　中期预报:多用数理统计模式,预测作物病虫害发生流行面积和发生流行程度,

如最大墒谱、灰色拓扑、海温、环流指数等预测模式,还有指示植物法、有效积温法、形态指标法、相关分析法等。

短期预报:通过作物病虫害与气象条件的相关研究,分析整理温度、降水、湿度、日照、风等气象要素资料,筛选影响作物病虫害流行的关键期与关键气候因子,找出当时、当地影响病虫害发生发展流行的主要因子,再找出与其他因子共同影响的定量关系,确定指标,建立数学模式(模型),据此进行短期预报,其中一些方法与中期预报方法相同,但预报因子的时效更贴近更确切。

3. 预报方法

(1)数理统计法

基于数理统计的预测方法被最早的用来建立预报模型,它包括直线回归分析、曲线回归分析、多项式分析和多元线性回归分析等。其具有组建模型比较简单,使用方便等优点,但是需要较长的时间序列,预报精度也不是很稳定,且模型的内在机理往往不太清楚。

(2)模糊数学

病虫害的发生发展受多种因素的影响,是较复杂的自然现象,使用精确数学方法计算难以描述客观的自然现象,基于模糊数学理论的预测方法,则能较好地解决这一复杂问题。曹柏秀等(1985)最早采用基于模糊数学原理的模糊列联表法分析了小麦赤霉病的发病趋势。丁世飞等(1998)应用模糊优选技术建立了棉花苗期棉蚜发生程度的模糊优选预报模型。王信群(2005)利用模糊数学原理对玉米二化螟发生程度进行了预测,通过实例说明了该种预测方法的应用价值。模糊数学通过构建隶属函数等方法对定性、分级性的预测较为有效,而对精确的定量预测则较为薄弱。

(3)灰色系统方法

灰色系统理论由著名学者邓聚龙教授于 20 世纪 80 年代初创立,是用来解决信息不完备的数学方法。该方法可将无规律的原始数据经累加生成后,变成规律的生成数列再建模。在病虫害的气象预报工作中经常会遇到数据资料序列较短、数据缺失等现象,此时就可以采用基于灰色系统的预测方法来取得较高的准确率。陈怀亮等(1995)经灰色关联分析筛选建模因子,用 $GM(0, m+1)$ 模型预测获嘉县小麦穗蚜的发生程度及发生高峰期。南都国等(1997)从大豆不同生育期的气象要素中优选出了四个气象因子,并与大豆灰斑病病情历史数据建立了灰色聚类预测预报模型。孙立德等(2005)应用灰色关联优势分析方法定量分析了影响二代棉铃虫发生程度的主要气象因子,取得了很高的精确度。灰色系统预测模型同样也存在内在机理不清楚等缺陷,这就制约了预报模型的外延性。

(4)人工神经网络方法

随着计算机及信息技术的迅速发展,基于人工神经网络的预报方法也被越来越多地应用于病虫害的气象预报研究。人工神经网络是近年来国内外迅速发展起来的一门边缘学科。它具有跟踪性能好、适用面广、容错能力强等优点。但它在农作物病虫害预报中的应用还相对较少,时间也相对较短。近几年在这方面的研究发展迅速,许多学者运用人工神经网络对多种农作物病虫害进行了预报,同时也对同种作物病虫害建立了多种预报模型,并取得了相当不错的效。deWolf 等(2000)率先将小麦德氏霉叶斑病的发病情况与小麦生长阶段的温度、相对湿度、风速等气象因素联系起来,通过构建人工神经网络对小麦德氏霉叶斑病感染时期进行了预报。孙凡(2002)提出了运用人工神经网络进行长江中下游梨黑星病预测的新思路。

(5)"3S"技术方法

"3S"[①]技术目前主要应用于森林和牧场等大范围病虫害预警,在农作物统可提供精确的空间信息,GIS 系统为各种信息的存储、处理、分析和应用提供技术支持。韩国 Song 等(1993)应用地理信息系统,结合全国 152 个虫情监测站的褐飞虱资料和气温资料建立了预测 9 月份褐飞虱种群数量的模型。孙淑清等(2004)提出了利用 GIS 的数据库和遥感所监测到的数据对病虫害进行预报的新方法,通过 GIS 的扩散模拟功能,建立病虫害的扩散模型,从而对病虫害的发展趋势进行预测预报,并提出了建立扩散模型的方法。通过引入大量地理和遥感信息,可以提高病虫害预报的精度,同时也是一种有效的病虫害信息发布手段。

4. 预报步骤

(1)预报因子的选择

通过对影响病虫害关键生长发育期、发生程度的气象因子进行分析,考虑到气象资料的实时性及气象因子的有效预报时段,并考虑到业务的可操作性及准确性,得到影响每种病虫害发生发展的主要预报因子(表 6-21)。各预报因子对病虫害发生等级的影响程度不一致,因子间存在相互作用,只有在各预报因子均相互独立时,方能反映其对病虫害发生等级的影响程度。因此对不同的病虫害,需要对各自的预报因子进行不同的归一化处理。

表 6-21　　7 类病虫害发生发展的预报因子(李轩 等,2012)

病虫害种类	预报因子
北方草原蝗虫	上年 7 月中下旬平均气温、上年 11 月至当年 4 月降水量、4 月地温和降水量
东北地区玉米螟	冬季和 5 月平均气温、5—6 月降水量、7 月上旬降水量和平均气温
江南地区水稻稻飞虱	江南地区水稻稻飞虱

---

① "3S"是指遥感 RS(Remote Sensing)、全球定位系统 GPS (Global Position System)和地理信息系统 GIS(Geographic Information System)的简称。

续表

病虫害种类	预报因子
黄淮棉铃虫	上年日平均温度、日最高温度、日最低温度、日降水量、日露点温度
黄淮条锈病	3月上旬气温、3月下旬降水、4月上旬降水、4月中旬降水、4月下旬日照时数、3月下旬至4月中旬相对湿度、4月下旬相对湿度、上年11月下旬相对湿度
江淮江汉小麦赤霉病	平均气温、日露点温度(达标日的判断条件:日平均气温≥15 ℃,相对湿度≥85%)
西南地区稻瘟病	日平均气温、日降水量、日露点温度(适宜致病日的判断条件:;相对湿度≥80%,日降水≥0.1 mm,日平均气温:20~30 ℃)

（2）划分气象等级指标

以江苏省冬小麦赤霉病为例，影响病害流行的关键促病因子为温度（不低于15 ℃）和相对湿度（不低于85%），其判别标准包括：①日平均气温不低于15 ℃，相对湿度不低于60%，日照时数不超过5 h；②日平均气温不低于15 ℃，相对湿度不低于85%。满足上述其中一个判别标准作为适宜赤霉病的达标日（连续两天开始统计，中间可有一天中断），以满足关键促病因子的达标日数作为流行程度评价标准。再根据赤霉病发生发展气象指数分级标准，预报赤霉病发生发展气象等级。小麦赤霉病是高温、高湿天气条件下发生的病害，按照达标日统计标准，将符合条件的天气称为一个达标日。统计江苏省资料表明，小麦生长季内累计达标日总和与赤霉病发生的相关性通过0.001的显著性检验，相关系数为0.52。根据江苏省1965—2004年冬小麦赤霉病发生情况资料分析，以病穗率大小确定赤霉病发生程度等级标准（表6-22）。

表 6-22　赤霉病发生程度等级确定表

发生程度	病穗率(%)
大发生	≥40
中等发生	15~39.9
轻度发生	<15

（3）构建促病指数（Z）计算模型

在赤霉病感病期间，促病气象条件对赤霉病的影响程度与其出现的时间及持续的天数密切相关。抽穗开花盛期的一个致病日对赤霉病的诱发作用明显高于抽穗开花初期和末期一个致病日的作用；同时，促病气象条件对赤霉病的诱发作用还与其持续的天数密切相关，高温、高湿持续的时间越长，对赤霉病的诱发作用越大。因此，考虑了致病日出现时间和致病日持续天数对赤霉病发生发展程度的影响，计算赤霉病感病期的赤霉病促病指数 Z 为：

$$Z = \sum_{i=1}^{N} P_i A_i D_i \qquad (6\text{-}1)$$

式中：P_i 为赤霉病感病期间致病日出现时间对促病指数影响的修正系数；A_i 为致病日持续天数对促病指数的修正系数，其值通过寻优的方法确定；D_i 代表计算当日是否为赤霉病达标日，若是取 $D_i=1$，否则 $D_i=0$。

赤霉病感病期间致病日出现时间对促病指数影响的权重系数计算为：

$$P_i = (1/\sqrt{2\pi}\sigma)\, e^{-(i-\mu)^2/(2\sigma^2)} / \sum_{i=1}^{N} (1/\sqrt{2\pi}\sigma)\, e^{-(i-\mu)^2/(2\sigma^2)} \qquad (6\text{-}2)$$

式中：i 为赤霉病感病期间内的日期序号，N 为赤霉病感病期的总天数，μ 和 σ 分别为 i 的均值和方差。江苏省淮河以南地区的冬小麦一般在 4 月下旬和 5 月上旬抽穗扬花，因此 i 的取值为 4 月 21 日等于 1,4 月 22 日等于 2，依此类推，直到 5 月 10 日等于 20。

根据最优化技术二维寻优的变量轮换的原理确定 σ 和 A_i：先固定 σ 取值，逐步调整 A_i，使得赤霉病流行程度的理论值与实况值逼近；再固定 A_i 值，逐步调整 σ，如此反复迭代，直至 σ 和 A_i 相对稳定且赤霉病流行程度的理论值与实况值误差值满足一定精度为止。根据反复迭代结果，最终确定 $\sigma=7$，则 P_i 见表 6-23。

表 6-23　感病期间每日促病气象因素对赤霉病诱发的修正系数（P_i）

日期	30/4	29/4	28/4	27/4	26/4	25/4	24/4	23/4	22/4	21/4
（日/月）	1/5	2/5	3/5	4/5	5/5	6/5	7/5	8/5	9/5	10/5
P_i	0.0671	0.0675	0.0631	0.0594	0.0547	0.0494	0.0437	0.0379	0.0322	0.0268

致病日持续天数对赤霉病诱发的权重系数 A_i 由数值试验确定，根据持续天数取值范围为 1～3。

（4）赤霉病发生发展气象指数分级标准

根据赤霉病发生发展气象指数分级标准（表 6-24），可以对小麦赤霉病发生发展气象等级进行预报。

表 6-24　小麦赤霉病发生发展气象指数分级标准（王建林，2010）

赤霉病发生发展气象条件	促病指数 Z 值	等级
适宜	≥1.25	1
基本适宜	0.45～1.24	2
不适宜	0～0.44	3

（5）历史回代检验

选择南京、扬州、东台、南通、苏州、无锡 6 个代表站点，利用 1965—2006 年气象资料,计算各站点的促病指数,判别赤霉病气象条件适宜程度等级。从计算结果来看,42 年中赤霉病气象条件属于不适宜等级的年份,东台某地区有 5 年,该地相应年份的赤霉病发病率分别是 0.7%,1.6%,6.8%,0.3%和 0.5%,也即赤霉病几乎没有发生;其他 5 个地区不适宜等级只有 1~2 年,相应年份的赤霉病发病率均低于 9%。赤霉病气象条件适宜程度等级在基本适宜程度以上的年份,各地区相应年份赤霉病的发病率均超过 90%,也即赤霉病每年或多或少皆有发生,这与实况完全吻合。

思考题

1. 什么是农作物病害和虫害的气象等级预报?
2. 影响农作物病害发生的气象条件有哪些?
3. 农作物病虫害预报原理是什么?
4. 农业病害虫害气象等级预报有哪些方法?

第七章　农业气象灾害预报

本章介绍农业干旱预报的意义、预报业务中常用的农业干旱指标和农业干旱预报方法，小麦干热风的类型，预报原理、指标及方法；农作物低温冷害致灾机理、指标，霜冻预报评估方法。

第一节　农业干旱预报

农业生产是按人们的经济目的而进行的综合性生物生产。现阶段的农业生产主要还是在露天自然环境条件下进行的，因此，受气象条件的影响很大，如果遇有气象条件异常，超出了农业生物能够适应的范围和农业技术措施的调节能力，这些气象条件就会严重危害农业生物的生长发育和产量形成，导致减产、产品质量下降，使人们的经济收益受到严重损失。这种由于气象条件异常给农业生产带来的严重危害和人们经济上造成的严重损失即是农业气象灾害。如干旱灾害、作物低温冷害、霜冻害，冬作物、果树和经济林木的越冬冻害，小麦干热风危害等。它们是对我国农业生产危害较重的几种农业气象灾害，是很主要的一类自然灾害，也是造成我国农业产量不稳定的重要因素之一。因此，抗御农业气象灾害是我国农业生产上一项艰巨而长期的任务。而搞好防御灾害的农业气象服务工作是广大农业气象科技工作者义不容辞的职责。

农业气象灾害预报是关于某种农业气象灾害能否发生，发生的时间及其危害程度的农业气象预报。目前，我国国内各级农业气象业务单位经常开展的农业气象灾害预报有作物低温冷害预报，霜冻预报，越冬作物、果树和经济林木越冬期间冻害预报，干旱灾害预报，小麦干热风危害预报，春季倒春寒危害预报，病虫害流行等级及其危害程度预报，牧区的黑、白灾预报，林区的森林火灾危险度预报等。

农业气象灾害预报是一种专业性的气象灾害预报。它与气象台站发布的一般灾害性天气预报不同，后者是按国家统一规定的标准，预报那些指定的灾害性天气条件，这种预报不针对哪个部门和行业的具体需要，可供许多部门和行业参考使用，具有通用性。而前者不仅包括那些对农业生物和农业生产活动有严重危害的气象条件预报的内容（那些与农业生产没有多大关系的气象条件是不予预报的），而且还要结合农业生物的生长发育状况和具体的农业气象灾害指标,来评价和鉴定未来的灾害性气象条件,明确回答哪种农业生物能否受到危害、受害的时间及其程度,采取什么防御措施可以避免或减轻危害等问题。很显然,农业气象灾害预报是针对农业生产防灾减灾的需要而编发的,便于在抗灾工作中使用。当然,两者之间也有一定的联系,在农业气象灾害预报中包含了灾害性气象条件预报的内容,它实质上属于灾害性天气预报的范围,所使用的预报工具和方法与灾害性天气预报是基本相同的。

农业气象灾害预报是各级台站开展农业气象服务的重要内容之一。准确及时地编制发布农业气象灾害长期预报,可供国家或地区的计划部门在制定年度经济发展计划、采取必要的经济调节措施时参考,也可为农业生产单位和农户在制定种植计划时选择作物及其品种、进行茬口安排和确定品种搭配比例,采取长期的防灾减灾措施等战略决策提供科学依据。准确及时的中短期预报,对于做好抗灾和防灾准备,采取应急性战术措施,减少灾害造成的损失也有重要意义。

国际上通常将干旱划分为气象干旱、农业干旱、水文干旱和社会经济干旱四种干旱类型,各个类型干旱的本质内涵均是由于降水不足而导致的水分亏缺现象,且不同类型干旱之间存在关联。农业干旱是由于在某一时段内,某一地区的降水量和多年均值产生较大的偏差,使该地区农业供水和需水状况不协调,农作物产生缺水的现象。农业干旱指以土壤含水量和植物生长形态为特征,反映土壤含水量低于植物需水量的程度,是土壤水分供给无法满足作物水分需求而导致的作物水分亏缺现象,通常最先表现为降水减少导致的土壤缺墒,同时伴随着作物蒸腾的不断失水,最终作物体内水分无法满足正常生理活动,表现为限制作物生长,进而会出现农作物减产或绝收,且干旱对农作物不同生育期的影响存在显著差异。

以土壤缺水为其主要特点的农业干旱灾害,在我国发生频繁,危害时间长,受灾面积大,是我国最为严重的农业气象灾害之一。土壤旱害是指在没有灌溉的条件下,在作物生长期内,由于长时间无雨或少雨,土壤中的有效水分消耗殆尽,作物根系吸收不到足够的水分去补偿蒸腾的消耗,使作物体内的水分平衡遭到破坏,影响了正常的生理活动,致使作物发生凋萎甚至枯死,造成严重减产的农业气象灾害。

农业干旱的预报是在农田土壤水分状况预报的基础上,结合农作物的需水和耗水规律及相应的土壤干旱危害的农业气象指标,对未来的土壤水分条件做出鉴定,做出未来一个时期土壤干旱灾害能否发生、持续时间及危害程度的预报。这种预报对于及时采取有效的抗旱栽培技术措施,减轻和避免干旱的危害有着重要意义。

一、预报业务中常用的农业干旱指标

由于农业干旱灾害的严重程度主要取决于土壤中的有效水分含量和作物状况,当根分布层的土壤水分降到了限制作物生长发育乃至产量形成的程度时,才会出现旱害。所以,要鉴定农业干旱发生的气象水文条件,就必须预先研究确定具体作物和发育时期的土壤旱害指标。

目前,在农业干旱预报中常用的干旱灾害指标有以下几种。

1. 耕层土壤湿度或有效水分含量

华北地区当播种层内土壤湿度砂土小于5%,沙壤土小于10%,轻黏土小于12%时,谷子、高粱、玉米等作物不能正常发芽出苗。双子叶作物如棉花、花生、大豆等,当上述三种类型土壤湿度分别小于7%、12%、14%时,发芽出苗困难。因此,可将其作为播种期旱害的指标。

农业气象业务中,通常采用土壤相对湿度表征土壤干旱的情况,因为不同的土壤持水力不同,采用土壤相对湿度可以部分消除土壤特性造成的差异,土壤相对湿度是农田实际土壤湿度与田间持水量的比值(%),即土壤湿度占田间持水量的百分数。用土壤相对湿度表示的不同土壤质地农业干旱等级见表7-1。

表7-1 土壤相对湿度的农业干旱等级划分表(王建林,2010)

等级	类型	土壤相对湿度(%)		
		沙土	壤土	黏土
0	无旱	≥50	≥60	≥65
1	轻旱	45~55	50~60	55~65
2	中旱	35~45	40~50	45~55
3	重旱	25~35	30~40	35~45
4	特旱	≤25	≤30	≤35

一般当土壤含水量为田间持水量的60%以下时,可作为作物干旱开始的指标,但不同作物、同一作物不同品种乃至同一品种的不同发育阶段或不同气候区,用土壤湿度表示的农业干旱指标存在差异,需要通过农田实测资料进行修正。如北京地区在冬麦播种前0~20 cm土层含水量为田间持水量的50%以下就会遇旱,应灌底墒水,拔节孕穗时0~20 cm土层小于65%,30~50 cm土层小于70%就会出现旱象,应灌水。

一般粮食作物当0~20 cm土层有效水分含量小于5 mm则不能出苗,5~10 mm发芽出苗缓慢,30~60 mm对发芽出苗最为适宜。可见,当有效水分含量小于10 mm时发芽出苗即受到抑制,可将其作为发芽出苗期旱害的指标。

2. 降水量表示的干旱指标

降水是农田水分的主要来源,降水量异常偏少是导致农业干旱的直接原因。降水量指标反映特定区域降水量分布是否正常及所受气象干旱的状况,同时也反映出雨养农业区农业的供水状况。但是通常农业干旱会滞后于气象干旱。因此,降水量距平指标虽然不能作为单一的农业干旱指标,但可作为农业干旱综合指标的基础指标之一,尤其是在土壤水分观测资料缺乏的南方地区和雨养农业区作物生长季更为实用。

降水量距平百分率（P）是指某时段的降水量与常年同期平均降水量相比偏多或偏少的量占常年平均值的百分率，可以直观地反映降水异常导致的农业干旱程度。由于各地各季节的降水量变率差异较大，因此利用降水量距平百分率划分的农业干旱等级对不同地区和不同时间尺度应该是不同的，需要根据当地的作物发育期与农业干旱的历史资料用统计方法来确定。

在农业气象业务中通常采用月尺度、旬尺度作为衡量农业干旱的指标，但降水量距平指标在干旱气候区和干燥季节对降水过于敏感，易导致干旱过程中断，同时也会夸大干旱的程度。因此，在实际应用中，可根据季节的变化和作物需水的状况对指标进行调整。

为了鉴定较长时期干旱灾害对农业生产的影响，有人提出了直接以降水量表示的指标，如当 5—9 月间连续 2 个月降水量在多年平均的 60% 以下时，则水稻可减产10% 以上。有人还统计 7—8 月两个月降水量少于 10 mm 的候数不足 4 候，则无旱害，若达到 4 候，则旱害频率为 50%，5 候时为 60%，6 候时为 75%，8 候以上时则必然发生旱害。

对于不同地区，因土壤条件、气候条件不同，加之作物种类和品种及不同发育时期需水特点各异，因此，应根据具体情况，因地制宜确定相应的农业干旱指标。

3. 作物水分供需指标

作物干旱是由于作物对水分的需求持续得不到满足而造成的，因此，通过反映外界可供给水分对作物水分需求满足程度的指标，可监测农业干旱的发生与否以及发生的程度。目前业务上广泛采用的作物水分供需指标主要以水分盈亏量（需水量与供水量之间的差值）或水分供需指数（需水量与供水量之间的比值），衡量作物需水的满足程度。

水分盈亏直接反映了在一定气候条件下降水对农田耗水的盈余或亏缺情况。水分盈亏量根据土壤水分平衡原理计算。其中大气降水是土壤水分的主要来源，是农田水分平衡的主要收入项，土壤蒸散是土壤水分的主要支出项。

农田作物水分供需指数是以降水量占作物需水量的比例作为衡量水分供需状况的指标，划分农业干旱分级标准，如西南地区（云南）利用作物水分供需指数，可进一步确定农业干旱等级，分级标准见表 7-2。

表 7-2　西南地区作物水分供需指数农业干旱分级标准（云南）（王建林，2010）

旱情等级	重旱	中旱	轻旱
作物水分供需指数	$P_n < 0.2$	$0.2 \leqslant P_n < 0.6$	$0.6 \leqslant P_n < 0.8$

作物水分供需指数表达式为：

$$P_n = P/ET_a \qquad (7\text{-}1)$$

式中：P_n 为作物水分供需指数；P 为指定时段的降水量；ET_a 为指定作物、指定时段内的需水量，$ET_a = K_c \times ET_0$，K_c 为作物系数，ET_0 为可能蒸散量，可以采用联合国粮农组织（FAO）1998 年推荐使用的具有相对较小误差的计算可能蒸散量的方法（Allen et al.，1998）。这里，定义可能蒸散量为一种假想参照作物冠层的蒸散速率，假设作物植株高度为 0.12 m，固定的作物表面阻力为 70 m·s^{-1}，反射率为 0.23，非常类似于表面开阔、高度一致、生长旺盛、完全遮盖地面而不缺水的绿色草地的蒸散量。

4. 作物旱情指标

（1）作物形态指标

作物形态指标是一种利用作物长势、长相来进行作物缺水诊断的定性方法。由于作物生长对水分亏缺比较敏感，可以采用经验方法，根据作物的长势、长相来进行作物旱情诊断。作物形态指标直观，观测方便，可用于进行小范围内作物旱情诊断。但作物形态上的改变是作物体内已受到水分亏缺危害时的表现，也就是说这些形态症状是生理生化过程改变的后果，表现出来时可能已影响到作物正常生长发育。另外，由于它属于定性指标，不能量化，难免带有主观性，一般不易掌握好，难以应用于大范围的旱情诊断。

（2）作物生理指标

①叶水势：叶水势与作物的水分状况直接相关，也是常用的作物旱情诊断指标，它可以比较灵敏地反映作物水分供应状况。当作物缺水时，叶水势下降。不同作物、同一作物的不同生育期发生干旱危害的叶水势临界值不同。另外，由于叶水势是由单个叶片测定的，植物间及叶片间的变异性很大，不同叶片、不同时间取样测定的叶水势值是有差异的，除非进行大量取样，否则很难代表农田的水分供应状况。

②气孔导度：气孔导度与土壤供水能力及叶片水分状况密切相关。由于气孔导度或气孔阻力的测定比较困难，生产实际中也常用气孔开度来判别作物是否受旱。当作物供水充足时，气孔开度较大，随着作物可用水分的减少，气孔开度逐渐减小，当土壤中的可用水耗尽后，气孔完全关闭。

③细胞汁液浓度：细胞汁液浓度是应用较广泛的水分生理指标之一，其最主要的优点是测定方法十分简便。作物缺水情况下的细胞汁液浓度比正常水分条件下时为高，细胞汁液浓度超过一定值后，就会阻碍植株生长，不同作物种类、品种及不同生育阶段，不同部位的叶片，其细胞汁液浓度值都有差异。

④冠层温度指标：作物冠层温度与其能量的吸收和释放过程有关，作物蒸腾过程的耗热将降低其冠层温度值，因此，水分供应充足的农田的冠层温度值低于缺水时的冠层温度值（缺水时，作物蒸腾减少，耗热减少）。基于这一点可以用农田冠层温度作为作物旱情诊断的指标，用以研究和监测作物旱情的发生发展。Tanner 于 1963 年首先采

用了红外测温以研究植物温度，认为植物温度可能是一个有价值的定量指标。

二、农业干旱预报方法

结合农业干旱指标，农业干旱预报主要有基于降水量的预报方法、基于土壤含水量的预报方法及基于综合性干旱指标的预报方法。

1. 基于降水量的预报方法

降水是农田水分的主要来源，是影响干旱的主要因素之一。虽然降水量指标被认为是一种气象干旱指标，但由于它是反映某一时段内降水与其多年平均降水值相对多少的指标，可以大致地反映出干旱的发生程度和趋势，因此也被大量地应用于对农业干旱的宏观监测和预报，具有直观简便等优点。不过这种基于降水量为指标建立的农业干旱预报方法或模型，只能描述干旱的大致程度，而不能全面反映出气象干旱条件下农作物遭受的干旱影响。

2. 基于土壤含水量的预报方法

农作物生长的水分主要靠根系直接从土壤中吸取，土壤水分变化是影响作物生长发育的主要因子。常用的土壤水分指标是根据土壤水分平衡原理和水分消退模式计算各个生育时段土壤含水量，并以作物不同生长状态下（正常、缺水、干旱等）土壤水分的试验数据作为判定指标，预测农业干旱是否发生。目前以土壤含水量为指标建立的干旱预报模型通常可以分成两种：一是以作物不同生长状态下土壤墒情的实测数据作为判定指标而建立的预报模型；二是利用土壤消退模式来拟定旱情指标，根据农田水量平衡原理，计算出各时段末的土壤含水量，以此来预报农业的干旱程度。农业干旱的发生是一个综合因素影响的结果，采用降水量和土壤湿度指标虽然可以在一定程度上反映农业干旱的发生趋势，但无法对作物需水动态变化进行描述。因此，表达作物水分供需关系的综合指标也被用于农业干旱预报。该类模型的优点是能实时监测土壤的含水量变化，从而较好地反映作物旱情的动态变化，但是要对大范围的农业旱情进行预报，必须要大量地布点取样，工作量和投资都很巨大。

3. 基于综合性旱情指标的预报方法

如前所述，农业干旱的发生是一个综合因素影响的结果，采用单指标开展干旱预报，如降水量指标和土壤含水量指标虽然可以在一定程度上大致反映出农业干旱的发生趋势，但却忽视了对作物光合作用、干物质产量以及籽粒产量的动态变化进行描述。单一指标无法更好反映农业干旱的情况和发生趋势。农业干旱除了与降水量、土壤水分含量有关，还与作物的蒸腾量以及水分亏缺情况有密切的关系，其公式为：

$$CWSI = 1 - ET/ET_m \tag{7-2}$$

式中：$CWSI$（Crop Water Stress Index）为作物缺水指标，ET 为作物实际蒸发蒸腾量（实际耗水量），ET_m 为作物潜在蒸发蒸腾量（潜在最大需水量）。

　　该类模型的优点是其涉及的参数全部可以用气象资料、土壤水分资料以及天气预报数据进行计算获得,更为精确实用且代表性强,可以很方便地在不同的区域内推广使用。

　　例如,据吉林省西部玉米干旱标准(李建平 等,2021):土壤相对湿度 60% 定义为湿度适宜日,50%～60% 为轻度干旱日,40%～50% 为中度干旱日,30%～40% 为重度干旱日,土壤相对湿度约 30% 为特大干旱。农田墒情预报模型:

$$Y_{0\sim50\,cm} = \sum_{i=1}^{n}(C_d + S_z \times X_z - S_J \times X_J) + T_w \tag{7-3}$$

式中:$Y_{0\sim50\,cm}$ 为模型计算出在农田土壤 0～50 cm 每隔 10 cm 深度的某层在玉米作物某生育期的预报相对湿度结果;n 为预报的天数;C_d 为预报起始日通过校验的水分站数据(作为初始值湿度),S_z 为未来预报时段内土壤深度的土壤增墒量值,若无明显降水出现时,则此值为 0;S_J 为未来一段时期由于无有效降水或降水偏少而引起的农田减墒量值;T_w 为由于外界灌溉等农事活动影响对水分站数据造成外力影响的订正系数,此值在正常情况下为 0。

第二节　小麦干热风预报

　　小麦干热风是指在小麦籽粒灌浆阶段,出现的一种高温低湿并伴有一定风力的天气条件,俗称"火南风"或"火风",可危害小麦,使其"逼热"、千粒重明显降低的一种农业气象灾害,是我国华北、河西走廊、新疆麦区的主要农业气象灾害之一。各地对干热风称呼不同。如宁夏银川灌区称"热风",山东济宁及徐淮地区称"西南火风",甘肃河西走廊地区称干热风。小麦遇到干热风危害后,一般是叶片干枯,植株死亡,籽粒的千粒重下降,产量明显降低。

　　国外干热风主要发生在俄罗斯欧洲部分的南部和东南部及中亚沙漠东部到西伯利亚森林草原地带、乌克兰、美国的南部和中西部、日本的西南温带、北非的撒哈拉一带以及中东和澳大利亚。在我国,可以把发生干热风的主要地区划分为华北平原干热风区和西北干热风区。华北平原干热风区:北起长城以南,西至黄土高原,南自秦岭、淮河以北,东至海滨,这一地区亦为中国冬麦主要产区。其中冀、鲁、豫危害最重,沿海地区较轻;苏北、皖北一带干热风危害也颇频繁。西北干热风区主要包括河套平原、河西走廊及新疆盆地,是中国春小麦主要产区。一般低洼盆地、沙漠边缘、谷地、山脉背风坡等受害较重,而丘陵薄地、沙地、阳坡地危害轻。同时,随海拔升高,危害程度也逐渐减轻。干热风是影响我国小麦产量的主要农业气象灾害之一,一般年份会造成减产 5%～10%,严重年份减产 20%～30%(霍治国 等,2019)。

　　小麦干热风预报是关于小麦干热风危害能否发生,发生时间,危害程度及地区范围的农业气象灾害预报。做好不同时效的干热风预报对农业稳产意义重大,经济效益显著。准确及时地发布小麦干热风危害的长期预报,可供生产单位在选择小麦品种,采用栽培技术措施,做好所需物资的准备时参考,也是各级领导机关指导生产的重要科学依据之一。而及时准确地做出小麦干热风的短期预报,可供生产单位和农户在干热风来临之前采取浇水、喷灌、使用化学药剂等防御措施时参考。

一、干热风类型

小麦干热风主要分为以下三种类型。

高温低湿型:在小麦扬花灌浆过程中都可能发生,一般发生在小麦开花后 20 d 左右至蜡熟期。干热风发生时温度突升,空气湿度骤降,并伴有较大的风速。发生时最高气温可达 32 ℃以上,甚至可达 37~38 ℃,14 时相对湿度可降至 25%~35%或其以下,14 时风速在 3~4 m·s^{-1}或其以上。小麦受害症状为干尖炸芒,呈灰白色或青灰色,造成小麦大面积干枯逼熟死亡,产量显著下降。

雨后青枯型:又称雨后热枯型或雨后枯熟型,一般发生在小麦乳熟后期,即成熟前 10 d 左右。其主要特征是雨后猛晴,温度骤升,湿度剧降。一般雨后日最高气温升至 27~29 ℃或其以上,14 时相对湿度在 40%左右,即能引起小麦青枯早熟。雨后气温回升越快,温度越高,青枯发生越早,危害越重。

旱风型:一般发生在小麦扬花灌浆期间。其主要特征是风速大、湿度低,与一定的高温配合。发生时风速在 14~15 m·s^{-1}或其以上,相对湿度在 25%~30%或其以下,最高气温在 25~30 ℃或其以上。对小麦的危害除了与高温低湿型相同外,大风还加强了大气的干燥程度,加剧了农田蒸发蒸腾,使麦叶蜷缩成绳状,叶片撕裂破碎。这类干热风主要发生在新疆和西北黄土高原的多风地区,在干旱年份出现较多。

二、小麦干热风指标

1. 形态学指标

形态学指标即依据干热风灾害后小麦植株形态变化,判别干热风轻重等级。干热风导致的小麦生理机能下降,在小麦的叶、穗、秆上呈现出症状变化。正常成熟的小麦外部形态呈现为金黄色。当小麦受高温低湿型干热风危害后,轻度表现为芒尖干枯、炸芒,颖壳发白,叶片卷曲凋萎;重度表现为严重炸芒,顶部小穗、颖壳和叶片大面积干枯,呈灰白色,叶片卷曲呈绳状,枯黄死亡。当小麦受雨后热枯型干热风危害后,穗下节由青绿色变为青灰色,顶部小穗枯萎、炸芒,颖壳和芒青枯干,颖壳闭合,粒离脐,穗下茎及茎节呈暗绿色。

2. 气象学指标

气象学指标是根据干热风灾害发生的气象因子同小麦生理变化及产量损失的关

系所构建的指标,具有生物学和气象学双重意义。干热风的监测指标因其发生的类型不同而存在差异。中华人民共和国气象行业标准《小麦干热风灾害等级》(QX/T 82—2007)对小麦干热风等级、过程及年型的评价指标进行了分类,见表 7-3～表 7-5。

表 7-3　高温低湿型干热风等级指标

区域	时段	天气背景	轻			重		
			日最高气温(℃)	14 时相对湿度(%)	14 时风速(m·s⁻¹)	日最高气温(℃)	14 时相对湿度(%)	14 时风速(m·s⁻¹)
黄淮海冬麦区	在小麦扬花灌浆过程中都可能发生,一般发生在小麦开花后20 d 左右至蜡熟期	温度突升,空气湿度骤降,并伴有较大的风速	≥32	≤30	≥3	≥35	≤25	≥3
黄土高原旱塬冬麦区			≥30	≤30	≥3	≥33	≤25	≥4
内蒙古河套、宁夏平原春麦区			≥32	≤30	≥2	≥34	≤25	≥3
甘肃河西走廊春麦区			≥32	≤30	不定①	≥35	≤25	不定①
新疆重区②			≥34	≤30	≥2	≥36	≤25	≥3
新疆次重区③			≥32	≤30	≥3	≥35	≤30	≥4

注:①"不定"指 14 时风速不是限制因素。
　　②"新疆重区"指吐鲁番、鄯善盆地,塔里木盆地东部铁干里克、若羌一带。
　　③"新疆次重区"指哈密、库尔勒、和田、石河子、乌苏等地区。

表 7-4　雨后热枯型干热风等级指标

区域	时段	天气背景	日最高气温(℃)	14 时相对湿度(%)	14 时风速(m·s⁻¹)
北方麦区	小麦灌浆后期,成熟前 10 d 内	有 1 次小至中雨或以上降水过程,雨后猛晴,湿度骤升	≥30	≤40	≥3

注:雨后 3 d 内有 1 d 同时满足表中的条件即可判断为雨后青枯型干热风。

表 7-5　旱风型干热风等级指标

区域	时段	天气背景	日最高气温(℃)	14 时相对湿度(%)	14 时风速(m·s⁻¹)
新疆和西北黄土高原的多风地区	小麦扬花灌浆期	风速大,湿度低,与一定的高湿配合	25～30 或 30 以上	25～30 或 25 以下	14～15 或 15 以上

　　根据干热风指标,可判定干热风日,用干热风天气过程中出现的干热风日等级天数组合确定过程等级,用过程等级组合确定干热风年型的轻重。对于不同的地区,由于各地自然特点不同,干热风成因也不同,加之小麦品种特性存在差异,干热风指标也略有不同,宁夏灌区春小麦两类干热风发生程度等级指标见表 7-6。

表 7-6　宁夏灌区春小麦两类干热风发生程度等级指标

类型	灌浆时段	因子	干热风等级		
			轻	中	重
高温低湿型 干热风	抽穗扬花期	最高气温≥32 ℃日数(d)	1~2	2~3	>3
		极端最高气温(℃)	31.5~33.0	33.1~34.0	≥34.0
		平均风速≥2.5 m·s⁻¹日数(d)	1~2	>2	>2
	灌浆乳熟期	最高气温≥32 ℃日数(d)	1~2	2~4	>4
		极端最高气温(℃)	32.0~33.2	33.3~34.3	≥34.4
		当日最小相对湿度(%)	30~26	26~23	>23
		当日平均风速(m·s⁻¹)	2.5~2.8	2.5~3.4	≥3.5
	乳熟成熟期	最高气温≥32 ℃日数(d)	1~2	2~3	≥4
		最小相对湿度≤30%日数(d)	1~2	2~3	≥4
		平均风速≥2.5 m·s⁻¹日数(d)	1~2	1~3	≥4
		极端最高气温(℃)	32.4~33.9	34.0~35.0	>35
		当日最小相对湿度(%)	≤31	≤28	≤24
青枯型	抽穗扬花期	过程降水量(mm)	5~15	>15	—
		降水日数(d)	2	3	—
		过程后 2 日内最高气温(℃)	28.0~29.6	≥29.7	—
	灌浆乳熟期	过程降水量(mm)	4~9	9~17.7	≥17.7
		降水日数(d)	2	2	≥3
		过程后 2 日内最高气温(℃)	≥29	≥29	≥29
	乳熟成熟期	过程降水量(mm)	5~15.8	15.9~30.4	>30.5
		降水日数(d)	2	3	≥3
		过程后 2 日内最高气温(℃)	≥29	≥28.8	≥29.7

　　3. 综合指数指标

　　综合指数指标是基于气象学指标中的日最高气温、14:00 空气相对湿度、14:00 风速 3 个因子,对干热风灾害影响效应的差异性采用加权求和方法构建的综合评价指数。综合指数值可直接划分干热风灾害等级,用于站点或区域对比。由于小麦灌浆速度下降值同气温、相对湿度、风速具有明显的相关关系,干热风气象因子权重系数可通过气象因子回归系数得出。北方小麦干热风科研协作组(1983)、王春乙等(1991)均根据此方法分别构建干热风综合指数(D_{IIW}):

$$D_{IIW} = \sum_{i=N_1}^{N_2} I_i \tag{7-4}$$

$$I_i = W_1 \frac{T_i - T_0}{T_0} + W_2 \frac{|R_i - R_0|}{R_0} + W_3 \frac{V_i - V_0}{V_0} \tag{7-5}$$

式中：N_1 为干热风出现时段的始日，N_2 为干热风出现时段的终日。T_i 为日最高气温，R_i 为 14：00 相对湿度，V_i 为 14：00 风速；W_1 为气温权重系数，W_2 为相对湿度权重系数，W_3 为风速权重系数。T_0，R_0，V_0 分别为冬小麦停止灌浆上限边界值。

三、干热风的预报

干热风是在小麦扬花灌浆期出现的农业气象灾害，是高温、低湿、同时伴有一定风力的灾害性天气，对冬小麦的产量和品质影响较大。一般通过多元回归方程建立干热风灾害预警模型（朱建华 等，2012），吕雪梅等（2007）利用 MM5 输出产品进行小麦干热风预报，利用数值预报输出的温度场、湿度场和风场进行深加工制作出干热风预报，并且应用于业务工作中。也有学者利用基于 BP 神经网络的干热风灾害预测，建立预测模型（李超 等，2011）。以河南干热风预报为例（孟祥翼，2017），利用2000—2014 年 5 月 1 日到 6 月 10 日河南省 121 个气象观测站点的逐日观测数据、欧洲中期天气预报中心（ECMWF，简称 EC）模式预报资料利用多元回归法建立了河南省干热风天气的客观预报方法，温度预报模型为：

$$y_w = 29.744 + 2.177\,w_1 - 2.052\,w_2 + 5.082\,w_3 + 3.567\,w_4 + 0.249\,w_5$$

$$\tag{7-6}$$

式中：w_1 为前一日最高气温，w_2 为当日最低气温，w_3 为 08：00 气温，w_4 为 24 h EC 850 hPa 温度预报，w_5 为 24 h EC 850 hPa 相对湿度预报，y_w 为预报当日最高气温（℃）。相对湿度预报模型为：

$$y_s = 6.492 + 3.751\,s_1 + 18.994\,s_2 + 2.320\,s_3 \tag{7-7}$$

式中：s_1 为前一日 14：00 相对湿度，s_2 为 24 h EC 850 hPa 相对湿度预报，s_3 为当日 08：00 露点温度，y_s 为预报当日相对湿度（％）。

风速预报采用 EC 细网格过去 3 h 10 m 阵风预报产品预报，阵风为 8 m/s 及以上，地面风速在 3 m/s 以上的作为预报指标。利用预报结果结合干热风灾害气象指标［采用中华人民共和国气象行业标准（QX/T82—2007）规定］的相应等级进行预报。

第三节　农作物低温冷害预报

一、低温冷害的定义及致灾机理

低温冷害，较早的定义是在作物生育期内遇到 0 ℃以上甚至 20 ℃、低于作物所需临界温度的气温而造成减产的灾害。根据《水稻、玉米冷害等级》（QX/T101－2009）定义：若在作物生育期内出现 10～23 ℃（或低于 10 ℃）的降温天气过程而造成作物减产的一种农业气象灾害称为冷害。从机理上定义，是在作物生育期内遇到 0 ℃以上持续性低温过程或者在后期遇到较强短时低温过程，在此阶段气温低于作物所需的生物学下限温度，最终造成减产的一种灾害（裴永燕和岳红伟，2009）。《中国农业百科全书•农业气象卷》对冷害的定义将受害时间和受害温度阐述得更为具体，将其定义为：农作物在生长发育阶段遭受 0 ℃以上的低温损害，而导致减产的现象。

从冷害形成机理上可以分为延迟型冷害、障碍型冷害及混合型冷害三类。延迟型冷害指作物营养生长期内遇到持续低温导致积温不足使作物无法正常成熟而减产。障碍型冷害指作物在生殖生长期遭受短时异常低温，使生殖器官的生理活动受到破坏而减产。混合型冷害指延迟型冷害和障碍型冷害均有所发生而造成减产。考虑到其他气象因子（如日照、降水、干旱等）的影响，可将冷害分为低温寡照型、低温多雨型、低温干旱型、低温早霜型和低温型等（潘铁夫 等，1980）。低温冷害的致灾机理大致分为以下几方面。

（1）生理过程受阻

低温导致叶绿体中蛋白质变性，生物酶的活性降低甚至停止，使根部吸收水分减少而导致气孔关闭，吸氧量不足，抑制光合作用效率。同时，这种现象在植物体内发生则可导致机体的代谢紊乱，最终影响作物的正常生长发育并造成伤害。

（2）呼吸强度降低

作物生育过程中温度从适宜温度下降 10 ℃，其呼吸作用效率明显降低。低温还使根呼吸作用减弱，导致植株营养物质的吸收率减弱，养分平衡受到破坏。低温影响光合产物和营养元素向生长器官的输送，生长器官因养分不足和呼吸作用减弱而变得弱小、退化、死亡。

（3）作物生理失调

作物根部在低温条件下对矿物元素的吸收减少，某些不利于生长的元素在根中的含量不正常地增加，地上部分的含量不正常地减少；低温使碳水化合物从叶片向生长着的器官或根部运转降低，使这些部位的碳水化合物含量降低，造成叶片光合产物的分配失调。

（4）生长受阻

温度越低，持续的时间越长，光合作用速率下降得越明显。此外，由于光合作用的下降导致作物的生长量明显不足，使叶面积明显减小，株高、叶龄、干物重等生长指标降低，并最终使产量下降。

二、低温冷害指标

1. 主要生长季温度指标

主要生长季温度指标是指利用作物生长季 5—9 月平均气温之和作为衡量低温冷害的标准。王春乙和毛飞(1999)综合考虑到不同地区相同作物发生低温冷害的温度条件以及严重程度不同,提出针对不同地区要用不同的低温冷害指标进行判定。丁士晟(1980)在研究东北地区粮豆生产低温冷害的温度指标时,通过对长春的热量条件和粮豆产量的丰歉分析后得出,长春 5—9 月的月平均气温之和小于 91.4 ℃、负距平低于 3.3 ℃或 5—9 月的积温少 100 ℃·d,可作为严重低温冷害的指标;而长春 5—9 月的月平均气温之和在 91.4～93.3 ℃,为一般低温冷害年;长春 5—9 月的月平均气温之和在 93.4～94.6 ℃,为稍冷年。

王书裕(1995)进一步深入研究了 T_{5-9} 负距平与东北各地减产率之间的关系,发现在同一个低温冷害年,虽然 ΔT_{5-9} 的负值相同,但它所引起的减产程度却因各地 T_{5-9} 多年平均值的高低而不同,并且得出各地不同 T_{5-9} 水平下的低温冷害年温度指标,见表 7-7。

表 7-7　东北地区不同热量条件下的低温冷害指标

	T_{5-9}(℃)	80.0	85.0	90.0	95.0	100.0	105.0
ΔT_{5-9}(℃)	一般冷害	−1.1	−1.4	−1.7	−2.0	−2.2	−2.3
	严重冷害	−1.7	−2.4	−3.1	−3.7	−4.1	−4.4

郭建平等(1999)根据东北春玉米生长发育与热量条件的关系,提出了热量指数的概念,并在此基础上确定了玉米低温冷害年型指标,见表 7-8。

表 7-8　东北不同地区玉米热量年型指标

地区	辽宁	吉林	黑龙江	东北全区
偏冷年	≤0.836	≤0.714	≤0.604	≤0.749
偏暖年	≥0.891	≥0.736	≥0.661	≥0.684

2. 生长季积温指标

生长季积温指标是通过对作物生长季总积温与多年积温平均值进行对比,从而判断是否发生低温冷害及其严重程度的指标。潘铁夫等(1980)通过研究提出,一般低温冷害为作物生育期积温的综合比历年积温平均值少 100 ℃·d,严重低温冷害为低于平均值 200 ℃·d。但是,在实际应用中发现该指标偏高于实际值。

棉花是新疆农业的支柱产业,低温冷害是影响新疆棉花产量和品质的主要农业气象灾害。傅玮东(2001)以日平均气温≤12 ℃,且连续 3 d 以上作为冷害指标,对新疆棉区 16 个站点春季低温天气对棉花播种及苗期棉苗生长的影响进行研究,以确定全疆各棉区的最佳播期。

据李新建等(2000)的研究,新疆各棉区气候产量和各类积温的关系密切,以年积温作为具体指标可以反映新疆棉区的延迟型冷害年。该研究构建了针对新疆主要棉区棉花生长的热量指数计算方法,并且计算了北疆棉区棉花各个生长阶段的热量指数。此棉花热量指数有较好的生物和物理学意义,计算简单,使用方便,能为棉花种植区划和品种布局提供比较客观的定量依据,全生育期的热量指数很好地反映了棉花延迟型冷害的发生情况和程度,阶段性热量指数也较好地反映了棉花阶段性冷害的发生情况和程度。

3. 生长发育关键期冷积温指标

冷积温指标综合考虑低温强度和持续时间对作物生长发育的影响。如冷积温指标是水稻从开花到结实期受冷害影响的临界温度(T_0)与实际温度(T_i)差值的总和,该指标计算公式为:

$$W_j = \sum_{i=1}^{n} (T_0 - T_i) \tag{7-8}$$

冷积温的值越大,表明冷害的发生程度越重。但是冷积温指标也存在一定的缺点,即只能判定水稻开花期的冷害情况,很难用以表示整个生育期的低温冷害情况。

4. 热量指数指标

热量指数指标是指用某一阶段平均温度和作物生长发育阶段的三基点温度进行计算得到的。郭建平等(2003)定义了一种能够反映作物在不同生育阶段对热量的需求的指标。

$$F(T) = \frac{(T - T_1)(T_2 - T)^B}{(T_0 - T_1)(T_2 - T_0)^B} \tag{7-9}$$

$$B = \frac{T_2 - T_0}{T_0 - T_1} \tag{7-10}$$

式中:T 为旬平均气温,T_0,T_1,T_2 分别为作物生长发育不同阶段所需的适宜温度、下限温度和上限温度;当 $T \leq T_1$ 时,$F(T) = 0$。当 $F(T)$ 的值偏小时,则表示该年份为冷害年。

5. 安全抽雄期指标

安全抽雄期指标是通过计算得出作物抽雄日期的多年平均值,然后用作物抽雄日期的距平值来判定低温冷害的指标。刘布春等(2003)利用东北地区 12 个代表站点 40 年的逐日气象数据,对玉米低温冷害进行动力模型分析,得出抽雄期距平值作为冷害指标。该指标将冷害分为 5 个等级,即特暖年(距平值<-3)、暖年(-3≤距平值<-1)、

正常年($-1\leqslant$距平值<1)、轻冷害年($1<$距平值<4)、重冷害年(距平值$\geqslant4$)。

6. 玉米低温冷害综合指标

玉米低温冷害综合指标主要包含主导指标和辅助指标两部分,其核心是主导指标。综合指标是将玉米生育期划分为出苗至七叶、七叶至抽雄、抽雄至成熟 3 个时期,分别计算 3 个时期的积温负距平作为主导指标,计算得出主导指标的数值即可判定低温冷害的严重程度;辅助指标包括前、中、后期负积温累积指数和发育期延迟日数(白晓慧,2015),主导指标就是出苗至七叶、七叶至抽雄、抽雄至成熟 3 个时期$\geqslant10$ ℃积温负距平,计算公式为:

$$T = \sum_{i=q}^{k} t_i, \quad k = 2,3,4,5,\cdots,n \qquad (7\text{-}11)$$

$$\Delta T = T_i - \overline{T} \qquad (7\text{-}12)$$

式中:T 为活动积温;t 为$\geqslant10$ ℃平均气温;ΔT 为积温距平;T_i 为某一年两生育期之间积温;$\overline{T}$ 为多年积温平均值。负积温积累指数(I_{SPT})(李祎君和王春乙,2007):

$$I_{SPT} = \sum I_i \qquad (7\text{-}13)$$

$$I_i = \frac{T_i - T_{oi}}{T_{oi}} \qquad (7\text{-}14)$$

式中:T_i 为此发育阶段的逐日平均温度;T_{oi} 为此发育阶段的逐日适宜温度。

三、低温冷害的监测

1. 指标监测方法

在明确低温灾害指标的前提下,即可开展低温冷害的监测,应用时根据指标要素数值可直接得出灾害发生程度的监测结果。例如,根据 20 多年东北各地玉米生长发育期观测资料,经过统计分析,得到东北地区玉米不同品种区域各生长发育期积温距平指标和发育期延迟指标(表 7-9)。当实际生长过程中出现的积温或发育期天数与多年平均值之间的距平值达到该指标时,即可判定出现了低温冷害。

表 7-9　东北地区玉米低温冷害监测指标

指标类型	发育期	一般冷害	严重冷害
积温距平指标		$\Delta\sum T(\text{℃}\cdot\text{d})$	$\Delta\sum T(\text{℃}\cdot\text{d})$
	出苗—七叶	$-50\sim-40$	<-50
	出苗—抽雄	$-60\sim-46$	<-60
	出苗—吐丝	$-60\sim-50$	<-60
	出苗—成熟	$-70\sim-55$	<-70

指标类型	发育期	一般冷害	严重冷害
生育期延迟天数指标		$\Delta D(d)$	$\Delta D(d)$
	七叶普遍期	3~5	>5
	抽雄普遍期	5~6	>6
	吐丝普遍期	5~6	>7
	成熟普遍期	6~7	>8

(1)作物发育期变化的监测方法

农作物的发育过程是系统内部有机联系的过程,在作物阶段性发育过程中,只有完成前一个阶段,才能顺利进入下一阶段。农作物的生长发育对温度的要求较为敏感,当环境气温低于作物生长发育的适宜温度时,其发育速度会下降。因此,任何发育阶段的低温都会使发育期延长,发育期出现时间推迟。所以,通过对发育期的观测可作为监测作物低温冷害手段。当然,前期造成的发育期延迟有可能会被后期的高温所补偿。

(2)作物生长量变化的监测方法

低温冷害发生时温度偏低,作物的光合作用强度降低,积累的干物质减少。因此,低温冷害对作物生长及影响程度的监测,实际上就是对生物量累积的监测。如果能够动态掌握干物质累积情况,或者知道温度与干物质的关系,只要有该时段的平均气温即可得到该时段干物质累积量,即可比较分析温度对产量的影响。除了实际测定或推算干物质数量外,利用作物生长模型模拟干物质数量也不失为一种直接有效的监测方法,但效果势必受到模型模拟精度的制约。

2. 遥感监测方法

卫星遥感具有范围广、周期短、信息量大和成本低的特点,卫星遥感资料应用于监测或灾害损失评估时有以下特点:①遥感数据为面数据;②可获取多时相信息;③具有较高的时间和空间分辨率;④多光谱;⑤数字化存储;⑥信息的积累和处理不妨碍数据的进一步观测和收集;⑦可获得遥远无人区或偏僻区域的信息;⑧一旦遥感监测网建立,则数据的观测费用可大大降低。但是,由于冷害的卫星遥感监测主要是通过反演地表温度实现的,而目前遥感反演地表温度的精度十分有限,况且遥感反演的是瞬时结果,而作物冷害特别是延迟型冷害是累积过程。因此,低温冷害的遥感监测尚待成熟。

四、低温冷害的预报方法

1. 基于历史数据的数理统计冷害预报

目前在冷害预报中使用最广泛的统计方法,多是在历史资料的基础上,选出指示性较好的冷害指标,利用统计方法建立统计模型。常用的预报冷害方法主要有时间序列分析、多元回归分析、韵律编码法等(王石立,2003)。陈玥熠和郭建平(2008)利用 1961—2005 年逐日平均温度资料、棉花多年产量和发育期资料,计算了新疆主要棉区棉花的热量指数,确定了低温冷害的热量指数指标,可以较好地判断预报年新疆主要棉区的冷害发生情况及灾害程度。在此基础上以 74 类大气环流特征量为预测因子,从棉花的播种期开始到停止生长,逐月滚动建立了各个棉区热量指数的逐步回归模型。统计预测方法具有方法简单、使用方便、可操作性强等特点,在农业气象工作中得到广泛应用。统计预测方法的关键是选择好具有显著生物学意义的预测对象。在低温冷害的预测中,一般以生长季(或某个生长时段)的平均气温或能表示热量多少的指数(指标),如≥10 ℃积温、热量指数等,与前期的预报因子(如大气环流指数、地面气象要素等)建立回归模型,从而实现对低温冷害的预测。更简单的办法,可以通过分析历史上低温冷害年的大气环流形势,找出低温冷害年的前期相关指标,根据前期出现的大气环流特征值与低温冷害年的指标进行对比,判别低温年出现的可能性。统计学方法往往对历史拟合较好,但外推效果较差,有一定的局限性。

2. 基于作物模型和气候模式的冷害模拟与预报

作物模型机理性强,在一定程度上可以反映出作物生长发育对环境的反应,在冷害预报中也有一些应用。马玉平等(2011)利用前期实际天气数据和以区域气候模式(RegCM_ NCC)形式输出的气象要素以及多年平均的气候数据来驱动作物生长模型,在格点尺度上就冷害综合指标对东北玉米的发生、程度和范围等进行冷害预测,而且随着玉米的发育,实况数据和气候模式的预测值也在不断更新,以此开展冷害动态预测,不过其预测结果的准确率依赖于气候模式的准确性。

基于作物模型的预测方法是现代农业气象灾害预报的一个重要发展方向,它能够弥补统计预测模型解释性较差、预报效果不稳定、缺少与作物生长过程和生理特性联系等不足。刘布春等(2003)建立了东北玉米区域动力模型,并利用模型模拟了 12 站 40 年(1961—2000 年)玉米生长发育过程。模拟以抽雄期延迟天数为低温冷害指标,分析了历史低温冷害年及减产情况。作物相对发育速率和发育阶段表示为:

$$DR_t = \frac{H_t}{\sum H_i} \tag{7-15}$$

$$DVS_t = DVS_{t-1} + DR_t \cdot \Delta t \tag{7-16}$$

式中:DR_t 为 t 时刻相对发育速率,DVS_t 为 t 时刻发育阶段;Δt 为模拟的时间步长(d),$\sum H_i$ 为完成某一发育阶段所需要的新热量单位(℃·d)。玉米生长过程主要由光合、呼吸、干物质积累、各器官生长动态、叶面积指数动态、枯叶动态等部分组成。采用光-光合指数曲线计算光合作用:

$$A_L = A_m (1 - e^{\frac{-el}{A_m}}) \tag{7-17}$$

式中：A_L 为相对冠层高度 L 处瞬时 CO_2 同化速率（kg·hm^{-2}·h^{-1}）；A_m 为光饱和时 CO_2 同化速率（kg·hm^{-2}·h^{-1}）；I 为所吸收的辐射量（J·m^{-2}·s^{-1}）；e 为初始光能利用率（kg·hm^{-2}·h^{-1}）/（J·m^{-2}·s^{-1}）。维持性呼吸速率与温度有关：

$$R_{m,T} = R_{m,Tr}\, Q_{10}^{\frac{T-T_r}{10}} \tag{7-18}$$

式中：T 为日平均气温，$Q_{10} = 2$ 为呼吸商，$R_{m,T}$ 和 $R_{m,Tr}$ 分别为实际温度和参考温度下的维持性呼吸速率（kg·hm^{-2}·d^{-1}），参考温度 T_r 取 25 ℃。

叶龄是温度的函数：

$$P_{age,t} = P_{age,t-1} + f_{rai} \cdot \Delta t \tag{7-19}$$

$$f_{rai} = \frac{T - T_{b,age}}{35 - T_{b,age}} \tag{7-20}$$

式中：$P_{age,t}$ 为 t 时刻的叶龄（d），f_{rai} 为叶龄系数，T 为日平均气温（℃），$T_{b,age}$ 为生理叶龄下限温度，东北春玉米取值为 8 ℃。Δt 为时间步长。从以上发育和主要生长过程的描述可以看出，玉米生长发育过程可以系统地对温度变异做出响应，这是东北玉米区域动力模型应用于低温冷害预报的重要依据。

3. 基于天气预报的作物低温冷害预报

天气预报可以提供降水和温度（最低温度、最高温度等）等气象数据，这些数据在农业气象灾害的应用很广泛。基于天气预报等数据，以农业气象灾害指标为判断依据，可以对作物致灾因子等作预报（朱兰娟 等，2008）。农业天气预报服务是一项基于农业生产对象、农事活动和天气条件的服务，在农业生产中占有重要地位，在以往的基础上逐渐应用于农业气象灾害中。农业天气预报较为成熟的服务产品包括作物适宜播种期和关键期等发育期预报和产量预报等，若该产品与作物灾害的发育期指标等结合，可以很好地预测灾害的发生（檀艳静 等，2013）。

此外，实际工作中也有人采用植物物候预测方法。物候现象是温度等生态因子对植物生长发育影响的综合反映，植物物候期的迟早可以反映温度的高低。因此，可以根据当年其他指示性植物某个物候现象出现的早晚来诊断和预测农作物生长季气温的高低。

第四节　霜冻预报

一、霜冻的概念及其危害

霜冻是指农作物生长季内冷空气入侵，使土壤表面、植物表面及近地面空气层的温度骤降到 ℃以下，引起农作物植株（茎叶）遭受冻伤或死亡的现象。霜冻常发生在春、秋季节转换阶段，对粮食作物、经济作物、果树、蔬菜等多种作物造成危害。危害的范围较广,全国各地都有可能发生,东北、西北、华北、黄淮、长江中下游地区出现在春、秋季,西南大部地区、华南主要出现在冬季。霜冻对农业的危害十分严重,严重的霜冻害可导致作物减产 30% 左右,甚至绝收。严重小麦霜冻害年份重灾省份的受害面积甚至可占播种面积的 70%,减产可达 30%~70%(马树庆 等,2009)。

　　根据霜冻发生时的气象条件与特点的不同,霜冻可分为三种类型:①平流型霜冻,是由北方大规模强冷空气侵袭而引起的,发生的范围广,持续时间长,多发生于晚秋或早春;②辐射型霜冻,是由于夜间地面或植物辐射冷却而引起的,发生范围小,危害性小;③平流辐射型霜冻(混合型霜冻),由冷平流和辐射冷却综合作用而引起,多发生于初秋和晚春,对农作物的危害最严重。

　　根据霜冻的发生时间可分为早霜冻、晚霜冻两种。早霜冻发生在由温暖季节向寒冷季节的过渡时期。在中纬度地区,早霜冻常发生在秋季,所以也叫秋霜冻,主要危害尚未成熟的秋收作物和未收获的露地蔬菜;在四川盆地和南岭以南的低纬度地区,霜冻发生在冬季,危害冬作物和常绿果树。晚霜冻则是由寒冷季节向温暖季节的过渡时期发生的霜冻,在中纬度地区常发生在春季,所以又叫作春霜冻,主要危害春播作物的幼苗、越冬后返青的作物和处于花期的果树;在四川盆地和华南地区发生在冬季,危害冬季生长的作物。

　　霜冻危害农作物的原因是低温使植物细胞间隙的水形成冰晶,并逐渐扩大,消耗了细胞水分,引起原生质脱水,使原生质胶体变质,从而使细胞脱水引起危害;同时,破坏细胞膜和原生质的结构,影响细胞代谢过程。如果在严寒霜冻以后,气温突然回升,则作物渗出来的水分很快变成水汽散失掉,细胞失去的水分没法复原,作物便会死去。霜冻的危害程度主要取决于降温幅度、持续时间及霜冻的来临与解冻是否突然。一般降温的幅度越大,霜冻持续的时间越长,作物受害就越严重。

二、霜冻指标

1. 形态学指标

　　形态学指标是根据作物受冻后叶片形态变化确定霜冻害程度。如麦苗受冻死亡,通常是叶尖先冻死,其次是叶片中、下部和叶鞘冻死,最后是分蘖节和生长点冻死,依据冬小麦拔节期作物受冻后的外在形状,王荣栋(1983)将新疆小麦冻害分成四个等级。

　　0 级(无冻害):麦苗越冬正常或部分展开叶片的叶尖受冻枯黄,返青时心叶生长快,新根白嫩,生长旺盛。

　　Ⅰ级(轻冻伤):叶鞘、分蘖节完好,除心叶外,其他叶片大部分冻死,失水、发黏、干枯,新根、心叶返青生长良好。

　　Ⅱ级(重冻伤):叶鞘基部有溃烂现象,呈铁锈色,分集节局部冻伤,主茎或部分分蘖死亡,新根、心叶生长微弱。

Ⅲ级(冻死):叶鞘基部溃烂,分蘖节褐色,生长点失水收缩,水渍状,无新根出现。

田生华(2005)通过观察新芽叶或者叶片的生理形态确定茶树的受害情况,并根据茶树的受害程度将冻害等级分为0~4级。王培娟等(2021)将上述两种方法的茶树春霜冻形态学指标见表7-10。

表7-10　茶树春霜冻的形态学指标(王培娟 等,2021)

受害程度	叶片受冻比例(%)	受害情况	霜冻等级
0 级	(0,5]	新芽叶无影响	无冻害
1 级	(5,15]	新芽尖或叶尖受冻变褐,略有损伤	轻度冻害
2 级	(15,25]	新芽叶受冻变褐占新梢面积 1/2 以下	中度冻害
3 级	(25,50]	新芽叶受冻变褐占新梢面积:1/2~2/3	重度冻害
4 级	(50,100]	新芽叶受冻变褐占新梢面积 2/3 以上	特重冻害

2. 气象指标

利用不同气象要素划分冻害等级指标。张雪芬等(2006)使用 AHVRR 气象卫星遥感资料,反演地面温度,结合地基资料,利用反演的地面最低温度、冻害统计指标及小麦发育期资料,确定了冬小麦霜冻害气象指标:冬小麦拔节期天数、最低气温、最低地温与冻害程度指标。春霜冻不仅与日最低气温有关,还与低温持续时间关系密切,王学林(2015)根据日最低气温及其持续时间,将茶树春霜冻等级划分为轻度、中度和重度三种等级(表7-11)。

表7-11　江南茶区茶树春霜冻日尺度气象灾害指标

霜冻等级	最低气温(℃)	持续时间(d)
轻度	$2<T_{min}\leqslant4$	$1<H\leqslant5$
	$0<T_{min}\leqslant2$	$1<H\leqslant3$
中度	$2<T_{min}\leqslant4$	$H\geqslant5$
	$0<T_{min}\leqslant2$	$3\leqslant H<5$
重度	$0<T_{min}\leqslant2$	$H\geqslant5$
	$T_{min}\leqslant0$	$H\geqslant1$

三、霜冻的监测与评估

霜冻的监测方法主要有以下三种方式。

1. 目测法

气象站农业气象观测人员和农民群众在春、秋霜冻易发时期,到田间调查,观察作物是否受冻,以及受冻程度,记录并上报灾情。

2. 指标判别法

主要根据各地气象台站上报的地面最低温度(离散点资料),绘制等值线图,根据霜冻害指标,考虑作物发育状况,估算晚霜冻害发生情况。统计分析法也可用于霜冻害监测,利用统计学方法构建统计判别方程或建立回归方程来判识霜冻害。如刘红霞和刘兵(2014)建立乌苏市春季霜冻预报方程:

$$y = 0.313\,x_1 + 0.034\,x_2 + 0.277\,x_3 + 0.020\,x_4 - 0.457\,x_5 - 36.291 \qquad (7\text{-}21)$$

式中:y 为霜冻日最低气温,x_1 为霜冻日前一日最低气温,x_2、x_3、x_4、x_5 为霜冻日前一日 14 时本站气压、气温、相对湿度、风速。

李亚春等(2014)基于日最低气温、持续时间以及出现时间构建评估指标(表 7-12),对 2013 年苏南茶树春季低温霜冻害等级进行定量评估,利用公式计算出霜冻指数,结果表明苏南茶树霜冻害总体达到中度到重度的等级。

$$I_{frost} = \begin{cases} 0, & D_f < 0; \\ -0.1T_0 + 0.2\,H_0 + 0.02\,D_f, & -5.0 \leqslant T_0 < 0\ \text{且}\ D_f \leqslant 15; \\ 1, & T_0 < -5.0\ \text{且}\ D_f > 15. \end{cases}$$

$$(7\text{-}22)$$

式中:T_0 是霜冻过程中地表最低温度(单位:℃),H_0 是地表最低温度不高于 0 ℃ 的持续时间(单位:d),D_f 为春季终霜日与 3 月 15 日的间隔(单位:d)。

表 7-12　苏南茶树春霜冻评估指标

霜冻等级	评估指标
无冻害	0
轻度	(0,0.3]
中度	(0.3,0.5]
重度	(0.5,0.75]
特重	(0.75,1]

3. 遥感法

遥感方法是霜冻灾害监测的一种手段,采取地基和空基相结合的方法,通过误差对比,确定合适的反演地面最低温度的分裂窗算法;结合实测资料,得到订正的遥感地面最低温度;利用 GIS 技术实现冬小麦晚霜冻害的遥感定量监测。

霜冻害的评估可采用人工调查与遥感技术相结合的方式。人工调查评估直接采用人工调查霜冻害发生面积,以霜冻害对农作物造成的减产程度界定灾害的等级,用受灾面积和等级描述灾损程度。由于植物霜冻害一般都是由冷空气入侵、下沉引起降温而造成的,凹地更容易遭受霜冻害,"雪落高山霜打洼"就是这个道理,因此,在相同的天气、植物种类和植物发育期条件下,凹地发生霜冻的可能性及危害程度要比岗地大得多。

遥感灾损评估法利用卫星资料分析计算的霜冻受灾作物、受灾面积和等级,结合不同霜冻等级造成的作物减产情况和灾害空间分布,评估大面积种植作物的灾损程度。与人工调查评估法相比,该方法具有客观、收集情报迅速、节省人力物力等优点。但因受卫星空间分辨率的限制,在小面积种植的作物灾损评估方面,目前还必须依赖于人工调查。

四、霜冻预报预警

霜冻灾害的预报预警主要是通过预报有无霜冻天气出现来实现的,主要利用天气学或统计学方法或数值模拟技术,开展最低气温和地温的预报。进一步可以根据霜冻与气温和地温的关系及分区预报霜冻的标准,判别预报区内有无霜冻。灰色系统理论也常用于不同等级的霜冻或初霜期的预报。中国气象局制定的气象灾害预警信号中,对霜冻灾害的预警信号作了规定,明确霜冻预警信号分为三级,分别为蓝、黄、橙三色。

霜冻蓝色预警信号表示 48 h 内地面最低温度将要下降到 0 ℃以下,对农业将产生影响,或者已经降到 0 ℃以下,对农业已经产生影响,并可能持续,对农作物、蔬菜、花卉、瓜果、林业育种要采取一定的防护措施。

霜冻黄色预警信号表示 24 h 内地面最低温度将要下降到 -3 ℃以下,对农业将产生严重影响,或者已经降到 -3 ℃以下,对农业已经产生严重影响,并可能持续,对农作物、林业育种要积极采取田间灌溉等防霜冻、冰冻措施,尽量减少损失;对蔬菜、花卉、瓜果要采取覆盖、喷洒防冻液等措施,减轻冻害。

霜冻橙色预警信号表示 24 h 内地面最低温度将要下降到 -5 ℃以下,对农业将产生严重影响,或者已经降到 -5 ℃以下,对农业已经产生严重影响,并将持续,对农作物、蔬菜、花卉、瓜果、林业育种要采取积极的应对措施,尽量减少损失。

思考题

1. 作物旱情指标分哪几类?
2. 农业干旱预报有哪些方法?
3. 什么是小麦干热风? 小麦干热风分哪几种类型?
4. 什么是低温冷害? 冷害致灾机理是什么? 低温冷害预报方法有哪些?
5. 什么是霜冻? 监测方法有哪些?

第八章　农业气象情报

第一节　农业气象情报及其作用

一、情报的概念

情报的本质是知识。知识是人的主观世界对于客观世界的概括和反映。随着人类社会的发展，每日每时都有新的知识产生，人们通过读书、看报、听广播、看电视、参加会议、参观访问等活动，都可以吸收到有用知识。没有一定的知识内容，就不能成为情报。

传递性。知识之成为情报，还必须经过传递，知识若不进行传递交流、供人们利用，就不能构成情报。

效用性。人们创造情报、交流传递情报的目的在于充分利用，不断提高效用性。情报为用户服务，用户需要情报，效用性是衡量情报服务工作好坏的重要标志。情报的效用性表现为启迪思想、开阔眼界、增进知识、改变人们的知识结构、提高人们的认识能力、帮助人们去认识和改造世界。

二、农业气象情报

早在农业气象事业发展之初，一些国家就开展了农业气象情报工作。如在美国，此项工作的历史已有 100 年以上。苏联从 1922 年开始编发农业气象情报。中国自 1958 年起开展农业气象情报服务，现在已成为从中央到地方的农业气象业务工作内容。

农业气象情报是分析、鉴定过去和当前已经出现的农业气象条件及其对农业生产已经造成的利弊影响，并根据未来可能出现的农业气象条件和当前农业生产现状提出相应的措施建议的服务产品。其目的是向政府及农业生产部门、生产者提供已经发生和即将发生的农业气象信息，使相关人员根据这些情况，采取相应措施，开展农业生产。

三、农业气象情报的作用

农业气象情报和农业气象预报一样,都属于农业气象报导,并且都是以农业气象条件对农业生产的影响作为分析和报导的内容,但两者在报导内容的侧重方面又有所不同。农业气象预报重点在于报导未来即将出现的农业气象条件,并鉴定它对农业生产的可能影响;而农业气象情报重点则在于报导已经出现了的农业气象条件及其对农业生产已产生的影响。各级气象业务部门开展农业气象情报服务有着重要作用,具体表现在以下几个方面。

(1)气象条件对农业生产影响很大,随时了解气象条件及其对农业生产的影响情况是夺取高产、掌握农业生产主动性的必然要求。气象业务部门开展农业气象情报服务的目的,就是及时分析过去及当前气象条件对农业生产造成的有利或不利影响及程度,随时向农业生产领导机关和生产部门反映,提供气象条件状况及其对农业生产影响的信息,使领导机关和生产单位及时采取相应措施,努力做到趋利避害,保证农业稳产增产。例如,南方双季稻早稻播种育秧期间,经常会出现低温连阴雨天气,这种天气会造成不同程度的烂种死苗,既浪费人力物力,还延误农时季节。早稻播种后,广大农村干部群众对是不是有低温天气、已经出现的低温强度怎么样、连续阴雨天气会不会持续、持续多少天、是否需要采取防御措施等这些问题非常关心,这时如能及时编发与春播育秧天气有关的农业气象情报,农业生产者、管理部门就可以根据农业气象情报提供的信息,采取相应措施。又如,我国北方地区春旱比较严重,对春耕播种及越冬作物返青后的生长影响很大。这时气象部门提供的墒情报,可使领导具体了解当前的旱情及其分布特点,从而为是否动员和组织群众抗旱提供科学依据。

(2)为农业生产部门总结生产经验,为农业科研单位进行科学研究总结提供系统的农业气象资料和科学依据,并为气象服务工作积累服务经验。一份农业气象预报不仅有必要的调查资料,有的还附有专门的观测和试验研究资料,多数情报都附有有关的气象资料和物候资料,这些资料都是进行农业生产阶段总结和年度总结有用的素材,也是进行科学研究总结所必需的资料。这些资料可定量地说明气象条件的特点,对农业生产的影响程度以及各种农业技术措施的效果。还可根据农业气象基本理论,对一些生产问题做出科学的解释和说明,总结出当年生产中的经验教训,这对指导以后的生产是很有意义的。比如,湖南省气象台在1975年3月编发的《我省早稻育秧的农业气象条件》,在分析历年寒潮活动规律、回暖时段和日平均稳定上升到10 ℃的日期的基础上,指出早稻大批播种安排在春分节气(即3月下旬后期)寒潮过后是比较理想的;同时说明了为什么要抓住冷尾暖头播种及实时播种的好处。这些分析至今仍是湖南甚至长江中下游地区安排早稻播种期的重要参考依据。

(3)农业气象情报和农业气象预报互相补充、互相结合,可更充分发挥农业气象报导对农业生产的保障作用。农业气象情报是制作农业气象预报的前提,农业气象预报在分析前期农业气象条件的基础上,对未来农业气象条件的变化及其对农业生产的影响做出预估,并通过对天气预报做出及时的释用、补充和订正,使分析报导的农业气象条件逐步接近实际,参考指导意义更强。由于种种原因,农业气象预报的准确性受到一定限制,还不能十分准确。而农业气象情报则能客观地反映已经出现的实际情况,提供可靠的资料。因此,及时有效的农业气象情报可起到随时补充和订正已发布的农业气象预报的作用,使其更加符合实际情况,服务效果更好。

第二节　农业气象情报的种类与业务流程

一、农业气象情报的种类及其主要内容

农业气象情报,是在广泛收集农业气象资料的基础上,根据农业气象指标,进行资料的整理分析,鉴定其对当前农业生产的影响,提出趋利避害的建议。按报导的时间和内容特点,农业气象情报可分定期和不定期两类。

定期农业气象情报包括每日公报、周报、旬报、月报、季报和年报等,一般有固定的编发时间规定。主要内容包括:

(1)过去和当前的天气气候特点;

(2)农业生产对象生长发育和病虫害发生的状况;

(3)当前存在的农业气象问题及其对农业生产的影响以及对未来气象条件的展望;

(4)措施与建议;

(5)有关的农业气象资料图表。

不定期农业气象情报主要是针对特殊情况和需要而编制,如农业气象灾害影响评估或灾情报、雨情报、作物生长发育农业气象条件评价、关键农事季节农事活动气象条件评价、农业气象调查分析报告和围绕某项作物产前、产中、产后的系列化的专项情报以及针对设施农业、特色农业、养殖捕捞业、草原畜牧业等专业门类、专门问题的情报等农业气象专题报告,这类农业气象情报的编发时间一般不宜硬性规定,但必须根据具体农业生产实际需要,及时编制,适时发布。

1. 定期农业气象情报业务产品

(1)农业气象周(旬、月)报

在周(旬、月)末编发的农业气象情报。基本内容有:周(旬、月)内天气、气候概况

（降水、温度、日照等），农业生产概况（作物生长发育状况、墒情等），时段内天气、气候条件对农业生产的影响评价分析，农业气象灾害情况评估，根据未来天气、气候条件预测提出当前及今后一段时期农业生产措施建议，主要气象要素、农情要素图、表资料（如降水量、平均气温、空气相对湿度、土壤湿度、发育期）等。

省级农业气象旬（月）情报报告，主要是就全省农业气象监测网获得的每旬、每月的气象要素、农业气象要素、作物生长状况、有利和不利的气象条件、产量结构调查等资料，综合分析制作的旬（月）农业气象报告。

（2）农业气象季报

针对过去一个季节或农业生产季度的气象条件及其对农业生产影响而编制的一种定期农业气象情报。基本内容有：①评述过去一个季节或农业生产季度的基本天气、气候条件；②鉴定过去一个季节或农业生产季度的气象条件对当地主要农作物、经济林木、牧草生育和产量形成、家畜以及各项农牧事活动等方面的影响；③季内主要气象、农业气象灾害的影响范围、强度、作物受灾强度的分析；④附以必要的气象和农业气象要素资料、图表。

（3）农业气象年度报告

针对过去一个农业年度的气象条件及其对农业生产影响而编制的一种定期农业气象情报。基本内容有：①过去一个农业生产年度的基本天气、气候特点的简要分析与评价；②综述过去一个农业生产年度的光、热、水等气象条件的特征；③分析和评定天气、气候和农业气象条件对作物、经济林木、牧草生长发育以及产量的影响，这是年度报告的主要部分；④与常年情况对比分析并评述当地各农业生产季节的水/热状况，光照条件及灾害性天气条件，包括出现的初终日期、次数、受灾面积、受灾程度、受灾作物及品种等；⑤采取的农业技术措施及其效果；⑥附有气温、降水等气象要素以及农业气象灾害资料、图表等。

与农业气象旬（月）报不同的是，一般年报中不进行下一年的农业气象条件利弊影响的预测。

（4）土壤墒情报（土壤水分监测公报）

土壤墒情报主要在农时阶段，分析时段内农田土壤水分状况（墒情）及其对农业生产影响的农业气象情报。基本内容有：①各类农田耕层或作物主要根系分布层土壤水分的实测资料分析；②按照作物各生育时期对土壤水分的要求，分别对各类农田的土壤水分状况进行分析，并做出不同适宜程度的评定；③对未来时段内各类农田土壤水分状况可能发生的变化及其对作物的影响做出预测；④向农业生产部门或生产单位提出应采取农业技术措施的建议。

土壤水分监测公报是描述每旬（候）全国（或全省）的土壤水分观测点的墒情分布状况及其变化的简报，通常逐旬（候）发布。主要内容包括旬（候）内观测点的墒情分布、与上一旬的墒情对比,以及对未来土壤墒情发展趋势的预测等。

2. 不定期农业气象情报业务产品

不定期农业气象情报报告,围绕关键农事季节、转折性天气、灾害性天气等进行专题分析与展望,突出服务的时效性和针对性,主要包括特殊农业气象和天气事件、二十四节气与农业生产、主要作物全年生育期农业气象评述等报告。

(1)灾情报或农业气象灾害影响评估

分析干旱、渍涝、低温、霜冻、大风、冰雹等农业气象灾害的发生及危害情况的一种不定期农业气象情报。多在灾害发生过程中或灾害结束后及时编发。基本内容有:①灾害名称、起止时间、强度、影响的地区及范围;②危害的作物、经济林木、农业设施、牧草、牲畜等;③危害的程度、损失估计;④采取的抗灾救灾措施和农业技术手段等。

(2)雨情报

某一地区某一时段内降雨情况的一种不定期农业气象情报。雨情报常规需要按 12 h、24 h 等时间间隔定期编发。在干旱期间,每逢雨后,特别是在解除旱象的透雨后编发。基本内容有:①过去 12 h、24 h 或一段时间的降水性质、强度、降雨量等,干旱季节还需分析降水起止和持续的时间以及降雨渗透的土层深度等;②按农田类型、作物种类和生长发育状况等鉴定对当时农业生产的影响,做出定性或定量的评定;③未来 12 h、24 h 或一段时间可能出现的降雨及其对农业生产的影响预估;④当时农业生产或防汛抗旱应采取的措施、建议等。

(3)作物生长发育农业气象条件评价

国家级和各省级情报服务部门经常在作物收获完毕或某一个生育期结束后编制专题产品,对一些大宗的粮油作物和本省重要的经济作物的全生育期或部分关键生育期的农业气象条件进行评价。全生育期的农业气象条件评价产品有早稻、晚稻、一季稻、小麦(冬小麦、春小麦)、玉米(春玉米、夏玉米)、棉花、油菜、大豆等大宗粮、棉、油作物的全生育期农业气象条件评价,以及烟草、甘蔗、苹果等特色农作物、农产品全生育期的农业气象条件评价。针对某一个生育期的评价产品有冬小麦越冬期农业气象条件评价、玉米抽雄期农业气象条件评价、棉花开花期农业气象条件评价等。

(4)关键农事季节农事活动气象条件评价

在作物播种期、收获期、移栽期等重要农事季节,编制农事季节气象条件利弊影响评价的专题产品。主要内容有作物适宜的农事日期建议、农事活动期间的天气条件分析、农事建议等。这类产品有春耕春播期气象条件影响分析、夏收夏种气象服务专报、秋收秋种气象服务专报等。近几年国家级和各省级情报业务部门在夏收、秋收的关键农事季节都加密提供专门的情报气象服务信息,主要内容有作物收获进程、作物收获期气象条件分析和预测及农业生产建议等。

（5）农业气象专题报

针对当地当时农业生产中的某个农业气象问题而专门进行的农业气象调查、试验和分析的报导，也称专题农业气象报导，是一种不定期的农业气象情报。主要有：①提出当前农业生产中存在的主要农业气象问题；②针对所提出的问题进行调查、试验和分析；③未来可能出现的农业气象条件及其对农业生产影响的估计；④生产上应采取的措施与建议；⑤农业气象资料、图表。

（6）重要天气报告

在决策或公众服务的过程中，有时需要对一次极端或剧烈变化的天气（经常是关键性、灾害性、转折性"三性"天气）过程的农业生产影响做出分析评价，属于不定期的一次天气过程对农作物生长发育影响的评述产品，主要内容有这次天气过程的特点、发生范围、利弊影响和农业生产建议等，比如降雨、降雪及大风降温天气对农业生产的影响等，有时在开展服务时可以将其与灾情报或者雨情报合并。

二、农业气象情报业务流程

农业气象情报的种类多种多样，农业气象业务部门通常按照周年农业气象服务大纲的要求以及服务工作的实际需要，当开展的农业气象情报种类、形式和基本内容确定了以后，即可按流程编制某一具体的农业气象情报，见图 8-1。从业务实践看，农业气象情报业务制作流程主要包括以下几个步骤。

1. 制定周年情报方案

制定周年情报方案是制作农业气象情报的前提，也是提高农业气象服务质量的保障。周年情报服务方案可以使农业气象工作正常化和制度化，使服务工作心中有数，有助于农业气象情报做到目的明确、有的放矢，否则，就可能出现服务不及时、内容不到位的情况。

编制周年情报方案的主要依据是当地的农业生产规律和农业气候规律以及农业生产中常见的气象问题。

周年情报方案的主要内容包括制作发布情报的内容、时间，如周报、旬报、月报、季报、半年报、年报以及春播、秋播、作物收获等关键农事季节等时间相对固定的定期农业气象情报。在周年方案中，还要有应急方案，也就是前面讲的不定期情报，如雨情报、病虫报、农业气象灾害专题报道以及根据用户的要求提供的专题咨询服务等。此外，周年方案还包括人员安排，情报发布的主要范围、传输方式等。

2. 资料收集

资料收集处理是编制农业气象情报的基础。收集资料时，既要收集历史资料，也要收集近期实况资料，还要收集文献资料；然后，对资料的可靠性进行检验，处理成能够供制作情报使用的基本图、表。

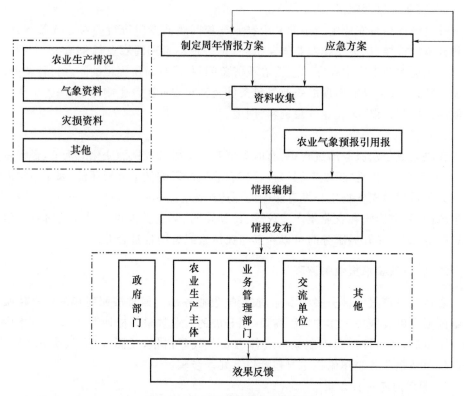

图 8-1　农业气象情报业务流程图

历史资料主要包括反映当地农业气候状况、农业生产状况以及基础背景的资料，必要时还要查阅本地区有代表性站点的资料。

实况资料主要包括近期出现的天气气候状况，如降水、温度、日照、风等气象资料，这些资料除来源于农业气象业务台站外，还可来源于没有农业气象业务的气象台站。除气象资料外，实况资料还包括卫星遥感资料、作物发育期和长势、灾害名称、受灾面积以及灾前、灾后的防治措施和效果、农业产量等农业资料。农业资料除来源于农业部门外，还应深入农业生产第一线，实地调查获取。

文献资料主要是与农业气象情报服务有关的研究成果，如农业气候指标、作物气象指标、农业气象灾害指标等。

3. 情报编制

情报编制通常包括两个方面的内容：资料分析、情报编制。资料分析是对收集到的各种信息运用农业气象指标、相应的分析方法等进行必要的评价。分析和评述主要围绕水分条件、热量条件、气象灾害及对作物或牧畜生长发育状况的影响等方面进行，这部分是农业气象情报的核心。无论编制哪种类型的农业气象情报，都要分析和鉴定已经出现的气象条件对农业生产的利弊影响。因此,情报编制的过程实质上就是对收集的有关资料进行分析,鉴定其对当前农业生产的影响,并结合有关的农业气象预报,用简练的文字和必要的图表描述情报内容的过程。

农业气象情报要想取得好的服务效果,编制时应重点把握以下几点:

(1)内容的针对性。农业气象情报,特别是专题农业气象情报,大多是针对当地当前农业生产上某种农业气象条件的后果而编制的,所以其针对性很强。另一方面,农业生产是一个历时较长的过程,在这个过程中,与农业生产有关的农业气象问题有很多,而其中有些气象问题对农业生产的影响较小,有的影响较大。所以,开展农业气象情报服务,不一定要面面俱到,要分清主次,抓重点、抓关键,抓住当时农业管理和生产部门最为关心的农业气象问题,特别是重大农业气象问题,开展有针对性的服务。比如,冬季出现异常大雪天气,就应及时报导这次大雪的情况,分析大雪对小麦、油菜、经济林木、露地蔬菜等生长发育的利弊影响以及应采取的措施。

(2)时间的及时性。农业生产具有很强的季节性,但天气是瞬息万变的,因此不论是定期的农业气象情报,还是专题农业气象情报,都应该在第一时间开展调查、及时分析,用最短的时间把农业气象情报编发出去。比如要编发一份"春播前农业气象情报",但这份情报没有在春播前编制、发布出去,而是到了春播即将结束甚至已经结束才编发,显然,这份情报是没有价值的。

(3)措施建议的实用性。根据未来可能出现的农业气象条件和当前的农业生产现状提出相应的措施建议是农业气象情报的重要组成部分。所以,农业气象情报除了已有的农业气象、农业信息外,还要有明确的措施和切实可行的操作建议,切忌措施、建议泛泛而谈,无操作性,更忌只有观点,没有建议。比如在长时间的高温无雨天气后的农业气象情报,就应根据后期的降水预报,提出要不要灌溉、怎么灌溉的措施建议。

4. 制作农业气象情报图表

农业气象情报图表,主要是绘制旬(月)气象要素等值线图,内容包括区域逐日降水量和过程累积降水量、旬(月)平均气温及距平、降水量及距平百分率、日照时数及百分率、极端气温、平均最高最低气温、大风日数、阴雨日数等二十多项常用的农业气象要素。

5. 情报发布

农业气象情报只有送达到服务对象手上,才能体现其价值。因此,编制完成的农业气象情报应该及时通过信件、电视、电话、互联网等各种方式,按规定的程序传送出去,送达服务对象手中。

6. 效果反馈

情报的效果反馈对于检验农业气象情报工作,改进情报服务水平,提高服务质量非常重要。效果反馈既包括用户对农业气象情报服务的整体评价和意见,也包括用户对气象服务的需求。如农业气象情报是否及时、提出的措施建议对农业生产是否有指导意义以及今后需要改进、提高的环节等。农业气象情报效果反馈的形式多种多样,可以结合农业气象情报服务材料进行,即在服务材料后面附上相应的效果调查表,由用户根据对情报的使用情况填写调查表,反馈给农业气象情报编发单位,也可以采用与用户面对面交谈的形式等。

第三节　农业气象条件的分析和鉴定

无论编制何种形式的农业气象情报,都要准确、客观地分析、鉴定前期已出现的农业气象条件的特点、利弊及其对农业生产的影响,这是评价前期气象条件对农业生产影响的利弊及其程度的基础,也是提出农业生产应对措施及建议的依据。在对前期农业气象条件的分析、鉴定时,一般运用有关农业气象指标或农业气候模式,采用对比分析的方法,对该时期总的天气特点和农业气象条件进行评述,也可以结合作物生育阶段进行,进而评判气象条件的优劣。分析、鉴定的内容通常包括热量条件、光照条件、水分条件等农业气象条件及农业气象灾害和农作物生长发育状况等方面。

一、热量条件的分析鉴定

热量条件对作物的生长发育和农业生产活动有着多方面的影响,故需要鉴定和评价的内容也是多方面的。目前,在农业气象情报中,应用较多的是热量条件对作物生长发育状况和发育速度影响的分析鉴定。其具体鉴定时常用以下两种方法:一是直接利用当年农作物的物候观测和生长状况的观测资料与历年同期的观测资料进行比较;二是统计计算当年前一时期的积温或有效积温数值,并与历年同期的积温或有效积温进行分析比较。因为作物生长状况的好坏和发育速度的快慢受热量条件的影响很大,因此通过对当年作物生长状况和发育期观测资料与历年同期观测资料的分析比较,就可以评价前期热量条件的利弊。又因为前期积温与作物发育速度有密切关系,所以,通过对前期积温的分析就可以了解热量条件对作物发育影响的状况。例如,河北省藁城县气象局通过对历年冬小麦产量形成期间的农业气象条件进行分析,得出当年3月中旬至4月中旬日平均气温<10 ℃的天数连续达20 d以上时,有利于小麦小穗分化;夏玉米籽粒形成期日平均气温≥18 ℃,有利于灌浆增重,日平均气温<18 ℃时,不利于籽粒灌浆增重和产量形成。利用这些结论就可以鉴定相应时期热量条件对冬小麦或夏玉米生长发育的利弊影响。

二、光照条件的分析鉴定

对于感光性较强的作物,还要对光照条件进行分析鉴定。例如,大豆开花后,短日照使生殖生长期明显加快,开花期、开花至鼓粒期、鼓粒期及终花至成熟日数均缩短。开花后延长光照时,生殖生长期延长,干物质积累增加,结实器官的数量增多。在霜前可以成熟的前提下,长日处理可起到增产效果。但如果光照太长将使成熟偏晚,营养生长过旺,造成霜前不熟和明显减产。根据大豆发育期变化就可以分析鉴定光照条件对大豆生长发育的利弊影响。

因此,对于这些感光性较强的农作物,它们的生长状况和发育速度,除了受温度高低的影响外,还受光照长短的作用,所以有时把光照条件也放到热量条件这部分来一起分析鉴定。例如,江苏省南京市农业科学研究所在分析、鉴定光照和热量条件对后季稻齐穗期的影响时,采用光温经验模式,即可根据后季稻的播种期及以后的温度、光照和秧龄状况计算出齐穗期。至于对农作物生长状况的评定,可结合有关的指标进行。再如,湖南春播育秧不仅受温度的影响,光照条件对育秧也有很大影响,长时间的阴雨天气不利于秧苗生长发育。按照《湖南省地方标准》,春播期间出现 7～9 d 日降水量≥0.1 mm,过程日平均日照时数≤1.0 h 的天气过程即为轻度连阴雨,如果这种天气过程达到 10～12 d,即为中度连阴雨,这种天气过程达到 13 d 以上,即为重度连阴雨。利用上述标准,就可分析鉴定春播期间的光照条件及其对春播工作的影响。

三、水分条件的分析鉴定

降水量和土壤墒情对农作物生长发育和田间工作的影响是需要鉴定和评价的重要内容。在鉴定和评价水分条件是否适宜时,通常采用与作物生长发育密切相关的与水分有关的农业气象指标。水分指标有多种形式,例如,北京通过分析降水量对棉花的影响时发现,7 月 5—29 日、7 月 30 日—8 月 13 日的降水量多少直接影响蕾铃脱落量并最终影响产量(表 8-1)。

表 8-1　北京地区阶段降水量与棉花产量形成的关系

时　段	7 月 5—29 日	7 月 30 日—8 月 13 日
适宜条件(丰收)	<100 mm	<130 mm
一般条件(平收)	100～200 mm	130～260 mm
不利条件(歉收)	>200 mm	>260 mm

分析鉴定一个地区的水分条件,除了降水量指标,土壤的水分状况也是重要指标,而且这个指标从某种意义上更能反映水分满足农作物需求的程度。因此,有土壤墒情(水分)资料的台站,可以用土壤水分指标如含水量、土壤相对湿度、耕层土壤有效水分含量和作物的需水指标等分析鉴定水分供应状况的优劣。例如,当 0～20 cm

土层的土壤相对湿度≤60%时,将出现旱象;玉米生长的土壤水分指标,对壤土而言,幼苗期应保持的土壤湿度为 14%～15%,拔节期为 16%～17%,抽穗期为 17%～20%,灌浆期为 17%。总之,0～20 cm 土层含水量以不小于 15%才比较适宜;对一般谷类作物,当 0～20 cm 土层有效含水量<5 mm 时,则不能出苗,5～10 mm 时发芽缓慢,>30 mm 时才能正常发芽出苗。

上述评定播种水分条件的形式,本质上主要是看耕层内含水量的多少。实际农田生产和气象服务过程中,根据播种层内土壤湿度状况评定农田播种条件时,还应注意播种层下的土壤墒情。有时,虽然播种层内土壤水分已下降到临界值,但其下层墒情较好,这时,如果采取深耩浅盖和插后镇压等措施,则仍保证可以正常出苗。

在农业机械化生产的情况下,分析、鉴定土壤水分状况对农业机械田间工作的影响也应是一部分重要内容。土壤过干或过湿都会直接影响机械作业的效果和质量,或决定其作业能否进行。一般而言,在土壤湿润不良,呈干硬板结状态时,以及当土壤过分湿润,呈稀泥状态时,均不利农业机械作业,或虽可进行作业,但耗油多且质量不好。只有在土壤湿润状况良好,呈松软可塑状态时,农机作业效率较高,质量也可保证。其他有关分析、鉴定水分条件的指标还有许多,这里不再一一列出。

四、综合条件的分析鉴定

农业气象条件对农作物生长发育的影响往往不是单因素的,而是光、温、水等要素综合影响的结果。所以,对农业气象条件的分析、鉴定,除了对光、温、水进行单项分析鉴定外,还需要对它们进行综合分析鉴定。综合分析鉴定通常是利用一些综合指标如干旱度、干燥度、温光积等。例如,张宝堃等(1956)用水热比值指标 $K=0.16\sum t/R$ 来表示干旱程度(式中 K 为干旱度,$\sum t$ 为>10 ℃的活动积温,R 为同期降水量,当 $K<1$ 时表示水热条件适宜,当 $K>1$ 时则表示开始出现干旱)。

五、农业气象灾害的分析鉴定

农业气象灾害的分析鉴定是根据气象灾害指标及其对农业生产的影响程度及危害等级来进行分析鉴定。农业气象灾害主要指农作物生长发育期间出现的旱涝、高低温、霜冻、干热风、寒露风、冰雹等。

例如,在内蒙古地区,凡受一次冷空气影响,最低气温降至 0 ℃以下,且日平均气温 24 h 降温 $T_{24}\geqslant12$ ℃或 48 h 降温值 $T_{48}\geqslant14$ ℃,则定为强寒潮天气;当 24 h 降温值 10 ℃$\leqslant T_{24}<12$ ℃或 48 h 降温值 12 ℃$\leqslant T_{48}<14$ ℃,则定为寒潮天气;当 24 h 降温值 8 ℃$\leqslant T_{24}<10$ ℃或 48 h 降温值 10 ℃$\leqslant T_{48}<12$ ℃则定为强冷空气。当日最低气温降至 -20 ℃或以下时,寒潮等级可相应提高,即平均降温达强冷空气标准,可确定为寒潮,平均降温达寒潮标准,可确定为强寒潮。根据以上气象指标,结合表 8-2,

就可以对出现在内蒙古的冷空气进行分析评价。

表 8-2　寒潮灾害等级与受害对象症状

等级	牲畜受害症状	作物受害症状
强冷空气	牲畜膘情下降,部分母畜流产,幼畜死亡,基本不影响畜群出牧	农作物、蔬菜、果树轻度受损,较易恢复,基本不影响产量
寒潮	牲畜膘情明显下降,母畜流产,幼畜死亡现象较重,影响畜群出牧	农作物、蔬菜、果树受冻较重,部分较难恢复,影响作物产量形成
强寒潮	牲畜受冻害严重,成畜(羊群)因挤压而大量死亡,母畜流产,幼畜死亡现象严重,畜群出牧受到较大影响	农作物、蔬菜、果树受冻严重,大面积死亡,生长很难恢复,作物产量受到严重影响甚至绝收

六、作物生长发育的分析鉴定

在编制许多农业气象情报时,除了农业气象条件的分析鉴定以外,经常需要进行农作物生长发育状况的分析鉴定,分析的项目通常是衡量农作物长势的农艺性状指标。如发育期早晚、植株高度、总茎数、有效茎、一类苗比例、二类苗比例、三类苗比例、受害症状、受害面积等等。例如,在进行小麦返青期农业气象条件分析时,除了分析水热条件外,还常以总茎数多少为主要依据,把麦苗分成不同等级或类型。如总茎数在 130～150 万/亩的为旺苗,总茎数<50 万/亩的为弱苗等。

不同苗情在相同的农业气象条件下,其作用结果是不同的,相应的农业技术措施也有差异。因此,农作物生长发育状况的分析鉴定不但可以间接衡量前期综合农业气象条件的优劣,也可作为后期采取农业生产措施的依据。例如,作物前期长势较差就应该适当追施肥料,长势好就可以少施或免施肥料。农作物生长发育状况的分析鉴定还可为农业气象灾害预警提供参考,比如小麦干热风预警就可以根据小麦前期生长发育状况而定,前期生长健壮时指标可以适当提高,前期生长较差、抗性差时指标可以适当降低。

思考题

1. 什么是情报,有哪些基本属性?

2. 什么是农业气象情报? 其作用有哪些?

3. 农业气象情报的主要内容有哪些?

4. 农业气象情报业务流程有哪些?

5. 如何分析和鉴定农业气象条件?

第九章　现代农业气象服务

本章概述了国家、省、地、县级农业气象服务的内容,介绍农业气象服务产品的类别、内容、基本规范和流程,并介绍县级农业气象服务平台的基本功能和县级业务平台、服务信息主要发布和传播途径。

第一节　现代农业气象服务内容

一、国家级现代农业气象服务

1. 农业气象产量预报

发布全国水稻(早稻、一季稻、晚稻)、小麦、玉米、棉花、大豆、油菜、秋收作物和夏收作物等主要农作物的农业气象产量(包括单产、总产)预报以及产草量、载畜量预报。

2. 农业气象情报

发布全国农业气象定期和不定期情报,包括主要天气特点、作物生育状况、主要农业气象灾害、展望与建议等内容。

3. 重大农业气象灾害监测评估与预警

发布不同时间尺度的全国范围的重大农业气象灾害信息,如农业干旱、低温冷(冻)害、高温热害等监测、预报、预测、预警和评估等信息。

4. 农林主要病虫害气象预测预报

发布长期(提前一年或一个生长季节)、中期(提前一个或数个月)、短期(提前几天或几旬)等不同时效的全国作物、林木等主要病虫害发生气象预测预报。主要内容包括病虫害的发生或流行时间或时段、发生或流行的分布区域、发生或流行特征(如发生密度、流行速度、严重性、危害程度、可能损失等)。

5. 农业气象专题分析

在播种、收获等重要农事活动季节或作物授粉、灌浆等关键生育期,异常、转折性天气气候事件对农业生产产生重要影响时,及时发布农业气象专题服务。

6. 土壤水分监测公报

根据土壤水分观测周期,按一定的时间步长发布全国土壤水分监测公报,主要内容包括土壤监测层的水分状况、动态变化等。

7. 卫星遥感监测分析

定期发布植被、水体产品、灾害等遥感监测产品。

8. 农业气候区划和资源利用

开展全国光合生产潜力、光温生产潜力和气候生产潜力以及气候资源承载力等的精细化评价,以及面向单一作物、特色农业、设施农业、林业、畜牧业和渔业等专项的精细化农业气候区划。

9. 农用天气预报

开展农用天气预报技术指导和发布区域主要农事活动农用天气预报指导产品。

二、省级现代农业气象服务

1. 农业气象产量预报

水稻(早稻、一季稻、晚稻)、小麦、玉米、棉花、大豆、油菜等主产省(市、自治区)开展上述作物产量以及夏收作物、秋收作物的产量预报(包括单产、总产);牧业主产省区开展产草量和载畜量预报;其他省(市、自治区)选择本地的主要粮食和经济作物,开展农业气象产量预报。预报时效应较国家级提早5~10 d,频次和精度应不低于国家级。

2. 农业气象情报

参考国家级相应的业务要求,根据本省特点,开展更具针对性的农业气象情报(农田生态气象监测评估)服务。

3. 农业气象灾害监测评估与预警

根据本省特点,有选择地开展粮食作物、经济作物和林业、牧业、渔业等生产中的重大农业气象灾害(包括病虫害)监测评估、预报、预警。

4. 农业气象专题分析

根据国家级业务安排和本省特点开展农业气象专题服务。

5. 特色农业气象保障服务

结合本省实际,选择具有地方特色的农产品(水果、蔬菜、花卉、中药材等)开展生产、保鲜、储运等方面的气象监测预测和分析评估等。

6. 土壤水分监测公报

参考国家级相应业务要求,根据本省特点,开展更具针对性的土壤水分监测服务。内容、时效、频次和精度等,除满足国家级的业务需求外,还可以根据自身特点,另做要求。

7. 卫星遥感动态监测分析

根据作物长势、植被动态变化,以及水体、大雾、火灾、洪涝灾害、干旱等开展动态监测和分析。

8. 主要作物病虫害发生发展气象条件预报

根据主要作物病虫害发生发展的气象指标和天气实况及预报,对有利于作物病虫害发生发展的气象条件、范围、时间、影响对象和范围等要素进行预报,并提出相应防御措施。

9. 农业气候区划和资源利用

开展大宗粮棉油作物优势区、优质品种布局的精细化农业气候区划,尤其是丘陵山区气候资源、当地特色农产品布局、设施农业类型、水产养殖和林业的优势品种选择,以及牧草产量、品质与畜牧业气候适宜性等有专业特色的精细化区划与评价,提高农业气候资源利用效率。

10. 农用天气预报

结合农用天气指标体系,根据各类农用天气预报产品不同的制作时段,发布农用天气预报产品,实现主要粮食作物的播种、喷药、施肥、灌溉、收获、晾晒、储藏等农用天气预报产品的制作和分发。

三、地市级现代农业气象服务

1. 农业气象情报

根据当地农业生产需求,定期不定期制作发布周、旬、月等农业气象条件评价及对策建议服务产品。

2. 农业气象产量预报

包括当地市级主要作物和全年粮食总产量的趋势预报和定量预报,于作物收获前2~3个月发布趋势预报,分别收获前1~2个月和收获前半个月前发布定量和订正预报。

3. 农业气象灾害监测评价和预测

监测评价和预测农业气象灾害的发生发展情况以及对农业生产的影响。

4. 主要农林病虫害发生发展气象条件预报

根据主要农林气象型病虫害发生发展的气象指标和天气实况及预报,对有利于病虫害发生发展的气象条件、范围、时间、影响对象等进行预报。

5. 农业气象专题分析报告

不定期发布天气气候异常事件对农业影响的分析报告。

6. 农用天气预报

结合农用天气指标体系,根据各类农用天气预报产品不同的制作时段,发布农用天气预报产品,实现主要粮食作物的播种、喷药、施肥、灌溉、收获、晾晒、储藏等农用天气预报产品的制作和分发。

7. 农业气候区划和资源利用

在省级区划结果的基础上,地市级业务单位要针对当地的特色农业、设施农业、林业、畜牧业和渔业,尤其是针对丘陵山区的复杂农业气候类型,根据需要和可能开展各具特色的精细化农业气候资源区划与评价。

四、县级现代农业气象服务

根据上级业务指导产品,细化、释用并订正上级业务单位下发的业务指导产品,开发适合本地农业发展特点的现代农业气象服务产品,直接面向农民专业合作社、农村种养大户、县乡政府及村委会等开展农业气象服务。

1. 基础农业气象信息服务

着重开展基础农业气象情报与作物生产全程性系列化情报,对前期或当前的农业气象条件给出及时准确有针对性的定量化分析诊断。以大宗作物为重点,针对本地设施农业、特色农业等发展提供农业气象专题信息,为农业生产管理提供基础信息与客观依据。

(1)基础农业气象信息

包括日常性的农业气象周报、旬报、月报、年报,主要农事关键季节、重大农业气象灾害影响期内的农业气象日报。

(2)作物生产系列化农业气象信息

开展主要农作物产前、产中和产后的全程性系列化专项农业气象信息服务业务,定期或不定期连续发布专项农业气象信息产品。

(3)农业生产气象服务专题

积极发展适用于特色农业、设施农业、林业、畜牧业、渔业等农业生产过程的农业气象专题分析与诊断业务,及时发布专题信息报告。

2. 专业农业气象预报服务

围绕全县粮食安全生产和现代农业发展的需要,研究和制作动态化的农作物产量预报,针对农业播种、收获、施肥、喷药、灌溉等开展农用天气预报,完善农田土壤墒情与灌溉预报、发育期与物候期预报业务,积极做好农业病虫害发生气象等级预报,及时提供现代农业气象服务,实现农业气象预报业务的精细化。

(1)农作物产量、特色农业产量与品质预报

主要内容:重点跟踪大宗粮棉油等作物的生产过程,做好产量的动态预报,开展农业年景预测;积极拓展特色农产品产量与品质预报。

业务要求:依据作物生长发育的进程,实施滚动预报。

技术要点：综合应用农学、农业气象、天气气候、卫星遥感和农业生产投入等多源信息，逐步发展数理统计与模拟模型相结合的作物产量预报技术，制作作物产量预报。

（2）农用天气预报

主要内容：播种、收获、喷药、施肥、灌溉等天气指数预报。

业务要求：按照不同农事、农时关键时段定期定时发布。

技术要点：综合考虑作物关键时段适宜指标、污染物扩散条件分等，并与农业、植保部门密切联系，科学调整各类等级预报指数，依托气象预报定期制作发布相应服务产品。

（3）农田土壤墒情与灌溉预报

主要内容：以代表站点数据为依据，分析全县土壤墒情，根据后期天气形势预测，开展精细化的土壤墒情动态预报和灌溉指数预报。

业务要求：根据土壤墒情和农业生产的需要，不定期发布。

技术要点：农田土壤墒情与灌溉预报以土壤水分平衡和作物需水理论为基础，利用卫星遥感反演、天气气候与农业气象、土壤墒情等资料，结合作物状况与未来农用天气预报结果加工制作。

（4）发育期与物候期预报

主要内容：主要作物发育期与物候期预报。

业务要求：依据不同作物、不同时期的需求，在每个关键期及时收集信息，制作发布服务产品，不定期发布。

技术要点：利用作物栽培学、农业气象学等基础理论，根据历史作物发育期与物候期观测资料建立统计模型；结合作物模拟模型，在作物生长监测的基础上，提高发育期与物候期预报水平。

（5）农业病虫害预报

主要内容：农业病虫害发生发展气象等级预报、主要病虫害盛发期预报。

业务要求：根据作物关键生长期和易感期，结合天气形势科学分析和预报、及时制作服务产品，不定期发布。

技术要点：在病虫害发生发展历史监测资料的基础上，结合对应年旬气象资料、温雨系数，采用相关统计、因子逐步参与等分析方法，确定病虫害发生的关键气象因子和气象条件指标；实现不同时段对全年病虫害发生面积和等级以及盛发期的预测预报。

3. 农业气象灾害监测、预警与评估服务

围绕农业干旱、洪涝、霜冻、干热风等农业气象灾害，开展农业气象灾害立体化监测与诊断、重大农业气象灾害的预报与预警业务，及时开展农业气象灾前预估、灾中跟踪评估与灾后影响评估,为农业生产管理和决策部门指导防灾减灾提供依据。

(1)农业气象灾害立体化监测与诊断

充分依托地面观测站网、卫星遥感和 GIS 等技术,结合作物气象灾害等级指标,实现农业气象灾害立体化监测与诊断,并及时发布监测诊断产品。

(2)重大农业气象灾害的预报与预警

通过构建完善的农业气象灾害预测模型、指标体系、预警标准体系,及时发布重大农业气象灾害的预报与预警。

(3)农业气象灾害评估

积极开展主要农业气象灾害的动态、定量评估、灾前预估、灾中跟踪分析及灾后评估,及时发布旬(月)尺度的灾害评估产品。

(4)重大农业病虫害等级预报与预警

按照相关业务规范和标准,及时收集重大农业病虫害信息,制作农业病虫害等级预报预警材料,及时开展相关服务,提高农业病虫害等级预报的准备率与时效性。

(5)大农业气象灾害风险分析与防御

引入风险分析理论,开展重大农业气象灾害风险分析与对策研究,灾害发生时及时发布防御对策信息。

4. 农业气候资源开发利用与农业适应性服务

为促进农业气候资源的高效合理开发利用,为现代农业、生态环境应对气候变化,提供决策依据,深入开展精细化农业气候资源区划与评价业务;加强农业气候可行性论证并提出相应的决策建议,加强气候变化对主要农作物的影响分析,提出农业适应性的建议。

(1)精细化农业气候资源区划与评价

开展精细化农业气候资源区划,并通过相应平台发布区划与评价结果。

(2)农业气候可行性论证

开展农业气象可行性论证,增强气候意识,根据农业气候资源特点开展决策气象服务。

(3)气候变化对农业的影响及适应性分析

分析评估历史气候变化对主要农作物生产的影响,预测气候变化对农业生产的可能影响,并开展相应的对策研究。

第二节 现代农业气象服务产品

针对现代农业生产、管理、加工和贸易等需求,开展全程性、多时效、多目标、定量化的现代农业气象情报预报业务服务。除了以旬报(周报)、月报为主,根据需要和可能为农业生产提供墒情、雨情、灾情、农情等单项情报预报服务,必要时开展日报、年报服务,有条件的区县以上业务单位,逐步开展地方特色农业、设施农业的产量和品质等预报服务。各地尤其注重农业气象灾害的监测、预警与评估,合理开发利用当地气候资源,并利用遥感卫星等先进技术,释用上级现代农业气象灾害监测、预警与评估指导产品,补充、订正或发布重大农业气象灾害预警预报服务产品。

一、农业气象灾害的监测、预警与评估

1. 农业气象灾害立体化监测与诊断

选择对当地影响较大的农业气象灾害,释用上级业务单位开展实时农业气象灾害立体化监测与诊断的业务产品,结合指标判别和地面调查,开展农业气象灾害监测与诊断。

农业气象灾害立体化监测与诊断以地面观测信息判别分析为主,经过灾害指标定量半定量判别、模型诊断,并结合多源卫星遥感信息综合分析和地面实况调查,开展农业气象灾害立体、客观化监测与诊断。分析干旱、洪涝、低温、高温热害等主要农业气象灾害变化特征,以及特色农业、设施农业、林业、畜牧业、渔业等重大农业气象灾害的基本特征,进行重大农业气象灾害监测与诊断。

2. 重大农业气象灾害的预报与预警

及时补充、订正上级业务单位发布的重大农业气象灾害的预报,按照预警标准和规程发布不同时效的重大农业气象灾害发生时间、影响范围、危害程度等预测预报。

3. 农业气象灾害评估

根据上级农业气象灾害评估产品,及时进行农业气象灾害调查,客观评估农业气象灾害对粮食安全、大宗经济作物、特色农业、设施农业、林业、畜牧业、渔业等的影响,对农业气象灾害损失,进行灾中跟踪评估与灾后评估。

4. 重大农业气象灾害风险分析与灾害防御

根据国家和省级重大农业气象灾害风险区划,针对当地的特色农业、设施农业、林业、畜牧业和渔业等需要,开展农业气象灾害风险概率分析。

5. 农林病虫害发生发展气象条件预报

根据自身条件和当地需求,选择对当地影响较大、发生频繁的农林病虫害,根据病虫害发生发展气象条件等级指标,开展定期或不定期的病虫害发生发展气象条件等级分析预报。

二、农业气候资源利用与农业适应气候变化

在国家或省级业务单位指导下,深入开展精细化农业气候区划与评价、农业气候

可行性论证与辅助决策、气候变化对农业的影响和适应性分析。

1. 精细化农业气候区划与评价

在国家和省级业务单位开展精细化农业气候资源区划评价与分析的基础上,根据需要和可能开展各具特色的精细化农业气候区划与评价。

2. 农业气候可行性论证与辅助决策

根据当地农业工程建设和政府决策的需要,按照《中华人民共和国气象法》与相关管理办法,实施农业气候可行性论证并提出辅助决策建议。

3. 气候变化对农业的影响和适应性分析

积极配合国家、省级业务单位开展气候变化对农业生产的影响和适应性分析,形成气候变化对农业影响评估报告等产品,为各级政府在农业生产规划、布局和应对措施等方面提供科学依据。

三、卫星遥感动态监测与评估

在遥感监测中,针对水体、植被、森林火灾、大雾、积雪等开展了动态监测与评估,发布一系列的遥感监测公报。遥感监测一般省级或以上业务单位为主,县级主要是开展遥感产品的应用。

如湖南省气象科学研究所生态遥感中心开展洞庭湖水体遥感监测中,监测洞庭湖水体范围的动态变化(图 9-1)。

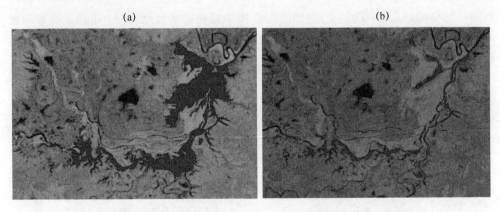

(a)　　　　　　　　　　　　　　　　(b)

图 9-1　湖南 2011 年特大春旱时与 2010 春涝洞庭湖水体面积监测对比

(a)2010 年 5 月 24 日,面积 1649 km²;(b)2011 年 5 月 17 日,面积 382 km²

湖南省气象科学研究所生态遥感中心利用自主研发的遥感监测系统,通过高温点监测,自动生成火险监测图,并通过系统自动得到火点的具体经纬度和地面覆盖信息,为快速监测火点,发布森林火灾监测公报提供软件平台。图 9-2 为湖南省火灾高发期监测到的大量火点信息。

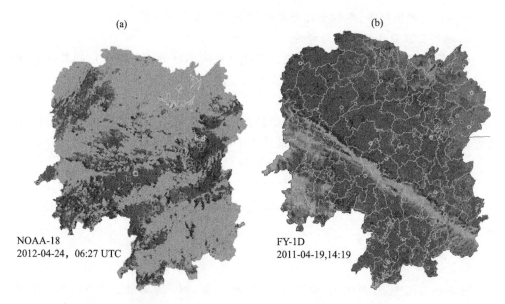

图 9-2　湖南在火灾高发时期对森林火灾监测情况（圈内为着火点）

(a)2012 年 4 月 24 日,48 个着火点;(b)2011 年 4 月 19 日,102 个着火点

　　遥感还在地表植被监测中大量应用,通过植被指数监测可进行地面生态质量评价以及作物长势监测。湖南应用 EOS/MODIS 卫星遥感进行植被监测,监测分析同期归一化植被指数(NDVI)变化(图 9-3)。图中监测结果显示,2011 年湘北受春旱影响,植被指数与 2010 年相当,湖南其他地区 2011 年植被指数好于 2010 年。这些监测结果还可为早稻作物估产提供参考。

图 9-3　2011 年 5 月 17 日(a)和 2010 年 5 月 24 日(b)卫星遥感植被指数分布图

第三节 农业气象服务规范和流程

一、农业气象服务基本规范

县级气象局,是我国农业气象服务体系建设的重要组成部分,是气象服务农业的前哨和基础。根据中国气象局关于加强农业气象服务体系建设的指导思想,各县应针对本区域特点,根据服务需求,制定县级农业气象服务基本规范。在现阶段的农业气象服务,无论是各类农业气象预报、情报、灾害预报预警等,均采用的是农业气象信息服务产品,此乃是贯穿服务全程的中心环节。因此应规范服务产品形式与内容,对服务材料、服务时效、服务覆盖面、服务方式提出明确要求,并进行服务效益反馈,旨在实现农业气象服务标准化、规范化。

1. 服务产品的加工

服务产品的加工是一项精细的工作,需要进行认真调研,分析第一手资料,包括定性与定量的分析,还要进行终极服务产品的编辑。

2. 服务产品的形式与内容

对于一般农业气象预报、灾害性天气预报、各专业气象预报服务产品,就要讲究一定的形式与内容,要讲究规范。服务产品的一般形式与内容主要包括四个部分:①前期气象条件对农业(或其他)影响的回顾;②未来天气预报与农业气象趋势预报;③对农业生产、农民生活、社会经济的利弊影响;④拟采取的主要对策与措施。对于粮食产量预测产品,一般包括:预报结论;预报依据,有利条件和不利条件;农事建议。

服务材料条理要清楚,要求基础资料数据全面、准确、可靠,数据加工处理科学,分析缜密,结论科学,建议措施可操作性强,材料尽量做到图(表)文并茂。

3. 服务时效

农业气象情报服务,要按照需求时间提供;旬(月)农业气象服务,在下旬(月)初前3 d内提供,作物适宜种植期预报与服务在常规种植期的一周前开始;夏收夏种、秋收秋种期间,进行3~5 d滚动农用天气预报服务;密切关注小麦、水稻、棉花等作物生长发育,及时预报病虫害易感期,并根据气象条件分析及预测,做好病虫害发生程度和流行趋势等级预报;作物生长期内出现影响作物生长不利的气象条件和灾害,及时开展服务;作物收获后及时进行生育期气象条件分析;常年开展农业气候资源评估服务。如江西省鹰潭市县级农业气象服务产品制作时间见表9-1。

表 9-1　鹰潭市县级农业气象服务产品制作时间

内容	县级上报时间	地级上报时间
产量预报	早稻:定性产量预报 5 月 19 日,定量产量预报 6 月 19 日 晚稻:定性产量预报 8 月 9 日,定量产量预报 9 月 29 日 柑橘:定性产量预报 9 月 11 日	粮食总产:定性产量预报 7 月 11 日,定量产量预:报 8 月 11 日 油菜:定性产量预报 3 月 11 日,定量产量预报 4 月 21 日
定期农业气象情报	春播农情:3 月 20 日—4 月 20 日 早稻全生育期评述:8 月 15 日 晚稻全生育期评述:11 月 15 日 全年气候条件评述:11 月 23 日	春播农情:3 月 20 日—4 月 20 日 上半年气候评价:6 月 20 日 全年气候评价:12 月 20 日 全年干旱评价:11 月 23 日
不定期农业气象情报	小满寒:出现后 2 d 洪涝:出现后 2 d 干旱:出现后 2 d 高温:出现后 2 d 秋季低温:出现后 2 d 冬季冻害:出现后 2 d 病虫害:危害严重时	
专题农业气象分析	强冷空气专题:12 月至翌年 2 月 暴雨洪涝专题:3—7 月上旬 汛期气象条件专题:4—7 月上旬 晴热高温专题:7—8 月 秋收秋种专题:9—11 月 农业年景专题:1 月	
农业气象预报	农用天气预报:每周一或者在需要时制作发布 旬报:每月 1 日、11 日、21 日 月报:每月 1 日 农业气象灾害警报:预计将达到灾害标准时 气象病虫害预测:预计危害严重时 春播天气趋势预报:3 月上中旬	

4. 服务的覆盖面

农业气候资源评估服务到县委、县政府;作物病虫害发生程度和流行趋势预报服务到县委、县政府、农林局植保站和镇农技站;农业气象情报、关键农时和农事气象专题服务、作物生长期气象灾害预警服务到乡镇、村、气象信息工作站;特色种养殖农业气象服务到种养殖户;每天定时发布的短期天气预报服务到农户。

5. 服务方式

①农用天气预报、重大农业气象灾害预警信息,以广播、电视、乡情电话、兴农网、

电子大屏、手机短信等方式发送。

②关键农时农事气象专题、作物生长期气象灾害预警、作物病虫害流行趋势预报以及特色种养殖农业气象服务材料,以电子邮件、传真、邮寄、兴农网等方式发送;关键农时、农事气象专题需要增加电子大屏方式发送;特色种养殖农业气象服务,需增加手机短信方式服务。

③农业气候资源评估服务,以书面材料为主,视具体情况确定是否提供电子版。

6. 服务效益反馈

过程服务结束后应及时收集服务效益和反馈意见,改进服务内容与服务方式,不断提高服务质量。

二、农业气象服务流程

1. 农业气象服务基本流程

农业气象服务基本流程见图 9-4。

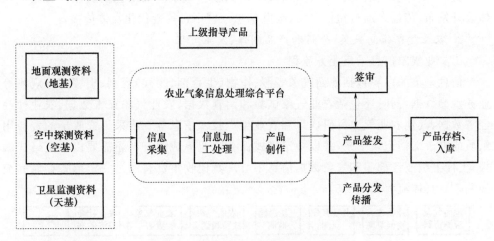

图 9-4　农业气象业务服务基本流程

①资料收集(信息采集)

收集前期实况资料,主要有地面气象观测、作物观测、加密观测资料等,包括天气过程、气象灾害资料、农情资料、灾情资料等。收集市(县)气象台天气预报产品。同时收集上一级农业气象业务服务产品。通过局域网络收集农业气象报文。

②报文解译、纠错、打印(信息加工处理)

利用农业气象情报系统软件(农业气象信息处理综合平台)解译报文,并进行纠错,包括基本气象资料、作物发育资料、农业气象灾害资料、土壤水分资料等,绘制等值线等统计分析图。

③结果分析、图表绘制

分析时段内天气、气候概况（降水、温度、日照、湿度等）。分析时段内农业生产概况（农情、墒情、灾情等）；分析、评价时段内天气、气候条件对农业生产的影响。根据下阶段天气、气候条件预测，提出当前及今后一段时期农业生产的措施及建议。绘制主要气象要素、农情要素的图、表资料（降水量、平均气温、日照时数、发育期、土壤水分等）。

④农业气象情报产品制作。

产品分析要求全面、细致，从单要素分析到综合分析；要有针对性的观点，结论明确并提出可行性建议；文字流畅、精练、通俗易懂，符合逻辑；图文并茂。

⑤审阅、修改、签发

制作好的农业气象情报送分管业务的局领导审阅。农业气象情报制作人员按局领导（专家）的审阅意见进行修改。分管业务的领导对农业气象情报进行签发。

⑥打印、复印、装订、寄送（产品分发、传播）

打印、复印签发后的农业气象情报寄送到服务对象。加工包装后在主要大众媒体公开发布、传播。通过短信平台、公共信息预警平台等现代化媒体传播。

2. 农业气象信息采集、分析和产品制作、发布流程

①农业气象信息采集业务流程

信息采集的内容包括地面气象观测、作物（生育期、物候）观测、土壤水分观测等业务观测数据，同时还包括农业气象试验和调查数据、农业气象灾害数据、农业社会经济数据、其他农业气象科研成果和农业生产技术信息等。将采集或收集的资料用纸质或电子文档记录下来，并以一定格式保存。业务观测资料还需要以一定格式编报，上传上级业务部门和气象数据信息中心。其他收集资料通过一定形式存储并交换共享。具体流程见图9-5。

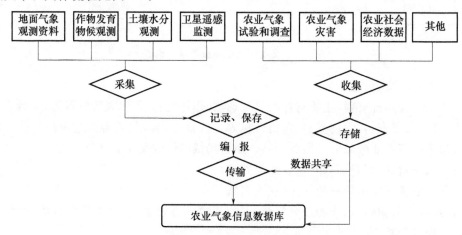

图 9-5　农业气象信息采集业务流程

②农业气象信息分析和产品制作流程

农业气象信息分析和产品制作直接反映农业气象服务的水平和效果。分析和产品制作的基本流程见图 9-6。

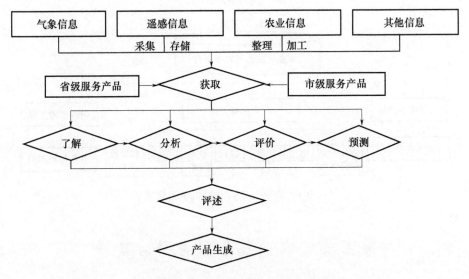

图 9-6　农业气象信息分析和产品制作流程

·获取分析区域内经过加工处理的各类气象和农业气象信息、其他农业信息。

·运用有关的农业气象指标或农业气象模式等学科知识,采取各种分析方法分析时间段内天气气候条件特点。

·对该时段内总的天气特点和农业气象条件做出定量或定性评价。

·按照主要农业气象条件(要素)和作物生育阶段分别进行评述。

·综合分析内容,附加图形图表,生成农业气象服务产品。

分析主要内容有:分析时段内天气、气候概况(降水、温度、日照等);分析时段内农业生产概况(农情、墒情、灾情等);分析、评价时段内天气、气候条件对农业生产影响;根据下一阶段天气、气候条件预测,提出当前及今后一段时期农业生产措施建议。农业气象服务产品应根据不同的用户需要,选择不同产品内容和表达方式,如对农民和农业生产者的服务产品重点和关键就是未来的天气信息及对生产的建议。

③农业气象信息发布流程

农业气象信息服务产品通过业务领导或专家签发,形成正式发布的服务信息产品。服务产品通过信息发布平台传播。决策服务信息主要通过邮寄、传真或直接送达等方式送到政府及相关部门。公众服务产品主要通电视、广播、网络、通信等大众媒体和公共安全预警体系(气象灾害预警)传送到公众。另外,信息服务产品还通过内部共享和传输系统进行部门内部传播。

农业气象信息传播的主要流程见图9-7。

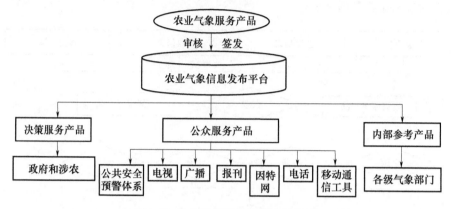

图 9-7　农业气象信息传播主要流程

第四节　农业气象服务平台建设

一、农业气象服务系统平台基本功能

农业气象服务系统平台,是业务服务的基本工具和手段,是现代农业气象服务重要标志之一,在提高服务时效和水平、减轻服务劳动强度,建设现代化水平的服务体系方面都起着重要作用,特别是提升县(市)级气象局(台、站)服务水平上有重要作用。建设现代化的县(市)级农业气象业务服务平台,也是发展现代气象业务的重要任务之一。

农业气象业务系统主要包括农业气象信息采集、存储和传输,信息加工处理,服务产品制作,以及产品发布等五大基本功能,见图9-8。

1. 农业气象信息采集

农业气象信息采集就是把分散在农业气象及相关领域的信息资源聚集起来的过程。农业气象信息采集是信息处理的起点,是整个信息处理工作的前提和基础,观测、汇集各种农业气象信息,与其他处理流程相比,具有涉及面广、投入人力多、费用高等特点。信息采集的过程主要包括地面气象要素观测、作物观测、土壤水分观测、农业气象试验、农业气象调查、卫星遥感观测、农业经济信息收集和农业生产技术信息汇总等。

2. 农业气象信息存储和传输

农业气象信息存储是将采集来的农业气象信息以一定格式保存在存储介质上。

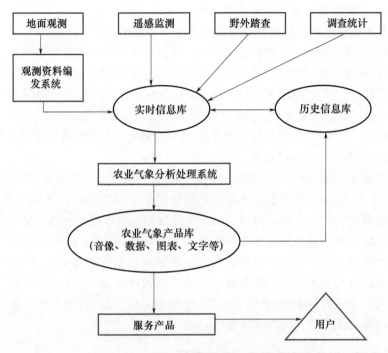

图 9-8 农业气象业务系统基本功能结构

信息存储是信息处理的重要环节,只有将采集来的信息存储好,建立农业气象信息数据库,才能方便多人使用和共享,才能开展信息处理的下一步工作。目前农业气象信息存储介质主要有纸质文档、光盘等电子文档。

农业气象信息传输是将采集或者存储的信息或信号以一定的形式通过一定的传输手段从一个地点传送到另一地点。目前,业务上基本通过电话、传真、移动通信、网络、电报、卫星通信等有线或无线方式。传输可分为上行、下行传输。各种农业气象观测资料经观测站进行必要的加工之后,按照规定的数据格式和接口标准上行传输。上行信息流程:县级到地市级、地市级到省级、省级到国家级进行逐级传输。下行传输形式为国家级主要采用一点对多点分组广播方式向省、地、县下发气象资料和指导产品;省级向所属的地、县分发指导产品,地市级则向县级分发。

3. 农业气象信息资料加工处理

农业气象信息资料加工处理亦称整理和加工,是农业气象信息处理的核心过程,它是对采集的农业气象信息在表现形式上进行格式转换和表现形式改变,以便于在气象服务中分析和使用。农业气象业务常用处理过程有气象要素统计、报文解译、图形绘制、卫星遥感监测应用等。信息加工处理是连接信息采集和信息分析的纽带,是信息处理所不可缺少的部分,如果缺少整理和加工,后面的分析就无从进行。

4. 农业气象数据信息分析和产品制作

农业气象数据信息分析是在农业气象专业人员在整理和加工后的农业气象信息基础上,利用专业知识和专家经验,根据当前、现在和未来的农业气象条件对农业生产的影响,采用推理、判断和综合分析等,形成定性或定量分析结论。农业气象信息产品的制作是根据分析结果,用图文、音频、视频或综合形式表现出来,形成能为用户直接利用的服务产品。农业气象信息分析和产品制作是农业气象信息处理重要的一个环节,也是最关键的一个环节,需要的技术性更强,直接反映农业气象服务的水平和效果。

5. 农业气象服务产品的发布

农业气象业务的最终目的,是将制作好的农业气象服务产品发布,让公众或用户所知,为农业生产服务,发挥农业气象信息在预报预警、防灾减灾、应对气候变化、农业气候资源开发利用等方面的作用。服务产品发布也属于现代信息传播学范畴。

农业气象服务信息产品通过业务领导或专家签发,形成正式发布的服务信息产品。服务产品通过信息发布平台传播。决策服务信息主要通过邮寄、传真或直接送达方式送到政府及相关部门。公众服务产品主要通过电视、广播、网络、通信等大众媒体和公共安全预警体系(气象灾害预警)传送到公众。另外,服务产品还会通过内部共享和传输系统进行部门内部传播。

二、县级农业气象服务平台主要功能实现

农业气象数据信息采集、数据资料存储和传输等功能在前面农业气象观测和试验、灾害监测等章节已经涉及较多,在这里不再赘述,重点是对资料加工处理、数据分析、产品制作和服务产品发布等功能模块(平台子系统)进行较为详细的介绍。

1. 农业气象信息资料加工处理模块

农业气象信息加工处理包括农业气象报文处理解译、农业气象要素图形绘制、气象要素统计分析、土壤水分资料处理、农业气象灾害资料处理、遥感监测资料处理等。

①农业气象报文解译处理

利用"农业气象观测数据应用系统"实现对农业气象实时上传的数据进行管理、解译入库、查询生成数据集。县级农业气象报文不像省级、国家级农业气象站点那样多,数据报文处理相对简单,但农业气象观测和服务内容地区差异大,需要因地制宜,根据不同地方量身打造。

②农业气象要素统计

农业气象要素统计分析是农业气象信息分析和产品制作的基础,是农业气象信息处理中不可缺少的重要部分。农业气象要素有:气温(平均气温、最高气温、最低气温、极端最高气温、极端最低气温)、高温日数、连续高温日数、降水量、降水(无降水)日数、大雨(暴雨)日数、日照时数、连阴雨日数、湿度(平均湿度、最小湿度)、大风日数

和发育期天数、积温、土壤湿度以及相关要素的合计、均值等。随着今后农业气象服务范围的拓宽，需要统计分析的农业气象要素还将增加，如地温、湿球温度、水汽压、风速、蒸发量等。

气象要素统计的方法比较简单，少量数据一般可以采取手工或简单计算器处理。而面对现代农业服务需求，在许多气象服务中，统计时段不再是简单地以旬或月为时间单位，统计时段任意性强，时间跨度大，必须借助计算机完成统计工作，使统计结果快速、准确。

③农业气象要素图形绘制

为将农业气象信息更直观地表达出来，一般把气象要素制作成一定的图形提供给用户。图形绘制包括空间分布图和随时间变化图。县（市）气象局（台、站）一般就1个气象站，一般不需编制空间要素图。但地区级（地级市、地区和自治州）气象局（台）以及县域较大的县气象局（台、站）需要进行精细化农业气象服务时，也需要利用多个气象站的资料绘制精细化的要素空间分布图。

目前绘制空间分布图的工具很多，用得较多有 Surfer、ArcView 等，也有的直接用编程语言绘制；绘制随时间变化图，常用的工具有 Excel 等。由于农业气象情报业务时效强，处理气象要素多，一般要求图形绘制在短时间内完成。因此，为了满足业务需要，一般在绘图工具基础上进行二次编程开发，实现绘制的自动化和批量化。同时要求绘制的图形美观、等值线合理。

湖南省开发的新一代现代农业气象服务平台，在市（州）级农业气象服务系统中进行了尝试，开发了市（州）级农业气象服务模块，可以实现市（州）区域的气象要素绘图等功能。图9-9为系统平台界面及应用到湖南省衡阳市的绘图产品样图。

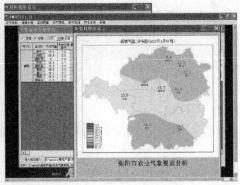

图9-9　湖南省"现代农业气象服务系统"界面及气象要素等值线绘制图样

④土壤水分观测资料处理

土壤水分观测资料是农业气象信息中的重要组成部分。通过监测土壤水分含量及变化,可以了解土壤水分的盈亏,以及土壤含水量变化和对农业生产的影响。土壤水分监测业务中观测最多的项目是土壤相对湿度。土壤相对湿度是每旬逢 3、8 日进行观测,逢 6、1 日进行上传。农业气象业务规定,土壤水分监测服务产品也必须在 1 日或 6 日 12 时前制作并发布。这就要求土壤湿度观测资料必须及时有效处理。

⑤遥感监测资料处理

卫星遥感监测资料也是农业气象信息的重要组成部分,在农业气象业务中的应用越来越广泛,如牧草(作物)长势、农林生物量、干旱、洪涝、林火、霜冻、积雪的遥感监测等。遥感监测具有获取资料快、监测范围广等优点。在县级台站中遥感监测应用也越来越有必要。

遥感监测资料处理主要是应用遥感监测系统,对实时接收的 NOAA 系列、风云系列等极轨卫星资料以及 EOS/MODIS 资料进行一系列处理、分析,生成多种监测应用产品。主要过程包括数据输入输出、图像分析处理、应用分析处理、专题遥感图制作等过程。其中卫星图像处理是核心部分,主要包括:图像增强、图像调整、图像复原、图像缩放、漫游、返回缺省图像、控制点选取、清除控制点等工作内容。最后生成植被指数、云顶亮温、陆面温度、水体亮温等多种遥感指数。"生态环境遥感监测应用子系统"是"新一代农业气象业务服务系统(省级)"中的子系统,主界面和系统菜单见图 9-10。

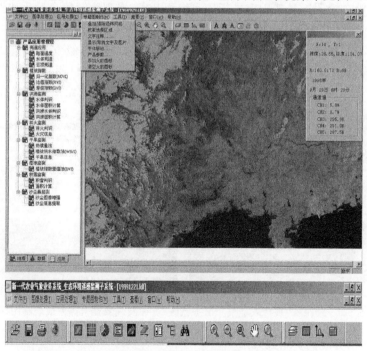

图 9-10　生态环境遥感监测应用子系统主菜单界面和功能菜单

菜单界面中包含了文件、图像处理、应用处理、专题图制作、工具、查看、窗口、帮助等 8 大选项。

图像处理。目前在农业气象业务应用较多主要有 EOS/MODIS、NOAA/AVHRR、FY-C 系列极轨气象卫星资料信息。主要过程：通过轨道报预知卫星过境时间→图片接收→接收后按一定格式保存→对图像进行预处理→再保存（NOAA/AVHRR 系列图像文件后缀为 *.1A5，EOS/MODIS 系列图像文件后缀为 *.HDF）。

应用处理。应用处理可以对所需要应用处理的图像做投影处理，生成能应用的图像格式。主要处理投影过程：显示不同通道或不同的三通道合成图像→在图像上叠加自然边界、地图、经纬度网格或者用户自己的边界→经过等经纬度、兰勃特、麦卡脱或极射赤面投影生成局地文件→重新存储单通道或多通道投影数据→按通道选择分离各通道数据。在应用上一般针对应用区域的局地图像文件处理，局地文件图像处理主要过程：在图像上叠加自然边界、地图、经纬度网格或者用户自己的边界→图像增强（包括线性、指数、对数、分段、直方图和拉普拉斯增加）→颜色调整（包括亮度、对比度调整、图像模糊与清晰、边缘监测）→剪裁区域→将图像存成位图。

卫星遥感技术的一个重要应用领域就是观测大范围的陆地植被时空变化状态，农业气象业务中应用最多是利用植被指数进行生态质量评价、生物量监测、作物长势监测等。

植被指数（VI）是对地表植被活动的简单、有效和经验的度量。使用最广泛的为归一化（差值）植被指数（NDVI），主要根据植被叶绿素对 0.67 μm 附近的红光具有较强的吸收，而植被在此波段的反射率较低，而对 0.87 μm 附近的近红外光反射率较强，将这两个波段的反射率进行归一化计算，便得到归一化差值植被指数（ND-VI），即：

$$NDVI = \frac{X_{nir} - X_{red}}{X_{nir} + X_{red}} \tag{9-1}$$

式中：X_{red} 为红色光谱反射率，X_{nir} 为近红外光反射率。

生成植被指数产品主要处理过程：生成所确定的空间范围的 Lambert（兰勃特）等面积投影多时相合成数据集模板文件（首先生成同样空间范围的数据集模板文件，一个用于存放当天的三轨投影变化拼接数据，另一个用于存放逐日合成的三轨投影变换数据）→将IGBP 分类文件作为输入屏蔽海洋或陆地部分→投影变换几何校正→辐射定标计算（根据 AVHRR 1B 数据集头文件中的各通道辐射定标系数进行辐射定标计算，将传感器计数值转换为反射率或辐射值，并进行可见光通道数据质量检验）→计算NDVI（用经过辐射定标的 AVHRR1、2 通道反射率数据计算 NDVI 值）→多时相合成（逐日比较上述两个同样的监测空间范围的 Lambert 等面积投影多时相合成数据集模板文件,应用最大 NDVI 方法进行多时相合成,并进行必要的数据质量检验。)

这里介绍的卫星图像为 AVHRR,其他图像信息的处理类似。图 9-11 为湖南省气象科学研究所卫星遥感中心的 EOS/MODIS 植被指数监测结果。

（夏季—2009年6月5日）　　　　　（冬季— 2008年11月30日）

图 9-11　湖南省 EOS/MODIS 植被指数监测结果

2. 农业气象信息分析和产品制作模块

①农业气象信息分析方法

农业气象信息分析方法包括判别、判断、组合、推理、预测和综合等。

·信息的可信度判别

农业气象信息来源复杂,受影响因素多,在分析时要注意判别信息的真假。如 2009 年南方地区出现 5 月低温,出现部分地方作物结实率低或者不育。这是种子原因还是气候原因,就要根据实际情况进行科学判断。经专家反复分析发现,早稻等禾本科作物结实率低,主要是由于低温引起的。多实地调查,善于追根问底,是判别的重要手段。

·气象条件影响判断

气象灾害,可能会造成危害,但危害程度有多重就要业务人员去判断。如 2008 年初,南方持续低温雨雪冰冻天气对冬季作物影响很大。当灾害发生时,许多人认为这次低温雨雪冰冻天气会造成油菜大减产,但实际上当年油菜还取得丰收。对于灾害的判断,可以从灾害发生程度、持续时间和后期的天气条件等要素判断,避免判断失误。

·多要素信息组合

农业生产受光、温、水、气等多种气象要素影响,还与土壤、水文关系密切,在分析中,必须考虑多因素影响。如降水过多在低洼区可能会引起渍涝,而丘陵区渍涝的可能性较小。

· 信息推理

推理方法有因果推理、类比推理、关联推理、演绎和归纳推理等。如遭遇低温侵袭时,海拔较高的山区气温会更低,受灾会重些,靠近水体的地方受灾可能会轻一些。

· 信息预测

预测是农业气象业务中用得比较多的分析手段。农业气象产量预报、作物发育期预报、病虫害气象等级预报等很多预报,都要用到预测。预测要充分把握过去、现在和未来之间的联系和关系,利用经验知识、科学方法和现代化手段,进行合理预测。

· 信息综合

通过一种方法不足以解决分析的所有问题,必须综合各种分析方法,才能更好地从复杂信息中得到准确结论。

②主要功能

· 获取分析区域内经过加工处理的各类气象和农业气象信息、其他农业信息。

· 运用有关的农业气象指标或农业气象模式等学科知识,采取各种分析方法分析时间段内天气气候条件特点。

· 对该时段内总的天气特点和农业气象条件做出定量或定性评价。

· 按照主要农业气象条件(要素)和作物生育阶段分别进行评述。

· 综合分析内容,附加图形图表,生成农业气象服务产品。

分析主要内容有:分析时段内天气、气候概况(降水、温度、日照等);分析时段内农业生产概况(农情、墒情、灾情等);分析、评价时段内天气、气候条件对农业生产的影响;根据下一阶段天气、气候条件预测,提出当前及今后一段时期农业生产的措施建议。农业气象服务产品应根据不同的用户需要,选择不同产品内容和表达方式,如对农民和农业生产者服务的重点和关键就是未来的天气信息及生产建议。

第五节　农业气象服务信息的发布与传播

气象信息与农业生产息息相关,对于服务"三农",实现乡村振兴与农业现代化,以及履行气象防灾减灾救灾职能等意义非凡。农业气象服务产品种类繁多,信息量大,产品发布方式要结合现代农业对气象服务需求的实际,借助新技术和新兴媒体平台,在监测精密、预报精准、服务精细的前提下,确保相关部门和农户获取气象服务信息的手段多样,快捷及时。

一、决策服务产品寄送

传统的农业气象信息决策服务产品以纸质产品为主。一般通过邮寄或派专人送达到政府部门和相关的涉农部门机构。县级农业气象服务产品主要寄送的政府部门有县委、县政府、县人大、县政协等,相关的涉农部门有农业厅相关职能处室、县植保站。随着互联网技术的普及,目前,农业气象决策服务产品基本实现电子信息化,通过电子邮件或电话传真等方式,实现快速传递。

二、公众信息产品发布

从目前我国农村气象服务现状来看,广大农民群众获取气象信息渠道主要包括:电视天气预报、手机气象短信、拨打气象服务电话,还可以通过广播、报纸及网络来获取。我国电视天气预报节目是世界上唯一一个由气象部门独立制作的,始终保持高收视率的电视节目。中央电视台农业农村频道(CCTV-17)的《农业气象》栏目是农民朋友接收气象服务信息的有效途径之一。不少地市气象局更新气象信息发布形式,打造多功能虚拟演播厅,由气象主持人录制好节目后再投放在电视、手机、网络等媒介中发布。

手机气象短信服务内容主要是以号码归属地农业气象预报为主,内容缺乏新意,受字数限制,无法实现天气的深度解读与精准服务,进入智能手机时代后,手机短信定制服务的需求明显下滑。

网络传播已成为农业气象信息传播的重要渠道。网络发布传播具有速度快、时效性强的特点,重要农业气象信息一般几小时内就能被国内外主流网站媒体转载。目前,全国各级气象部门都建设了气象网站或者兴农网站,开辟了农业气象信息专栏,依托气象站网站或其他农业部门网站发布。典型的农气信息网站有“中国兴农网”、省一级的安徽农网、贵州兴农网和四川兴农网等。如安徽农网包括资讯、政策、市场、科技、商务、科普、招商、农气等主要栏目,还包括了各地市分站。

各级气象部门还通过气象官方微博、微信公众号、抖音等新媒体工具,用简短明了的短视频形式或图文并茂的文案设计,向公众传播通俗易懂的气象信息,从中央到地方,自上而下服务一方百姓。在一些网络条件不好的乡镇区域和对于不会使用智能手机的人群,乡村气象大喇叭纳入突发事件预警系统平台,仍承担着传递气象信息“最后一公里”的特殊任务。气象信息电子显示屏是通过在乡村人员密集区域设立户外电子显示屏,通过文字、图像不间断地滚动发布农业气象灾害预警信息等,迅速传播到广大农村。

三、信息产品的气象部门内部传播

农业气象服务信息在气象部门内部也有很大需求,信息传播量也很大。目前,农业气象服务信息在气象部门内部传播的主要途径有：

· 经"全国气象情报、灾情录入系统"录入后，经过内部网络上传上一级气象部门，最后传到省级、国家级农业气象中心等部门；

· 通过电子邮箱（Email）发送到上级气象管理和业务部门；

· 通过 Lotus Notes 邮箱发送到上级气象管理和业务部门（如中国气象局相关职能司、国家气象中心农业气象中心、国家卫星气象中心遥感监测服务处）以及同级气象业务单位等。

· 上传到 Lotus Notes 决策服务系统。

当前，农村对于气象的新需求与气象信息的针对性矛盾非常突出，基层气象部门处于为农服务一线，要牢记为农服务的宗旨，转变工作作风，加强基层气象为农服务队伍建设，从人才、资金支持上打好基础；在农业气象服务上打造特色为农服务，针对当地特色农业生产环境进行精准气象服务，提升农产品的效益；做好农村防灾减灾工作，建成人工影响天气基层覆盖网络、降低气象灾害造成的人员伤亡及农产品损失，切实提升农村气象灾害防御能力。

思考题

1. 国家级现代农业气象服务的内容有哪些？
2. 现代农业气象服务产品有哪些？
3. 农业气象服务有哪些基本规范？
4. 农业气象服务系统平台基本功能有哪些？
5. 农业气象服务信息有哪些发布与传播途径？

第十章　农业气象灾害风险评估

　　本章主要介绍农业气象灾害风险概念,论述风险评估基本理论和区域灾害系统理论,阐明农业气象灾害致灾因子的危险性评估、区域农业脆弱性评估和农业气象灾害风险评估原理和方法。

第一节　农业气象灾害风险评估基本理论

　　灾害作为重要的损害之源,历来是各类风险管理研究的重要对象,引起了国内外防灾减灾领域工作者的普遍关注。特别是 20 世纪 90 年代以来,灾害风险管理工作在防灾减灾中的作用和地位日益突显。灾害风险及其相关问题的研究,是当前国际减灾领域的重要研究前沿。

　　农业是气候影响最敏感的领域之一。频率高、强度大的农业气象灾害给我国农业带来很大的经济损失,已成为各地气象部门重点关注和研究的对象。同时,农业又是风险性产业,农业气象灾害是危害农业生产最主要的风险源。气象灾害风险的加剧,直接影响着农业生产,对农业的不利影响使粮食安全一直受到国际社会的普遍关注。农业气象灾害作为自然灾害的重要部分,在未来气候变化的情况下,风险也将越来越大,其风险评价和预测研究越来越引起各国政策制定者和学者的关注。因此,当前农业气象灾害风险研究既是灾害学领域中研究的热点,又是政府当前急需的应用性较强的课题,受到国内外学者的重视。如何准确、定量地评价农业气象灾害风险的影响,对国家目前农业结构调整,特别是农业可持续发展、农业防灾减灾对策和措施的制定意义重大。国外农业气象灾害的风险评价研究始于 20 世纪,主要集中在建立评估方法体系方面,研究对象多为果树等经济作物。我国的农业气象灾害风险研究,起步于 20 世纪 90 年代,大致可分为三个阶段:第一阶段,以农业气象灾害风险分析技术、方法的探索为主的研究起步阶段;第二阶段,以灾害影响评估的风险化数量化技术、方法等为主的研究发展阶段;第三阶段,以认识农业气象灾害风险的形成机制、风险评价技术向综合化、定量化、动态化和标准化方向发展的研究快速发展阶段。

一、农业气象灾害风险相关概念

1. 风险与风险管理

风险是一个通俗的日常用语,也是一个重要的科学论题,是指事件本身的不确定性,或某一不利事件发生的可能性,一定条件下和一定时期内可能发生的各种结果的变动程度。风险具有三种基本属性,即自然属性、社会属性和经济属性。一般来说,风险具有以下特征,即①风险存在的客观性和普遍性;②风险发生的偶然性和必然性;③风险的不确定性;④风险的潜在性;⑤风险的双重性;⑥风险的变动性;⑦风险的相对性;⑧风险的无形性;⑨风险的突发性;⑩风险的传递性;⑪风险的可收益性;⑫风险的社会性;⑬风险的可测定性;⑭风险的发展性。风险一般认为是由风险因素、风险事故、损失三者构成。风险因素是风险事故发生的潜在原因,是造成损失的内在原因;风险事故是造成损失的直接的或外在的原因,是损失的媒介物,即风险只有通过风险事故的发生才能导致损失;在风险管理中,损失是指非故意的、非预期的、非计划的经济价值的减少。三者构成了一个统一的整体。

风险管理又称危机管理,所谓风险管理是指个人、家庭、组织(企业或政府单位)对可能遇到的风险进行风险识别、风险估测、风险评价,并在此基础上优化组合各种风险管理技术,对风险实施有效的控制和妥善处理风险所致损失的后果,期望达到以最小的成本获得最大安全保障的科学管理方法。随着社会的发展和科技的进步,现实生活中的风险因素越来越多,无论企业还是家庭,都日益认识到进行风险管理的必要性和迫切性。人们想出种种办法来对付风险,但无论采用何种方法,风险管理的一条基本原则是:以最小的经济成本获得最大的安全保障。

风险管理是一个连续的、循环的、动态的过程。澳大利亚风险管理标准将风险管理定义为应付各种潜在机会和不利影响的有效管理的文化、过程和结构,将风险管理过程定义为系统地应用各种管理政策、过程和实践来确定风险发生的背景、识别风险、分析风险、评估风险、处置风险、监测风险和交流风险的过程。因此风险管理过程可分为确定背景、识别风险、分析风险、评估风险以及处置风险,完成整个过程需要监测与检查和交流与磋商。

2. 气象灾害与气象灾害风险

气象灾害是自然灾害中发生次数最多、影响范围最广、造成损失最大的灾害,随着社会经济的高速发展,人类生产生活对天气、气候条件的依赖程度进一步加深,气象灾害对人类社会的影响也不断扩大,特别是受全球气候变化加剧的影响,暴雨洪涝、干旱、台风、低温霜冻等极端天气气候事件发生的频率和强度也呈增加趋势,给经济安全、人身安全、粮食安全和生态环境安全等带来了一系列挑战。气象灾害作为灾害的子领域,同其他灾害一样是人与自然矛盾的一种表现形式,它具有自然和社会双重属性,因此气象灾害主要强调的内容就是危险性天气(灾害性天气)对人类活动造成的已成事实的伤害和损失。气象灾害可以认为是致灾性的天气气候事件对人类的生命财产、国民经济建设及国防建设等造成的直接或间接的损害。气象灾害一般包括天气和气候灾害及气象次生和衍生灾害。直接的气象灾害是指因台风、暴雨、暴雪、雷暴、冰雹、沙尘、龙卷、洪涝和积涝等因素直接造成的灾害。气象灾害是指某一区域在某一时期由于气象因子异常或对气象因素承载能力不足而导致的一系列人类的生存和经济社会发展及生态环境受到破坏的事件。在以往的研究中,人们常常将灾害性天气、气象灾害以及由气象原因导致的次生灾害或衍生灾害混为一谈。章国材(2010)把由于气象原因能够直接造成生命伤亡或人类社会财产损失的灾害称之为狭义的气象灾害,它们是原生灾害。灾害性天气并非都是气象灾害,一些气象灾害也不是灾害性天气,不能把灾害性天气与气象灾害混为一谈。

灾害性天气或天气过程演变成气象灾害,是因为它对人类生存环境、人身安全和社会财富构成严重威胁,造成大量人员伤亡,物质财富损失。因此,各种灾害最根本的共同点就是对人类与人类社会造成危害作用,离开人类社会这一受体,就无所谓灾害了。

对于气象灾害风险的定义,不同人有着不同的表述,但基本思想可以统一到气象灾害风险就是危险的天气事件发生的可能性和后果。张继权等(2007)认为,气象灾害风险可以定义为某一种未来可能发生的气象灾害对人员或财产造成损失的可能性。因此,气象灾害风险强调的内容是将来可能对人类产生危害与损失的气象灾害。

从气象灾害和气象灾害风险的定义可以看出,气象灾害强调天气过程已经造成的实际人员损伤和财产损失;气象灾害风险是危险性天气将来可能造成的人员损伤和财产损失。因此,如果以现在时刻为划分点,气象灾害研究的对象是过去已发生损失;气象灾害风险研究的对象是将来可能出现的危险天气,而且其一旦出现必将产生损失。因此,气象灾害风险不一定成为气象灾害,只有随着时间和环境的变化,它由可能损失转变为现实损失才变成气象灾害。

3. 农业气象灾害与农业气象灾害风险

农业是风险性产业,农业气象灾害是危害农业生产最主要的自然灾害种类。当前农业气象灾害风险研究既是灾害学领域中研究的热点,又是政府当前急需应用性较强的课题。如何准确、定量地评估农业气象灾害风险的影响,对国家目前农业结构调整,特别是农业可持续发展、农业防灾减灾对策和措施的制定意义重大。

农业生产作为一种经济行为,是在一定的风险之上进行的,由于各种风险(社会的和自然的)影响,对于农业生产经营者可产生两种不同的后果:在有利的条件下达到预定的经济目标或者损失较小,在不利的条件下付出风险代价。各种农业生产方案,由于生产要求和气象条件的矛盾性可导致多种农业气象灾害,从风险的角度来说,农业气象灾害是农业风险的重要来源,这就为从风险的角度研究农业气象灾害提供了现实的基础。

农业气象灾害与农业经济效益紧密相连。与气象灾害概念不同,农业气象灾害是结合农业生产遭受的灾害而言,即农业气象灾害是指大气变化产生的不利气象条件对农业生产和农作物等造成的直接和间接损失。农业气象灾害一般是指农业生产过程中导致作物显著减产的不利天气或气候异常的总称,是不利气象条件给农业造成的灾害。由温度因子引起的农业气象灾害有热害、冻害、霜冻、热带作物寒害和低温冷害等;由水分因子引起的有旱灾、洪涝灾害、雪害和雹害等;由风引起的有风害;由气象因子综合作用引起的有干热风、冷雨和冻涝害等。

一方面农业生产对自然环境条件有强烈的依赖性,环境条件的不适必然会给农业生产带来损失;另一方面,作物在长期适应与演化过程中,逐渐形成了自身对环境条件的要求。因此,从风险的角度来看,农业生产面临的风险程度的高低与两大因素有关:第一是农业决策,包括耕作制度的确立、品种选择以及播种、施肥、收获等环节的技术规范;第二是本年度环境条件的优劣,主要包括气象条件、土壤条件、市场条件等。因此,农业风险就是在农业生产过程中,由于农业决策及环境条件变化的不确定性而可能引起的后果,此后果与预测目标发生多种负偏离的综合。但是,由于农业系统结构复杂,环境因素众多,所以确定农业风险有很大难度。为降低分析难度,可针对特定的农业生产方案,仅研究由于不利的气象条件而形成的风险,即农业气象灾害风险,其定义如下:对于特定的农业生产方案,在当前市场状况下,由于不利的气象条件而引起的后果,与预定目标发生多种负偏离的综合称为农业气象灾害风险。霍治国等(2003)定义农业气象灾害风险是指在历年的农业生产过程中,由于孕灾环境的气象要素年际之间的差异引起某些致灾因子发生变异,承灾体发生相应的响应,使最终的承灾体产量或品质与预期目标发生偏离,影响农业生产的稳定性和持续性,并可能引发一系列严重的社会问题和经济问题。

农业气象灾害风险的特征是由风险的自然属性、社会属性、经济属性所决定的,是风险的本质及其发生规律的外在表现,主要包括以下几点:

(1)随机性。这来源于不利气象条件(气象事件)具有随机发生的特点。一方面,农业气象灾害的发生不但受各种自然因素的影响,除了气象要素本身的异常变化外,农业气象灾害的发生、程度、影响大小还与作物种类、所处发育阶段和生长状况、土壤水分、管理措施、区域和农业系统的防灾减灾能力以及社会经济水平等多种因素密切相关,其发生具有一定的随机性和不确定性。另一方面,由于客观条件的不断变化以及人们对未来环境认识的不充分性,导致人们对农业气象灾害未来的结果不能完全确定。

（2）不确定性。农业气象灾害的发生在时间、空间和强度上具有不确定性。

（3）动态性。气象事件的程度和范围及农业气象灾害大小是随时间动态变化的；农业气象灾害风险在空间上是不断扩展的。

（4）可规避性。通过发挥承灾体的主观能动性和提高防灾减灾能力，可降低或规避一定的农业气象灾害风险。

（5）可传递性。农业气象灾害风险具有从单一灾害向其他灾害传递的可能性，从而形成灾害链。

二、区域灾害系统理论

自然灾害是指自然变异超过一定的程度，对人类和社会经济造成损失的事件。根据自然灾害研究内容的不同，自然灾害研究主要存在如下几个理论。

致灾因子论认为，灾害的形成是致灾因子对承灾体作用的结果，没有致灾因子就不会形成灾害；孕灾环境论认为，近年来灾害发生频繁，灾害损失与日俱增，其原因与区域环境变化有密切的关系，其中最为主要的是气候与地表覆被的变化以及物质文化环境的变化。由于不同的致灾因子产生于不同的致灾环境系统，因此研究灾害可以通过对不同致灾环境的分析，研究不同孕灾环境下灾害类型、频度、强度、灾害组合类型等，建立孕灾环境与致灾因子之间的关系，利用环境演变趋势分析致灾因子的时空特征，预测灾害的演变趋势。承灾体论，承灾体即为灾害作用对象，是人类活动及其所在社会各种资源的集合，一般包括生命和经济两个部分。承灾体的特征主要包括暴露性和脆弱性两个部分，承灾体暴露性描述了灾害威胁下的社会生命和经济总值，脆弱性描述了暴露于灾害之下的承灾体对灾害的易损特征（如承灾体结构、组成、材料等）。通过对承灾体研究，确定区域经济发展水平和社会脆弱性，为防灾减灾、灾后救助提供指导。

区域灾害系统论认为，灾害是地球表层异变过程的产物，在灾害的形成过程中，致灾因子、孕灾环境、承灾体缺一不可，灾害是地球上致灾因子、孕灾环境、承灾体综合作用的结果，忽略任何一个因子对灾害的研究都是不全面的。史培军（1991,1996）认为，由孕灾环境（E）、致灾因子（H）、承灾体（S）复合组成了区域灾害系统（D）的结构体系（图 10-1），即 $D=E \cap H \cap S$。并认为致灾因子、承灾体与孕灾环境在灾害系统中具有同等重要的地位。

致灾因子包括自然致灾因子，例如，地震、火山喷发、滑坡、泥石流、台风、暴风雨、风暴潮、龙卷风、尘

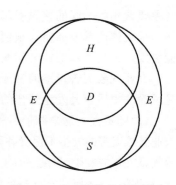

图 10-1　灾害系统的结构体系
（史培军,1991）

暴、洪水、海啸等,也包括环境及人为致灾因子,如战争、动乱、核事故等。因此,持致灾因子论的有关研究者认为,灾害的形成是致灾因子对承灾体作用的结果,没有致灾因子就没有灾害。孕灾环境包括孕育产生灾害的自然环境与人文环境。近年灾害发生频繁,损失与年俱增,其原因与区域及全球环境变化有密切关系。其中最为主要的是气候与地表覆盖的变化,以及物质文化环境的变化。承灾体就是各种致灾因子作用的对象,是人类及其活动所在的社会与各种资源的集合。其中,人类既是承灾体又是致灾因子。承灾体的划分有多种体系,一般先划分人类财产与自然资源二大类。

三、灾害风险形成理论

在国际减灾十年活动中,灾害风险管理学者就灾害风险的形成基本上达成共识。目前国内外关于灾害风险形成机制的理论主要有"二因子说""三因子说"和"四因子说"。

(1)灾害风险形成的"二因子说"

该学说认为,灾害风险是一定区域内致灾因子危险性(Hazard,H)和承灾体脆弱性(Vulnerability,V)综合作用的结果,危险性指致灾因子本身发生的可能性,脆弱性指承灾体系统抵御灾害造成破坏和损失的可能性。致灾因子危险性是灾害形成的必要条件,承灾体脆弱性是灾害形成的根源,同一致灾强度下,灾情随脆弱性的增大而加重,将灾害风险的数学表达为:

$$R = f(H,V) = H + V \tag{10-1}$$

式中:R 为灾害风险,H 为致灾因子危险性,V 为承灾体脆弱性。

联合国人道主义事务部认为:自然灾害风险是在一定区域和给定时段内,由于特定的自然灾害而引起的人民生命财产和经济活动的期望损失值,并将灾害风险表达为危险性和脆弱性之积;危险性是灾害风险形成的关键因子和充分条件,没有危险性就没有灾害风险,认为灾害风险大小应该表述为危险性与脆弱性之积,并进一步解释了风险表达式中为什么危险性和脆弱性只能相乘而不能相加的问题。灾害风险可以表述为:

$$R = f(H,V) = H \times V \tag{10-2}$$

式中:R 为灾害风险,H 为致灾因子危险性,V 为承灾体脆弱性。

目前,大多数学者支持风险表达式中危险性和脆弱性只能相乘而不能相加的观点。因为风险理论的乘积形式一方面符合风险的本质及其数学解释,即风险是不期望事件发生可能性和不良结果,表述为事件发生的概率及其后果的函数;另一方面也符合灾害风险形成理论实际,即灾害风险是致灾因子对承灾体的非线性作用产生的,危险性是灾害风险形成的必要条件,没有危险性就没有灾害风险,将灾害风险的致灾因子的危险性(或发生概率)和承灾体的脆弱性线性叠加,从理论和方法而言都是不正确的。

(2)灾害风险形成的"三因子说"

一些学者认为,灾害风险除了与致灾因子危险性和承灾体脆弱性有关外,还与特定地区的人和财产暴露(Exposure,E)于危险因素的程度有关,即该地区暴露于危险因素的人和财产越多,孕育的灾害风险也就越大,因而灾害造成的潜在损失就越重。暴露性是致灾因子与承灾体相互作用的结果,反映暴露于灾害风险下的承灾体数量与价值,与一定致灾因子作用于空间的危险地带有关。因此,一定区域灾害风险是由危险性、暴露性和脆弱性三个因素相互综合作用而形成的。灾害风险的表达式转换为:

$$R = f(H,E,V) = H \times E \times V \tag{10-3}$$

式中:R 为灾害风险,H 为致灾因子危险性,E 为暴露性,V 为承灾体脆弱性。

(3)灾害风险形成的"四因子说"

除了上述的三个因素外,有学者认为防灾减灾能力(Emergency response & recovery capability,C)也是制约和影响灾害风险的重要因素,一个社会的防灾减灾能力越强,造成灾害的其他因素的作用就越受到制约,灾害的风险因素也会相应地减弱。防灾减灾能力具体指的是一个地区在应对灾害时,其拥有的人力、科技、组织、机构和资源等要素表现出的敏感性和调动社会资源的综合能力,构成要素包括灾害识别能力、社会控制能力、行为反应能力、工程防御能力、灾害救援能力和资源储备能力等。防灾减灾能力越高,可能遭受潜在损失就越小,灾害风险越小。在危险性、易损性和暴露性既定的条件下,加强社会的防灾减灾能力建设将是有效应对日益复杂的灾害和减轻灾害风险最有效的途径和手段。

从动力学的角度看,是上述四项要素孕育生成了灾害风险。在构成灾害风险的4项要素中,危险性、脆弱性和暴露性与灾害风险生成的作用方向相同,而防灾减灾能力与灾害风险生成的作用方向是相反的,即特定地区防灾减灾能力越强,灾害危险性、易损性和暴露性生成灾害风险的作用力就会受到限制,进而减小灾害风险度。因此,灾害风险的表达式为:

$$R = f(H,E,V,C) = (H \times E \times V)/C \tag{10-4}$$

式中:R 为灾害风险,H 为致灾因子危险性,E 为暴露性,V 为承灾体脆弱性,C 为防灾减灾能力。

基于以上对灾害风险形成机制的认识,并将其应用到灾害风险评价中去,可以得出灾害风险是危险性、暴露性、脆弱性和防灾减灾能力综合作用的结果(图10-2)。

农业气象灾害风险既具有自然属性,也具社会属性,无论气象因子异常或人类活动都可能导致气象灾害发生。因此,农业气象灾害风险是普遍存在的。同时气象灾害风险又具有不确定性,其不确定性一方面与气象因子自身变化的不确定性有关,同时也与认识与评价农业气象灾害的方法不精确、评价的结果不确

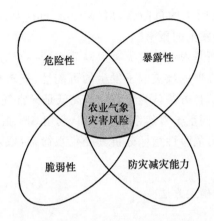

图 10-2　灾害风险因素构成图

切以及为减轻气象风险采取的措施有关。因此,气象灾害风险的大小,是由四个因子相互作用决定的。在构成农业气象灾害风险的四项要素中,危险性、暴露性和脆弱性与风险生成的作用方向相同,而防灾减灾能力与风险生成的作用方向是相反的,即特定地区防灾减灾能力越强,灾害危险性、暴露性和脆弱性生成农业气象灾害风险的作用力就会受到限制,进而减小灾害风险度。研究农业气象灾害风险中四个因子相互作用规律、作用方式以及动力学机制对于认识农业气象灾害风险具有重要作用。该观点得到许多学者的认同,并在具体风险评估的实例中得到广泛应用。

　　灾害风险形成的"二因子说"中的脆弱性的内涵要较"三因子说""四因子说"更为广泛,因为实际研究中脆弱性与暴露性、敏感性的界线并不清晰,经常将暴露性、敏感性和防灾减灾能力统归于脆弱性中一起进行研究。

第二节　农业气象灾害致灾因子的危险性评估

一、危险性评价的基本原理

　　农业气象灾害风险致灾因子是指能够引发农业气象灾害的异常气象事件,也称为风险源。对农业气象灾害致灾因子的分析,主要是分析引发农业气象灾害的气象事件强度以及时空特征。在灾害研究中,通常把来自风险源的灾害风险称为危险性。灾害风险危险性的高低是异常气象事件的变异强度及发生概率的函数:

$$H = f(M, P) \tag{10-5}$$

式中：H（Hazard）为致灾因子的危险性，M（Magnitude）为致灾因子的变异强度，P（Possibility）为自然灾变发生的概率。

致灾因子危险性分析是农业气象灾害风险研究的一个方向，它是研究给定地理区域内一定时段内各种强度的致灾因子发生的可能性、概率或重现期、发生强度、发生区域分布等的方法。这种方法认为危险性的高低是异常气象事件的变异强度及发生概率的函数，这种方法侧重于自然系统。例如，利用 SPI 指数识别干旱事件及其强度，把干旱频率、强度作为危险性指标分析其变化规律，对农业干旱灾害风险的危险性进行评估。

二、致灾临界条件的确定方法

1. 致灾临界条件

所谓致灾临界条件，就是出现什么条件会产生灾害。例如，下多大雨会出现城市内涝，下多大雨会出现山洪，下多大的雪对交通会有影响，电线积冰多厚电线有断线的危险，等等。这些将可能产生自然灾变的物理或化学条件阈值称之为致灾临界条件，它可以是一个指标，可以是一些物理指标的组合，也可以是一个物理模型。总之，致灾临界条件对于自然灾害的出现既是必要条件又是充分条件。如果可以准确地界定出不同灾害致灾因子的致灾临界条件，便从理论上证明了自然灾害风险的相关假设和模型的合理性，同时也找到了引起风险的原因；如果能够提前预报致灾临界条件，便可以建立自然灾害早期预警系统，并根据致灾临界条件的强度和承灾体的物理暴露和脆弱性，进行自然灾害风险评估。

由于自然灾害是否发生不仅与致灾因子有关，而且与孕灾环境以及防灾设施的能力有关。因此，在研究致灾临界条件时，必须考虑两种情况：第一是孕灾环境的变化，例如，2008 年汶川地震极大地改变了当地的地质地理条件，乱砍滥伐、过度放牧会明显改变生态环境，当自然地质地理条件（孕灾环境）发生明显变化时，必须重新研究致灾临界条件；第二是兴建防灾工程后，防灾能力提高了，致灾临界条件也相应提高了，因此，必须重新研究致灾临界条件。

由于各地的孕灾环境和防灾工程不同，因此，对于同一种自然灾害，各地的致灾临界条件不同。有的人把一个省分成几个区，研究每个区域的致灾临界条件，这需要慎重考虑，因为一个区内不同地方的孕灾环境和防灾工程也可能不同，致灾临界条件便不同。

在这里要特别指出：对于绝大多数自然灾害，不能用气象站和/或水文站的观测资料分析得到致灾临界条件。这是因为绝大多数自然灾害不是发生在气象站和/或水文站，气象站和/或水文站的观测资料对于自然灾害而言代表性不够。由于自然灾害的发生与孕灾环境密切相关，不同孕灾环境致灾临界条件不同，因而用 GIS 软件将气象站和/或水文站的资料内插到研究的地点上，同样不可取，因为任何纯数学内插软件都不可能真实地反映物理或化学要素的空间分布特征。研究致灾临界条件没有捷径可走，只有按照科学的方法去做。

2. 确定致灾临界条件的方法

①统计分析法

如果有足够多的灾损资料和致灾因子样本的资料，那么就可以应用统计分析法求致灾临界条件。统计分析法可以采用回归模型、聚类模型、神经网络模型等。统计模型的应用面很大，对于多种物理或化学要素引发的自然灾害，常常使用统计的方法对致灾因子进行识别，然后用统计方法建模。

个例分析法属于统计分析法的特例。例如，山洪灾害，可以通过调查获取山洪的历史个例资料，分析产生山洪的小流域的面雨量，这个面雨量便是产生本个例山洪等级的临界面雨量。在下垫面特征不发生变化的情况下，由个例分析得到的临界面雨量便可以用来做产生本个例等级山洪的预报和风险评估了。个例统计分析法的局限性是不可能得到不同等级山洪的临界面雨量，如果要得到不同等级山洪的临界面雨量，便必须获取能反映不同等级山洪的多个样本。在没有水位观测的山洪沟，可以用水文模型模拟山洪，山洪个例资料主要用于率定水文模型，一旦水文模型率定好了，便可以用率定好的水文模型模拟得到不同等级山洪的临界面雨量了。

②物理/生物模型法

物理/生物模型是在研究致灾机理的基础上建立的模型，它有比较复杂的数学表达式。物理/生物模型法是基于对自然灾害事件的灾害动力/生物过程的认识，以物理/生物模型来模拟灾害发生环境及过程，如果能找到合适的物理/生物模型，则可以用物理/生物模型来做灾害预测、风险评估和风险区划。例如，水文模型便是研究洪涝灾害常用的模型，可以用水文模型或水文动力模型求临界面雨量，只要水文模型能够真实模拟出洪水过程，特别是准确模拟出洪峰的高低和出现时间，则用水文模型模拟得到的临界面雨量可以有很高的精度；作物模型是研究农业气象灾害常用的模型，可以用作物模型模拟不同气象条件下作物的长势及产量形成情况确定致灾气象条件的阈值。

③数值模拟法

一些灾害是可以用数值模式模拟的。例如，用云模式模拟冰雹生成和长大的条件，用天气数值模拟产生电线积冰的气象因子等。由于数值模式本身的局限性，模拟自然灾害发生条件的能力较差，很难用数值模式去确定致灾临界条件，但可以用数值模式模拟佐证统计模型的合理性。

④实验模拟法

一些自然灾害可以在实验室中模拟。例如，在六室中模拟电线积冰，找出电线积冰的临界气象条件。又如,在人工气候箱中模拟农业气象灾害,在风洞中模拟沙尘暴,用实验法模拟冰雹对农作物的损害,从而找出致灾的临界气象条件等。

由于可以人工控制实验条件得到比较准确的结果,因此,能够进行实验模拟的灾害,应当尽可能采用实验模拟法确定致灾临界条件。

⑤风险区划法

对于人工工程,可以根据工程的设计标准研究致灾临界物理条件。这些人工工程的设计标准往往采用防 T 年一遇的灾害。只要人工工程符合工程质量要求(非"豆腐渣"工程),达到并超过人工工程的防灾标准才会发生灾害。因此,大家要研究的是 T 年一遇的临界物理条件,达到并超过临界物理条件便会产生灾害。

例如,城市根据其社会经济地位的重要性或非农业人口的数量,国家防洪标准(GB 50201—94)分为四个等级。各等级的防洪标准按表 10-1 的规定确定。

表 10-1　城市的等级和防洪标准

等级	重要性	非农业人口(万人)	防洪标准[重现期(a)]
Ⅰ	特别重要的城市	≥150	≥200
Ⅱ	重要的城市	50~150	100~200
Ⅲ	中等城市	20~50	50~100
Ⅳ	一般城市	≤20	20~50

又如 330~550 kV、550~750 kV、≥750 kV 架空输电线新的设计标准是抗 30、50、100 年一遇的电线履冰(标准厚度),研究者的任务就是通过履冰历史资料的分析,研究出 30、50、100 a 一遇的电线覆冰厚度是多少。

第三节　区域农业脆弱性评估

一、承灾体脆弱性的分析方法

20 世纪 80 年代以来,人们对灾害形成中致灾因子与承灾体的脆弱性的相互作用予以关注,尤其是脆弱性研究逐步受到重视。脆弱性主要用来描述相关系统及其组成要素易于受到影响和破坏,并缺乏抗拒干扰、恢复的能力。脆弱性衡量承灾体遭受损害的程度,是灾损估算和风险评价的重要环节。脆弱性分析被认为是把灾害与风险研究紧密联系起来的重要桥梁,对灾害脆弱性的理解和表达成为灾害风险评估的核心,主要分析社会、经济、自然与环境系统相互耦合作用,及其对灾害的驱动力、抑制机制和响应能力。20 世纪 70 年代，英国学者把"脆弱性"的概念引进到自然灾害研究领域，在《自然》杂志上发表了一篇题为排除自然灾害的"自然"观念的论文，指出：自然灾害不仅仅是"天灾"（Act of God），由社会经济条件决定的人群脆弱性才是造成自然灾害的真正原因。脆弱性是可以改变的，应该排除自然灾害的"自然"观念，采取相应的预防计划减少损失。目前，国际上在灾害脆弱性研究领域取得了众多成果。

　　脆弱性是承灾体的本身属性，通过自然灾害发生后表现出来，即自然外力作用于承灾体后的易损属性，承灾体的该属性无论自然灾害是否发生都存在。以往的研究中，与脆弱性相联系的表述主要有暴露性、敏感性、应对能力（包括适应性）和恢复力。暴露性是致灾因子与承灾体相互作用的结果，反映暴露于灾害风险下的承灾体数量与价值，与一定致灾因子作用于空间的危险地带有关，而非承灾体本身属性，因此并不属于脆弱性的组分；敏感性强调承灾体本身属性，灾害发生前就存在；应对能力主要表现在灾害发生过程中；恢复力则为灾害发生之后表现出来的脆弱性属性。灾害风险形成的"二因子说"中的脆弱性内涵广泛，往往包括上述的暴露性、敏感性、适应能力等。

　　目前，脆弱性分析方法主要包括了 3 类：

　　（1）基于历史灾情数据判断的区域脆弱性，根据灾害类型和产生后果，进行脆弱性评估；

　　（2）基于指标的区域脆弱性评估。在脆弱性形成机制和原理研究还不充分的情况下，指标合成是目前脆弱性评价中较常用的一种方法。该方法从脆弱性表现特征、发生原因等方面建立评价指标体系，利用统计方法或其他数学方法综合成脆弱性指数，来表示评价单元脆弱性程度的相对大小；

　　（3）基于实际调查的承灾个体脆弱性评估。该方法通过建立不同强度的致灾因子危险性与承灾体损失（率）之间的量化关系，以表格或曲线数学方程（脆弱性曲线）等形式表示，结果精度相对较高。

二、基于指标的农业脆弱性评估

　　基于农业脆弱性形成的内在机制研究，一般根据区域自然、环境、经济社会特点选取评估指标，构建多目标评估指标体系，比较分析区域脆弱性的差异。例如，商彦蕊（2000）认为：农业旱灾脆弱性是指农业生产系统易于遭受干旱威胁并造成损失的性质，是干旱致灾成灾的前提，与农业生产系统结构和功能有密切关系。倪深海等（2005）从水资源承载能力、抗旱能力、农业旱灾系统三个方面选择人均水资源量、灌溉率等 7 个指标对中国农业干旱脆弱性进行评价。阎莉（2012）基于 IPCC 报告中对脆弱性的定义，以辽西北地区的玉米干旱灾害作为研究对象，选取作物自身生理因子以及社会经济因子等方面的 17 项指标,建立辽西北玉米干旱脆弱性评价模型。农业是一个系统产业,受多种因素的影响,一些社会人文因子在农业脆弱性影响中往往起到关键作用,例如,区域经济条件、气候、土壤、地形、土地利用和灌溉率等是经常需要考虑的主要农业脆弱性指标。

三、农作物脆弱性曲线的构建方法

不同灾害类型的作物脆弱性曲线构建。承灾体的脆弱性不仅与承灾体的物理或生物结构、组成物质的特性等自身性质有关,而且还与致灾因子有关,通常可用致灾因子与承灾体自身性质之间的关系曲线或方程式表示,称为脆弱性曲线或灾损(率)曲线(函数),主要用来衡量不同灾种的致灾强度与其相应的损失(率)之间的关系,主要用曲线、表格或者曲面的形式来表现(史培军,2011)。1964 年,White首次提出了脆弱性曲线方法应用于水灾脆弱性评估(Smith,1994)。近年来该方法逐渐被推广应用到农业气象灾害、水灾、旱灾、地震、台风、泥石流、滑坡、雪崩和海啸等灾害的研究中,并且得到了比较广泛的应用。农业气象灾害脆弱性曲线构建方法有基于灾情数据的脆弱性曲线构建,研究者利用收集到的农业灾情数据中致灾与成灾一一对应的关系,采用曲线拟合、神经网络等数学方法发掘之间的脆弱性规律;基于模型模拟的脆弱性曲线,在旱灾研究中,有学者利用作物生长模型模拟不同灾害致灾强度情景,并计算出相应的产量损失率,分别构建了小麦玉米和水稻等作物的旱灾脆弱性曲线;基于试验模拟的脆弱性曲线构建,在人为模拟灾损环境下,研究致灾因子强度对作物的影响,然后用统计方法拟合实验数据得到作物脆弱性曲线。

1. 脆弱性曲线构建方法

承灾体脆弱性曲线构建方法有基于灾情数据的脆弱性曲线构建、基于系统调查的脆弱性曲线构建、基于模型模拟的脆弱性曲线构建、基于实验模拟的脆弱性曲线构建四种。

(1)基于灾情数据的脆弱性曲线构建方法

基于实际灾情数据构建脆弱性曲线是脆弱性曲线研究中最为常用的方法。研究者利用收集到的灾情数据中致灾因子与灾损一一对应的关系,采用曲线拟合、神经网络等数学方法发掘其间的脆弱性规律。灾情数据来自历史文献、灾害数据库、实地调查或保险数据等。其中,历史文献、政府统计数据及灾害数据库是脆弱性曲线的主要数据源,基于灾后实地调查,可以获取第一手数据。开展自然灾害保险相关险种的历史赔付清单,可反映灾害的实际损失,从保险数据推定易损性曲线的方法,在北美、澳大利亚、日本等保险市场较为发达的地区已得到有效应用,水灾、台风灾害等是自然灾害保险中发展较为成熟的险种。保险数据对灾情信息记录较为完善精细,在一定程度上弥补了灾情记录缺乏的情况。

利用灾情数据构建的脆弱性曲线可以较好地反映实际灾害情景中承灾体的脆弱性水平。在现实中灾情大小往往还受孕灾环境、灾害预警、防灾水平等多因素影响，因此灾情记录很难真正刻画出承灾体自身的脆弱性水平，并且案例数据的不完备也使脆弱性曲线具有一定的不确定性。因此，应当大力加强灾后实地调查，获取第一手数据，特别是每一次灾害过程致灾因子的识别和量值的确定，对于提高脆弱性曲线的精度十分重要；实地灾情调查可以与问卷和访谈等方式相结合。

由于承灾体脆弱性曲线是承灾体自身固有的脆弱性的表现，不同地区同种承灾体的脆弱性不同，因此，各地这种承灾体脆弱性曲线各异。例如，2008 年 5 月 12 日四川汶川、北川发生里氏 8.0 级地震，震源深度 10 km，最大裂度 11 级，地震造成 69227 人遇难，374643 人受伤，17923 人失踪。而 2010 年 2 月 27 日当地时间 3 时 34 分（6：34 UTC）智利中南部马乌莱大区发生震级为 8.8 级大地震，是当地自 1960 年智利 9.5 级大地震后震级最大的地震，此次地震震源深度 35 km。地震只造成 1279 人死亡或重伤。两地因地震造成的人员伤亡为什么会出现如此大的差异，除了震源深度的差异外，其根本原因在于汶川地区建筑物的脆弱性远远高于智利。智利建筑对抗震有着严格的要求，自 1960 年 9.5 级大地震后，智利政府就要求所有建筑都按照抗击 9 级地震的标准来进行设计。因此，地震袭击之后，虽然很多建筑受到损害但并没有完全倒塌。统计数字显示，在这场大地震中，1985 年后竣工的建筑仅有 0.1% 出现结构性损害，而其余 99.9% 建筑均安然无恙，保证了居民的人身安全。

因此，在已有脆弱性曲线的基础上，通过研究区的实际灾情数据对曲线参数进行本地化的修正，形成新的脆弱性曲线，即脆弱性曲线的再构建是十分必要的。

（2）基于系统调查的脆弱性曲线构建

基于对承灾体价值调查和受灾情景假设，推测出不同致灾强度下的损失率进而构建洪涝脆弱性曲线的方法，被称为系统调查法。在水灾脆弱性曲线研究中首次出现这种方法并得到广泛应用。系统调查法基于土地覆盖和土地利用模式、承灾体类型、调查问卷等信息，发掘致灾参数和损失的一一对应关系，进而构建曲线。以建筑物的系统调查为例：首先对建筑物进行分类，并对实地建筑物中的财产分类登记；然后根据财产的类型、质量和使用年限，估算财产价值；再根据每类财产放置的平均高度（距地面），判断不同水位情景下该类财产的淹没深度；利用不同淹没深度和历时下建筑物损失的个例资料，建立不同类别建筑物的水灾脆弱性曲线。这种方法在英国、澳大利亚等地的水灾脆弱性评估中也被广泛采用。

基于系统调查法构建洪涝脆弱性曲线，虽然仍然需要不同淹没深度和历时下建筑物损失的个例资料，但不需要完备的灾害案例数据，这是它的优点，但是调查的工作量较大是其缺点。为了解决这个矛盾,可对不同经济发展阶段中的承灾体脆弱性进行调查评估。仍以建筑物为例,为了评估地震、强风、洪涝建筑物的脆弱性不可能对每一栋建筑物的脆弱性都进行调查评估,但是可以认为不同的经济发展阶段下不同种类的建筑物(木结构、砖混结构、钢筋水泥结构)的脆弱性具有同一性,这样只需对不同经济发展阶段的典型建筑物(木结构、砖混结构、钢筋水泥结构)进行脆弱性调查评估就可以了。当然,这种方法,调查数据准确性和假设情景的合理性决定了脆弱性曲线的精度,具有一定的人为因素。

(3)基于模型模拟的脆弱性曲线构建

随着对承灾体脆弱性认识的深入,研制出一些表征承灾体脆弱性的数学模型,基于计算机模型模拟的脆弱性曲线应运而生。此方法的关键在于承灾体脆弱性的数学模型是否能真实地反映致灾因子和承灾体的相互作用过程,不同的灾害研究中发展了各自的灾害评估模型用于脆弱性曲线的构建。在地震灾害中,大量研究者利用模型模拟的方法构建了以超越概率表示的结构理论易损性曲线。在旱灾研究中,有学者利用作物生长模型模拟不同旱灾致灾强度情景,并计算出相应的产量损失率,构建了作物的旱灾脆弱性曲线。

基于模型模拟构建的脆弱性曲线的优点在于:可以模拟任意灾害情景中的承灾体脆弱性水平,深入发掘灾害信息,较少受到实际灾情数据缺乏的限制;可以从灾害自身机理出发细致刻画承灾体的脆弱性。此方法的主要问题:一是模型是否能真实地反映致灾的机理,能否精确模拟出致灾的过程;二是处理海量数据,模型的运算量较大,技术要求高。前者研究难度大,很多灾害难以找到其数学模型;后者有了高性能计算机是容易解决的。此外,在模型构建和模拟的过程中,还需要利用实际灾情数据进行检验和修正,从而保证脆弱性曲线的精度。

(4)基于实验模拟的脆弱性曲线构建

实验模拟法是在人为模拟的灾损环境下,研究致灾因子强度对承灾体的影响,然后用统计方法拟合实验数据得到承灾体脆弱性曲线(曲面)。如果一种成灾过程可以用一种实验模拟很好地描述,那么就可以用该模型去研究承灾体的脆弱性。尹圆圆等(2012)设计了"基于人工控制雹灾的棉花脆弱性机理实验",来测定棉花不同生育期雹灾损失率。余学知等(2001)对水稻田间干旱进行了模拟试验研究。李香颜等(2011)进行了淹水对夏玉米性状及产量的影响试验研究。

2. 承灾体脆弱性曲线研究趋势

(1)从单曲线向多曲线集成发展

由于承灾体类型的不同,其脆弱性曲线也不同。例如,对于建筑物而言,木结构、砖混结构、钢筋混凝土结构(又可以区分为整体钢混结构和预制板结构),其抗震、抗洪涝、防风能力都不同,因此,单一脆弱性曲线已不能满足风险评估的需求,需要逐渐向多条脆弱性曲线集成发展,形成脆弱性曲线库。

目前地震、水灾、冰雹灾种都逐渐形成了自己的脆弱性曲线库。美国联邦应急管理署(FEMA)在 HAZUS-MH 的洪水评估模型中就集成了多种来源的建筑物脆弱性曲线,形成了比较完备的水灾建筑物脆弱性曲线库。在风险评估中,可根据具体的孕灾环境和承灾体性质,选择合适的脆弱性曲线进行建筑物水灾损失计算。

不同国家、一个国家的不同地区,由于经济和社会发展水平不同,承灾体的脆弱性不同,基于灾情数据的脆弱性曲线构建方法都应当根据当地承灾体的灾损资料修订承灾体脆弱性曲线,得到灾害风险评估更为精确的结果,从而为区域防灾减灾工作提供更为准确的支持。

(2)从单指标(曲线)向多指标(曲面)综合发展

很多灾害是多种致灾因子共同作用的结果,单指标脆弱性曲线往往不能反映真实的灾损,已经不能满足风险评估的需求,脆弱性曲线逐渐向多致灾参数综合发展。在水灾研究中,往往综合考虑水深、流速、淹没时间、水灾预警时间或水深与水速的乘积作为致灾强度综合指数。在冰雹灾害中,采用冰雹动能作为致灾因子指标,并用风速进行修正,较为显著地提高了建筑物冰雹脆弱性曲线精度。旱灾研究中有学者提出利用作物需水量、蒸散量和灌溉情景等因素综合计算得到的作物水分胁迫指数构建小麦的旱灾脆弱性曲线。台风脆弱性曲线显然应当包含风和雨的共同作用,沿海地区还需要考虑风暴潮的影响。

由于历史灾害记录往往有限,而且历史灾损资料往往是各种致灾因子综合影响的结果,没有区分不同致灾因子的影响,因此需要构建多指数综合的脆弱性曲线,提高灾害数据的可用性。与此同时,需要加强自然灾害的精细调查,包括灾害产生的原因,不同致灾因子造成的灾损等。

(3)从单一方法向综合集成方法发展

基于灾情数据的脆弱性曲线构建方法需要比较完备的致灾因子和灾损的数据,致灾因子和灾损数据的不完备性和不精确性会影响曲线拟合的精度和准确度;基于系统调查的脆弱性曲线构建方法对调查数据准确性和假设情景的合理性要求很高,具有一定的人为因素;基于模型模拟的脆弱性曲线构建方法的准确性取决于模型的科学性,它虽然是今后应当大力发展的一种方法,但是研究得到一个科学的模型是一件不容易的事情,而且模型模拟的准确性也需要实际数据的验证和修正;实验模拟法也会因为实验设计方案的不同,得到有差异的结果。因此,脆弱性曲线的构建方法各有利弊,需要互相验证从而提高精度。因此,单一方法不能满足脆弱性曲线构建的需求,需要组合和优选,逐渐向综合集成方法发展。在地震和水灾研究中,有研究者将基于灾情数据构建的实际脆弱性曲线与基于模型构建的理论脆弱性曲线进行相互验证,从而提高曲线的精度。

从脆弱性曲线综合化研究趋向来看,随着灾害风险评价理论和技术的不断发展,人们开始从多个视角、多元化综合考虑,探索致灾因子和承灾体脆弱性间的定量关系。而多视角、多元化的综合应用也将成为脆弱性曲线今后的发展趋势。

从不同灾种的脆弱性曲线发展来看,地震、水灾等灾害的研究集合政府、商业和保险等领域的力量,灾种脆弱性曲线研究起步早且发展较为成熟,国外已经积累了大量成果构建脆弱性曲线库,形成了较完善的脆弱性评估模型;其他一些灾种,如滑坡/泥石流、旱灾等,脆弱性曲线研究起步较晚,成果大多以特定区域单一的脆弱性曲线形式呈现,应用价值还需进一步证实推广。从研究区域上看,脆弱性曲线的研究主要集中于发达国家,尤其是自然灾害高风险区,如美国、日本和欧洲莱茵河流域等地的洪水脆弱性曲线,欧洲阿尔卑斯山区的滑坡与泥石流脆弱性曲线研究等。越来越多的灾种开始研究应用脆弱性曲线,研究区域逐渐扩大,整体研究有不断推广和深入的趋势。承灾体脆弱性研究正在向定量化、精确化方向发展。

国内虽然进行了不少跟随性的研究工作,但是研究的广度和深度都很不够,需要大力加强各种灾害敏感性承灾体脆弱性研究,建立定量化、精确度高的脆弱性评估模型,并用于实时的风险评估业务之中。

3. 致灾临界条件与承灾体脆弱性曲线的关系

研究承灾体脆弱性与确定致灾因子临界条件是进行风险评估非常重要的两个问题,那么二者有什么关系呢?

首先,它们是完全不同的物理量,二者物理或生物学意义是不同的。致灾临界条件是自然灾害本身的属性,研究致灾因子达到什么临界值时灾害才能发生。而承灾体脆弱性是承灾体自身的属性,是承灾体抗击灾害能力的一种度量,换句话说,它表征在遭受灾害袭击时可能的损失程度。例如,洪涝脆弱性是承灾体受洪水的损害程度,当承灾体没有受洪水影响时自然不会有风险。

其次,地震、洪涝、地质灾害、海洋灾害等自然灾害的致灾临界条件与承灾体脆弱性没有关联。例如,城市内涝,城市建有排水系统,只有当降雨量超过城市排水能力时才会产生内涝,这时的降雨量才是产生城市内涝的临界降雨量;对于江河洪水,只有降雨量使得江河水位超过堤坝高度才会产生风险;对于滑坡,只有降水量超过了滑坡的附着力时才会发生滑坡。它们的致灾临界条件与承灾体的脆弱性是没有关系的。

最后,如果研究的致灾临界条件与承灾体脆弱性是紧密关联的,例如风灾,只有风力达到一临界值时,某种承灾体才可以受损;对于不同承灾体,受损的临界风力不同;对于设施农业亦如此,当风力超过设计标准时,蔬菜大棚/日光棚将被大风刮倒。

因此,风灾脆弱性曲线的横坐标起点不为零。

旱灾亦是如此,它与作物的耐旱能力(脆弱性)有关,只有当土壤水分不能满足作物生长的需求时才会出现旱灾。超过这个临界值之后,作物干旱脆弱性曲线应当是连续性曲线。

大多数灾害承灾体脆弱性曲线都是连续的曲线,例如,冰雹灾害、风灾、旱灾、雪灾等的承灾体脆弱性曲线都是如此。为了应用的方便,常常将灾害进行分级,这时不同级别的灾害对应不同的致灾因子指标,它们在承灾体脆弱性曲线上对应某几个点(一级灾害一个点),这时二者是具有同一性的。但是,由于这种灾害分级常常带有很大的人为性,它并不代表承灾体脆弱性曲线在这些点上出现了拐点。如果承灾体脆弱性曲线上有拐点,那么找到这个拐点,并把它作为灾害分级的标准,这种灾害的分级标准便具有科学性了。例如,在研究黑龙江省水稻障碍型低温时指出:19 ℃、18 ℃和17 ℃处理下的结实率平均值均在95%以上,且不存在显著差异,而再继续降低温度至16 ℃时结实率会显著降低,至15 ℃时结实率会继续显著降低,且低于90%。说明以16 ℃为界限,随着低温强度的加大,结实率显著下降,水稻受害逐级加重。因此,16 ℃便可以选为黑龙江省水稻障碍型低温的临界温度。由于承灾体脆弱性曲线具有全面和精细化的特点,因此,更有利于灾害风险定量分析。

总之,尽管有时致灾临界条件与承灾体脆弱性的研究方法相同,但是他们是不同的物理量,在自然灾害风险领域都是不可或缺的内容。

第四节　农业气象灾害风险评估

一、农业气象灾害风险评估的总体思路

目前,农业气象灾害风险评价主要按照如下两个基本思路进行。

(1)从灾害风险形成机理出发,采用系统分析方法,从灾害系统的各组成要素着手,分析农业气象灾害风险要素,并对各风险要素进行量化,通过风险要素的组合,确定农业气象灾害系统的总体风险。农业气象灾害归根结底是自然界物质循环和能量流动中的异常现象,它的发生和发展是遵循一定的物理规律的,遵循灾害发生、发展、演变和致灾过程的规律性,客观评价农业气象灾害发生的可能性、规模及其造成损失的大小。在自然—人类—社会经济相互联系相互作用这一大的孕灾环境下,农业气象灾害的致灾过程,也遵循着从致灾因子的危险性,到承灾体的脆弱性,再到灾害损失,这一系统论的发展规律。因此,农业气象灾害风险评价要从物理规律和系统论规律两方面把握各种灾害的发生、发展、致灾规律。在此基础上评价灾害发生的可能性、规模及其造成损失的大小。另外,还可以基于这两方面的规律建立模型,模拟农

业气象灾害,服务于灾害风险评价。

(2)利用灾害发生的历史资料,进行致灾因子以及灾情损失评估,对灾害发生的概率、损失等进行数学统计分析,再利用风险评估模型进行综合风险评估。根据可获得的信息量,采用相应的数学分析方法。不确定性是风险的基本特征,因而度量不确定性的方法就是风险分析的数学方法,灾害风险评估的关键是风险不确定性量化。目前,进行不确定性分析的方法主要有概率统计分析和综合指标分析两大类。概率风险分析主要是研究灾害风险发生的概率及造成的损失大小,是对风险识别的深化,是风险评价、风险决策和实施各项风险处理技术的基础。若能获得长时间序列农业气象事件和损失数据,就可采用概率统计方法推求农业气象灾害损失的概率分布曲线,从而定量灾害风险。当缺乏时间序列数据时,可用各种数学方法对灾害风险要素进行量化,然后组合得到灾害系统的总体风险程度。概率统计方法的理论基础是用收集到的样本代表总体,需要有足够多的统计样本。当可获得的信息量足够的多,能够提供代表性好的统计样本时,应采用概率统计方法进行风险分析。反之,当可获得的信息较少时,统计样本得到的估计参数和总体参数之间的误差会很大,因而无法反映总体的信息。在这种情况下,如果知道先验分布,那么可以通过贝叶斯方法对现有的样本估计加以改进。但是实际情况中,先验分布往往是未知的。在这种不完备信息条件下,只能退而求其次,采用综合指标分析方法,主要通过对影响灾害风险的各种因子进行综合考虑,建立一个综合的灾害风险分析指数,基于综合指标的风险分析结果往往更具可靠性。综合指标分析方法主要有层次分析法、综合评判法、主成因分析法和分项分析法等(张继权 等,2007)。

二、农业气象灾害风险分析基本流程

根据农业灾害风险分析的基本原理,运用多元数据,通过多种分析方法,并运用GIS 等技术,完成区域农业灾害风险分析,其基本流程如图 10-3 所示。

三、基于风险形成机理构建风险评估模型

根据灾害风险形成四因子理论,结合承灾体受灾特点和灾害形成的机理,构建灾害风险评价模型,开展风险评价。农业灾害风险主要由危险性、暴露性、脆弱性和防灾减灾能力四个因子构成,其中危险性主要包括气象、水文、地形、土壤等各个方面的影响,而暴露性主要包括社会经济暴露和农作物自身的暴露;脆弱性同样也是社会经济和农作物二者的脆弱,同时必须考虑人类在应对灾害方面的能力,因此防灾减灾能力包括抗灾投入、资源准备、抗灾能力和教育水平等。灾害风险评价必须考虑到这四个因子(图 10-4)。

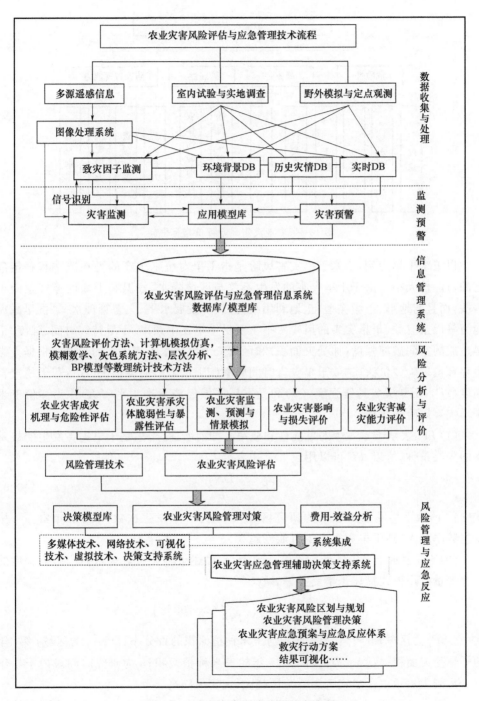

图 10-3 农业灾害风险分析基本流程

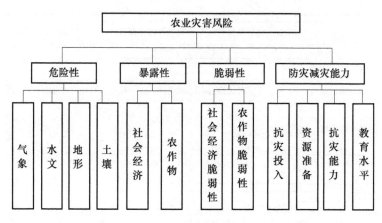

图 10-4　农业灾害风险评价指标框架

　　以玉米干旱为例,玉米干旱灾害风险是指干旱对玉米生产的潜在威胁和直接危害的可能性大小。由于干旱灾害的发生不仅与区域降水、气温和干燥度等气象因子有关,而且与地形、土壤类型、土地利用结构、经济发展水平、灾害管理水平、抗旱减灾能力等因素有关,干旱灾害的风险水平主要受干旱发生频率、干旱持续时间、强度、干旱造成的空间破坏强度(如受灾面积)和区域玉米生产水平等因素的影响。根据人类生存环境风险评价法,选取干旱灾害时间频率(TF)、干旱灾害范围(SF)和干旱灾害强度(IF)、干旱灾害持续强度(CI)和受灾区区域经济发展水平(PL)作为评价玉米干旱灾害风险的指标。

　　(1)TF:表示干旱发生的可能性和概率。如前所述,干旱是干旱灾害发生的最基本的先决条件,所以 TF 可以用以下公式表达:

$$TF_j = \frac{DN_j}{n} \tag{10-6}$$

式中:TF_j为干旱发生频率,j 为研究区域,DN_j为干旱发生次数,n 为总年份。干旱发生频率越大,则干旱灾害发生可能性越大。

　　(2)SF:表示干旱灾害经常影响的范围,是描述干旱灾害对玉米生产影响程度的一个变量。用下式描述干旱受灾率 SF。

$$SF_j = \frac{1}{n} \sum_{i=1}^{n} \left(\frac{DAA_{ij}}{MSA_{ij}} \times 100\% \right) \tag{10-7}$$

式中:SF_j为区域 j 的干旱受灾面积与玉米种植面积的百分率;DAA_{ij}为区域 j 第 i 年的干旱受灾面积;MSA_{ij}为区域 j 第 i 年的玉米种植面积;n 为研究时间段内干旱年数。SF 越大表示由干旱灾害影响范围越大,灾害风险高。

　　(3)IF:表示干旱灾害强度。正如前面所提到的,干旱灾害的形成是多因素综合作用的结果,除气候条件外,还有土壤性质、地貌类型、地下水状况、耕作制度、作物品种、农田水利和农业技术措施、区域经济水平、干旱灾害管理水平、作物抗旱减灾能力等人为因素,但对于大田生产,最重要的因素还是降水量的多少。因此,在计算 IF 时,取玉米生长季节降水量与同期玉米需水量之比作为表示干旱灾害发生强度的一个指标,记为 IF_i,其中 i 为年份,研究区不同地区的 IF 可以用以下公式计算:

$$IF = \frac{1}{n} \sum_{i=1}^{n} IF_i \qquad (10-8)$$

式中:n 为总年份。IF 越大说明缺水越严重,干旱灾害风险高。

(4)CI:表示不同区域干旱持续时间(用干旱持续天数表示)。干旱可能导致干旱灾害,而这种干旱灾害持续时间的长短是决定干旱灾害程度的又一个重要因素。无论季节性连旱或年际连旱,持续时间均较长,加之大旱、特大旱灾多出现于其中,故连旱对农业生产的危害更为严重,造成的经济损失更大。计算连续性干旱对农业生产的危害程度时取干旱持续天数作为指标,指玉米生长季中日降水量小于 5 mm 的持续日数。因此,干旱持续天数是表示干旱灾害损失强度的一个很重要的指标。玉米生长季干旱持续时间越长,干旱灾害就越严重,由干旱导致的玉米产量损失就越大,经济损失也越大。具体计算时,用如下式所示的干旱持续天数与玉米生长期之比(CI)来表示不同区域连续性干旱的强度频率。

$$CI_j = \frac{\overline{CD_j}}{ND_j} \qquad (10-9)$$

式中:CI_j 为研究区地区 j 的干旱持续强度,$\overline{CD_j}$ 为玉米生长季日降水量小于5 mm的平均持续天数,ND_j 为研究区地区 j 的玉米生长期。

(5)PL:是衡量一个区域经济发展水平的重要指标。虽然衡量区域经济水平的指标有多种,但对于农业特别是种植业,大多数地区可以将粮食单产作为区域种植业生产水平和农业经济发展水平的基本标志。区域经济水平较高的区域,因灾造成的粮食减产数量同区域经济水平较低区域因灾减产数量相比,因灾造成的损失前者要低于后者。对于东北地区取玉米生产水平作为区域农业经济水平 PL,计算公式如下:

$$PL = \frac{1}{n} \sum_{i=1}^{n} \left(\frac{Y_i}{SY_i} \right) \qquad (10-10)$$

式中:PL 为不同区域玉米作物生产水平,Y_i 为每一区域第 i 年单产,SY_i 为每一区域第 i 年的总单位面积产量,n 为年份。

农业干旱灾害风险表示农业干旱灾害对玉米生产的潜在威胁和直接危害。利用人类生存环境风险评价法和上述指标建立农业干旱灾害风险评价模型,用公式表示为:

$$DDRI_j = TF_j \times SF_j \times IF_j \times CI_i \times (1 - PL_j) \qquad (10-11)$$

式中：$DDRI$ 为干旱灾害风险指数，j 为研究区各区域，在计算过程中，TF、SF、IF、CI、PL 都是以百分率表示，所以 $DDRI \in [0,1]$。$DDRI$ 值越大，则农业干旱灾害风险越大。

通过农业灾害风险评价指数方法构建农业灾害风险评价模型，此方法使评估更具有针对性。该方法是从灾害发生的本质原因出发，结合气象学与气候学、地学、环境学、农业气象学、灾害经济学和自然灾害学理论，充分体现自然地理的整体性。同时，该方法的实现要借助 GIS 技术、各种数学方法、作物—气候分析等方法，使得方法更具有科学性和实用性，可以为区域农业灾害的预防、预测及风险管理等提供依据。

思考题

1. 什么是风险？风险具有哪些特征？
2. 什么灾害风险形成"四因子说"？
3. 危险性评价的原理是什么？
4. 确定致灾临界条件有哪些方法？
5. 脆弱性曲线构建方法有哪些？

第十一章　农业气候资源与利用

第一节　农业气候资源

一、农业气候资源的概念

农业气候资源，是指一个地区的气候条件对农业生产发展的潜在能力，包括能为农业生产所利用的气候要素中的物质和能量（刘玉平 等，2006；纪瑞鹏 等，2010）。它直接影响农业生产过程，是农业自然资源的组成部分，也是农业生产的基本条件。农业气候资源由光资源、热量资源、水分资源、大气资源和风资源组成，具体上是指生长期（包括无霜期）的长短、总热量和降水的多少及其年内和年际间的分配和变化，日照时数和太阳辐射强度及其年内变化等等，其数量的多寡及其配合情况，形成了各种农业气候资源类型，这些农业气候资源类型在一定程度上决定了农业生产的结构和布局类型，如农、林、牧、副、渔的比重，作物的种类和品种、种植方式、栽培管理措施、相应的耕作制度等，这些最终将影响产量的高低及其产品质量的优劣。

2003 年 1 月 14 日国务院以国发〔2003〕3 号文印发《中国 21 世纪初可持续发展行动纲要》中明确指出："气候资源的可持续利用…… 建立和健全气候资源开发利用与保护的法律法规体系：制定气候资源合理开发利用与保护规划；及时修订、更新气候资源区划；采用先进的计算机信息处理技术和遥感技术，加强对气候资源的监测与评估……"因此，在未来相当长的一个时期内，气候资源及农业气候资源的利用和定量化的综合评估工作将会得到进一步重视和加强。

二、农业气候资源的基本特点

农业气候资源表示方法有两种：一是对短时间提供的资源量用强度表示，即单位时间内单位面积上的数量，如辐照度等；二是对长时期提供的资源用累积量表示，如积温、年降水量、年日照时数、年太阳总辐射量等。

（1）具有年、日周期的循环性

一个地区每年的积温、降水量、太阳辐射和日照时数的数量是有限的，形成了气候因素对生产生活的限制性,但植物所利用的光能、降水等是年复一年,周而复始,永无穷尽的。从长时间利用的角度看,气候资源是再生性最强、最稳定的可更新资源。

(2)时间分布上的不稳定性和空间分布的不均衡性

由于我国南北方纬度差异大,东西距海远近不同,以及地形、地势、土壤、植被等特性,造成光、热、水资源的区域分异和季节分配上的差异性,这种差异往往具有随机性。

此外,气候年际间的变化引起产量的波动。有的年份光热水配合的好,可获得丰收,有的年份光热水配合不好,即某一因素过多或不足给农业生产造成不利的影响。只有光热水都满足作物生育要求时,才是良好的农业气候资源。可见气候条件既是农业的重要资源,又会给农业带来不利影响和灾害。

(3)气候要素之间相互制约性

光热水各因素中,一个要素的变化会引起另一要素的变化,如雨日多则光照弱、温度偏低,降水少则光照充足、温度高,温度低也限制光和水的利用,只有光热水配合适宜时,对农作物的生长发育最有利。

(4)农业气候资源和土地、生物资源互相作用

气候、土壤、植物构成一个整体。若没有肥沃的土壤与优良的作物品种,也就发挥不出农业气候资源的优越性,产量也难提高。只有不断培肥地力,改良品种,因时因地因作物制宜,开展多种经营,使气候—土壤—作物三者协调,使恶性循环转化为良性循环,才能达到高产、稳产、优质的效果。因此,充分合理地利用农业气候资源要因地制宜,从农业生态系统的观点出发,既要提高对农业气候资源的利用率,发展以粮为主的多种经营,多熟种植,又要建立积极的生态平衡,否则,将引起失调和失误。

三、农业气候资源评价指标

农业气候资源是一个由光、温、水等众多因子构成,涵盖广泛的复杂系统。农业气候资源评价指标体系见图11-1。这些因子及其相互作用、相互制约的关系直接或间接地反映出农业气候资源利用的整体状态。建立能够从各方面综合体现与衡量农业气候资源利用程度及状况的指标体系是评价工作的前提和基础。在设计农业气候资源评价指标体系时,要遵循科学性和可比性相统一的原则、系统性与针对性相统一的原则、综合性原则和可操作性原则。

(1)光能资源

光能是重要的农业气候资源,它是最基本的气候因素,是绿色植物进行光合作用的能量源泉,也是热量的主要来源。植物体总干物质中,有$90\%\sim95\%$是通过光合

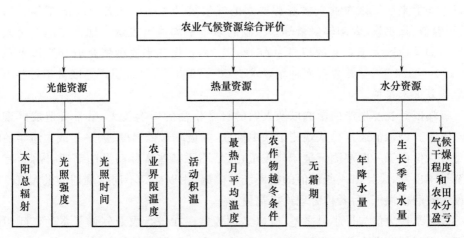

图 11-1 农业气候资源评价指标体系

作用合成的,只有 5%～10% 来自根部吸收的养分。因此,太阳光能的多少及分布与农作物产量和品质关系极大。常用的衡量光能资源的指标有:太阳总辐射、光照强度、光照时间。

(2)热量资源

热量资源是指人类生产活动和生活可利用的热量条件。热量是农业生物生存和生长发育所需的外界环境因子和能量。进行农业气候资源分析时,常用的衡量热量资源的多寡和可利用程度的指标有:稳定通过一定界限的日平均温度(0 ℃、5 ℃、10 ℃、15 ℃、20 ℃)的初终日期、持续日数和积温、年平均温度、最热月平均温度、最冷月平均温度、极端最低温度、无霜期等。最冷月平均温度和平均极端最低温度用来表示冬季的严寒程度,作为农作物越冬条件的指标。

(3)水分资源

水是植物生长发育所必需的基本物质。在光、热资源满足的情况下,水分条件是决定农业发展和产量的主要因素。一个地区的农业水资源,包括大气降水、地表水、土壤水和地下水四部分。农田需水量主要来源于大气降水和灌溉水。灌溉用水的最终来源也是大气降水。大气降水量的多少及其时间分配,不仅影响着作为灌溉水源的江河湖库水量的变化,也是制约土壤干湿状况和农田水分盈亏的主导因素。因此,大气降水量是最基本的农业水资源,也是重要的农业气候资源。常用的衡量水分资源的指标有:年降水量、生长季降水量、气候干湿状况和农田水分盈亏。

(4)分析与评价的常用方法

1. 平均值、极端值和较差值

平均值代表一个变量的水平。农业气候分析与评价中,几乎所有的要素值都需要以平均值来表征该农业气候资源要素的气候统计水平。如各时段的多年平均温度、积温值、降水量、太阳辐射量等。积温的多年平均值可表示一地常年的热量累积水平。如某地区大于 0 ℃的积温为 4622.50 ℃,根据冬小麦种植要求 0 ℃以上积温是 2100～2300 ℃,早熟夏玉米种植要求 2200～2300 ℃,可说明该地区常年可冬小麦与早熟夏玉米夏种。

极端值对农业生产的影响以及人们的日常生活的影响较大,常常会造成严重的自然灾害。极端值通常是从观测记录中挑取,如极端最低温度、大旱年或大涝年的降水量等。但由于一般观测记录年代较短,满足不了某些实际问题的需要,因此,有人从统计学出发,设计出一些极值的概率统计模型,用以推算不同重现期的极大值。前者称为实测极端值,后者称为理论极端值。

较差是最大值与最小值之差,所以又称极差。在进行农业气候要素的年际、月、日等一定时间范围内的变化规律分析时,较差是一个很有用和重要的概念。例如,一年内,最热月的平均温度与最冷月的平均温度之差称为年较差。它表示观测时期内变量的变化或幅度,较差越大,变化越剧烈。农业气候分析与评价中,温度日较差常是衡量一地农业气候资源质量的一个重要指标。较差除了用最大值与最小值之差来表示外,也可用它们的比值来表示。

2. 频率、保证率

频率表示该事件出现的可能性的大小,即频率 $P = \dfrac{M}{N}$(M 表示频数,N 表示总样本数)。如对冷和热、干和湿的划分,常用频率作为划分的指标。例如某地年降水量＞1000 mm 的频率为 1％,则表示该地 100 年中只可能有一年出现＞1000 mm 的降水量,即为百年一遇。若百年内出现五次,则为 20 年一遇。

保证率:是指大于等于或小于等于某要素值出现的可能性或概率。以积温为例,在一定自然地理区域内,积温的保证率曲线的型式基本一致,并不依各地多年平均积温的多少为转移,所以可以代表一定地区的积温保证率曲线。利用此曲线便能根据该地区内任一地点的多年平均积温和作物的热量要求,查出所属范围内各地热量条件对各种作物和品种的保证情况,分析出各地能够栽培哪些作物,或者需要采取哪些相应措施才能保证稳产高产。如某地区年降水量多年平均值是 637.9 mm,其保证率为 50％,当保证率提高到 60％时,降水量为 579.3 mm,到 80％时只有 441.7 mm。若仅考虑某时段降水量的平均值显然不能全面地解决实际问题,因此,讨论降水量的频率和保证率等是十分重要的。

3. 变率

变率是表示随机变量频率分布离散情况的量,也用以反映观测值的变动程度。变率有绝对变率和相对变率之分。

绝对变率又称平均偏差,是距平绝对值的平均,其数学表达式为:

$$V_a = \frac{1}{n} \sum_{i=1}^{n} |X_i - \overline{X}| \qquad (11\text{-}1)$$

式中:X_i 为随机变量在 i 时间的值,$\overline{X}$ 为样本从 1 到 n 时间序列的平均值。

由于许多变量具有这样一个特点,即平均值越大(水平越高),绝对变量也越大。例如年降水量超过 1000 mm 以上的地方,绝对变率达 100 mm 是很正常的,而年降水量不到 100 mm 的地方,绝对变率常常只有 10 mm 多。为了比较水平不同量的变动程度可以计算相对变率,即绝对变率与平均值之百分比:

$$V_r = \frac{1}{n} \sum_{j=1}^{n} \frac{|X_i - \overline{X}|}{\overline{X}} \times 100\% \qquad (11\text{-}2)$$

式中:X_i 为随机变量在 i 时间的值,$\overline{X}$ 为样本从 1 到 n 时间序列的平均值。

相对变率并不是任何情况下都适用的,对平均值等于或近于 0 的要素就不能使用,如沙漠地区,由于常年降水稀少,用相对变率表示这些地区的降水量的年或月的变化程度,常失去实际意义。

降水变率的大小是衡量一地水分条件优劣的重要指标。例如北方某旱区降水变率为 19.6%,其中一年中秋季降水变率最大达 49.8%,其次是冬季为 35.1%,夏季最小为 28.7%,春季为 34%,秋季降水少而不稳,极易发生干旱,春夏作物生长极易发生旱涝,影响农业的稳定高产(李团胜 等,2002)。

4. 年型

一个地区的气候条件虽然有一定的稳定性,但每年并不完全相同,多年平均值只是代表平均状况,频率和保证率分析也只能反映一定要素指标出现的可能性和保证程度,而逐年的气候变化,如冷暖、干湿程度与多年平均值往往偏差很大,根据这样的冷暖、干湿与历年平均差对地区农业生产、作物生长发育和产量形成的影响程度不同,可以划分成不同的气候类型,然后根据这些气候类型发生规律及其对农业生产的影响程度差别形成不同的农业气候年型。农业气候年型分析可以更好地掌握地区的气候变化规律,并且为在不同年型条件下采用不同的农业措施提供了气候依据。

农业气候年型的划分,首先应对农业生产有影响的关键时期及关键气候因子进行分析,并确定出划分年型的农业气候指标。例如,在京津地区,针对秋季温度变动特点对大秋作物成熟的影响,以玉米籽粒成熟期(8—9 月)为关键时期,以此时段的大于 0 ℃积温为关键气候因子,划分出秋暖年(>880 ℃)、秋凉年(<820 ℃)和秋正常年(850±30 ℃)三种农业气候年型,各种年型采用不同的农业措施(表 11-1)。

表 11-1　京津地区不同秋季类型(韩湘玲,1991)

年型	热量指标 (8—9 月 $\sum t > 0$ ℃)	频率(%)	代表年份	生产措施
秋暖	>880	35	1965 1975	秋作物可早熟 3~4 d,不能 过早种麦
秋凉	<820	24	1974 1976	秋作物晚熟 4~5 d,采取促熟 措施,抢种适时麦
秋正常	≤880 且≥820	41	1969	常年措施

5. 图解分析

①等值线分析

在农业气候资源分析中,不仅要分析单站点农业气候要素值的时间变化规律,还要做空间上的分布规律分析,等值线分析为此提供了十分有效的手段,尤其对较大范围的气候背景分析更显出其优越之处。

②列线图分析

列线图是指在同一气候区内,将相关关系较为密切的两个或两个以上气候要素值,反映到同一张图上,组成一组近似平行的等值线。可见,列线图是等值线的一种,但从形式上它又别于一般在地理底图上绘制的等值线,它将地理位置抽象化,仅关注气候要素的时间分布状况,又方便地将两个或两个以上的气候要素绘于平面上,实现了多维空间向二维的转化。

③累计距平曲线

累计距平也是一种常用的、由曲线直观判断变化趋势的方法。对于序列 X,到某一时刻 n 的累计距平表示为:

$$X_n = \sum_{i=1}^{n} (X_i - \overline{X}) \tag{11-3}$$

式中:X_i 为随机变量,$\overline{X}$ 为样本平均值。在累积距平曲线变化中,上升表示累积距平值增加(正距平),下降则累积距平值减少(负距平)。

6. 模糊数学方法

在农业气候资源分析与评价中,运用得较为广泛的模糊数学方法主要有:模糊聚类分析、模糊综合评判、模糊规划等。如要对一个地区农业气候条件的优劣进行评价,如果只考虑积温或降水量一个因子是较容易的,但实际情况是,一个地区的农业气候条件往往是很多因子共同作用的结果,所以要做出准确的综合评价就困难了。

模糊层次分析法是层次分析法和模糊数学法的结合。层次分析法(AHP)常用于存在不确定性和主观差异条件下指标权重的确定。模糊数学法则把传统数学从二值逻辑扩展到连续位逻辑上来,把绝对的"是"与"不是"变得更加灵活,由于采用模糊矩阵代替判断矩阵,更好地反映了所构造矩阵与人们思维判断的一致性,使矩阵构建更具合理性,同时尽可能减少了个人主观臆断所带来的弊端,使得赋权更符合客观实际。首先利用 AHP 确定指标权重,主要有四个步骤:①建立层次结构模型;②构造两两判断矩阵;③计算权重;④做一致性检验。其次确定模糊矩阵:①根据气候资源评价指标选取原则,建立因素集 U,即各指标对应的数值。②建立评价集 V。评价集是评价者根据因素 U 做出的评价集合,对事物的评判采用模糊的等级语言。比如,$V=\{$很好、较好、一般、不好$\}$,分别记为$\{100、80、60、40\}$。③确定模糊判断矩阵 R。$R=(r_{ij})$,r_{ij} 为评估因素 U 的隶属度,其值是通过对专家的评分结果进行统计整理计算而得到。④建立模糊评估模型。根据各因素权重 W 与评估矩阵 R 作模糊矩阵运算,得到各因素集的隶属向量 B,其中 $B=W×R$。⑤求出模糊综合评估值 E。模糊综合评估值的计算公式为 $E=B×V$,即模糊判断矩阵与评价集的乘积。

结合图 11-1,某地区由隶属度组成的单因素模糊评价矩阵见表 11-2(肖云云和欧阳金琼,2018)。热量资源评价由 $B_H=W_H×R_H$ 可得 $B_H=(0.1543\quad 0.6395\quad 0.4343\quad 0)$,进行归一化处理,得到 $B'_H=(0.1256\quad 0.5207\quad 0.3536\quad 0)$。由于 52.07% 的专家评价为"较好",根据最大隶属度原则,该地区的农业热量资源的评价结果为"较好",且热量资源的平均得分为:

$$E_M=B'_H×\begin{pmatrix}100\\80\\60\\40\end{pmatrix}=75.44 \tag{11-4}$$

光能资源和水分资源计算同理。最终,综合农业气候资源模糊判断矩阵为:

$$R=\begin{bmatrix}R_L\\R_H\\R_M\end{bmatrix} \tag{11-5}$$

由 $B=W×R$,得 $B=(0.1074\quad 0.5362\quad 0.2760\quad 0.0803)$。对应的得分值为 73.41,总体评价结果为良好。

表 11-2 单因素评价矩阵

	二级指标	很好	较好	一般	不好
	L_y	0.05	0.70	0.25	0.00
	L_g	0.15	0.60	0.25	0.00
光能	L_0	0.05	0.55	0.40	0.00
	L_{10}	0.16	0.70	0.14	0.00
	L_{15}	0.05	0.75	0.20	0.00

续表

二级指标		很好	较好	一般	不好
热量	H_a	0.17	0.64	0.19	0.00
	H_0	0.18	0.65	0.17	0.00
	H_{10}	0.16	0.60	0.24	0.00
	H_d	0.05	0.45	0.50	0.00
	H_f	0.17	0.65	0.18	0.00
水分	M_y	0.00	0.05	0.25	0.70
	M_g	0.00	0.04	0.26	0.70
	M_h	0.00	0.05	0.25	0.70

7. 其他方法

除上面提到的用于农业气候资源分析与评价的统计学分析方法,还有方差、均方差、标准化、相关分析等。

第二节　农业气候区划

气候与农业的相互关系,在一定程度上决定着农业生产的布局和发展方向。农业气候区划是气候与农业相互关系的区域划分。农业气候区划反映了农业气候资源研究的结果,也是农业气候资源利用的重要途径。

一、农业气候区划的基本原则

农业气候区划是指在农业气候分析的基础上,根据对主要农业生物的地理分布、生长发育和产量形成有决定意义的农业气候区划指标,遵循气候分布的地带性和非地带性规律以及农业气候相似原理和地域分异规律,采用一定的区划方法,将一个地区划分为若干农业气候条件有明显差异的区域单元(崔学明,2006)。各区域或各类型都有其自身的农业气候特点、农业发展方向和利用改造途径。

农业气候区划和气候区划有共同之处,也有明显差异。其共同之处是二者都以气候因子为指标,根据气候的相似性,将大区域划分为若干个差异明显的小区域。其不同之处是气候区划往往考虑气候因子较多,并结合气候形成来划分;而农业气候区划侧重考虑对当地农业生产或某一农业生产领域有重要意义的农业气候因子,其指标的选择是以农业生产和农作物的生长发育等对气候条件的定量要求来确定的,因此,其针对性较强。

农业气候区划的主要目的是为制定农业生产计划和农业长远规划服务。它着重从农业生产的重要方面——农业气候资源和农业气象灾害出发,来鉴定各地区农业气候条件对农业生产的利弊程度及分析比较地区间的差异,为决策者制定农业区划和农业发展规划,充分利用气候资源、避免和减轻不利气候条件的影响提供农业气候方面的科学依据(崔学明,2006)。

鉴于农业气候区划的目的和特点,农业气候区划的基本原则是:

(1)适应农业生产发展规划的需要,配合农业自然资源开发计划,着眼于大农业的商品性生产,以粮、牧、林和名优特经济农产品生产为主要考虑对象。

(2)区划指标有明确的农业意义,主导指标与辅助指标相结合,充分、合理利用气候资源,发挥地区农业气候资源的优势,有利于生态平衡和取得良好的经济效益。

(3)遵循农业气候相似性和差异性,按照指标系统,逐级分区。

(4)区划结果有利于充分合理利用农业气候资源。

除了上述基本原则外,各种农业气候区划的划区原则还因具体问题而有所不同。比如:

(1)考虑气候的特殊性。这种特殊性决定了作物分布、作物的气候生态类型与农业生产类型。根据气候的上述特殊性,农业气候区划中的热量与水分区划指标,必须采取主要指标与限制性指标并用的原则。

(2)主导因素的原则。与作物生长、发育、产量关系最密切的气候要素是光、热、水,尤以热、水两项更为直接与重要,其他一些要素往往与主要要素之间有密切的依赖关系。因此,农业气候区划应该采取主导因素的原则,不可能也没有必要考虑所有的要素。

(3)气候相似与分异原则。区划的作用与目的在于归纳相似、区分差异,贵在反映实际,因此应该以类型区划为主,区域区划只能在有条件的情况下适当加以运用。

关于分区与过渡带。根据气候特点,年际间气候差异会造成一定的气候条件变动,因此画出的区界只能看作是一个相对稳定的过渡带。区界指标着重考虑农业生产的稳定性,例如采用一定的保证率表示安全的北界等。划界时有时还考虑能反映气候差异的植被、地形、地貌等自然条件。

二、农业气候区划分类

根据区划对象的不同,农业气候区划可分为综合的和单项的两类。按区划范围大小,可分全球的、国家的和省、市或县一级的多种级别的农业气候区划。按照区划方法可分为类型区划和区域区划。

(1)综合农业气候区划

综合区划全面地综合考虑农、林、牧、渔各业与气候条件的关系,为合理配置农业生产提供气候上的科学依据。对于地理、行政范围较大,农业和气候差异大的区域一般都要进行综合农业气候区划。

(2)单项农业气候区划

单项农业气候区划是重点针对某一方面的区划。按农业对象分,有专门针对某一种作物或某一类作物的区划,如小麦气候区划、热带作物区划。按气候要素分,有专门针对某一种农业气候资源的区划,如降水区划、热量区划等;有专门针对多种或某一种不利气候条件所做的区划,如农业气象灾害风险区划等。另外,还有畜牧气候区划、林业气候区划、种植制度气候区划等。

(3)类型区划与区域区划

类型区划和区域区划是两种不同分区划分的方法,它与构建的农业气候区划指标体系有关。类型区划是基于不同农业气候指标在地域分布上的差异逐级划分单元,其同类型的农业气候区可以在不同地区重复出现,在地域上不一定连成一片,同一级类型区内反映的农业气候因子较单一,但能突出主导因子的作用,较容易确定农业气候相似地区,在地形复杂的山区可划分较多的类型区。区域区划则是基于对农业地域分布具有决定意义的多种农业气候因子及其组合特征差别,将一个地区划分为若干农业气候区,每个区在地域上总是连成一片,具有空间地域上的独特性和不重复性,能突出多种因子对农业的综合作用。

由于我国季风气候特点和地形复杂,多数学者认为全国或较大区域的农业气候区划采用区域区划与类型区划相结合的方法比较符合客观实际。有一些区域区划是以一定的类型为根据的,因为一个区域内可能有几种类型,且往往以某一种类型占优势,可以根据优势类型的分布范围来划区(王建林,2010)。

三、区划指标的确定

农业气候区划指标是指对农业地理分布、农业生物的生长发育和产量形成有决定意义的农业气候要素及其临界值。指标体系是气候区划的关键,农业气候区划比一般的气候区划更强调实用性,因此,要求选取的区划指标与服务对象关系最密切,划出的区域之间要能反映研究区内的农业生产特征。实际工作中通常采用一定的对主要农业生物的地理分布、生长发育和产量形成有决定意义的气候因子作为农业气候区划指标。由于气候波动对农业生产的影响,指标通常需要考虑一定的气候保证率。

(1)主导因子法。即遵照农业气候相似原理,在基本的农业气候因子中,选取与作物生育、产量形成关系密切,且地域分异规律明显的气候因子,作为区划的主要依据和度量,以揭示农业的地域差异。区划指标通常分为一级、二级、三级等不同等级。一般情况下,地区热量的多少决定一个地区的作物种类、品种类型及种植制度等。因此,多以热量因子作为一级区划指标。地区热量条件能否发挥作用及产量的高低,常取决于水分条件的好坏,所以多以水分因子作为二级区划指标。三级区划指标多采用越冬条件或灾害因子。

(2)主导因子与辅助因子相结合。由于一个分区界限通常是多个因子综合影响的结果,仅用一个主导指标往往不能很好地反映区域之间或其内部的差异。因此,在运用主导因子进行区划过程中,还必须注意其他因子的匹配情况,即实行主导因子与辅助因子相结合的综合分析法。辅助因子是指对气候资源地域分布差异有影响但相对次要的因子。以主导因子划分带或大区,以辅助因子划分亚带或副区,形成区划等级单位系统,从而使各级区划指标能如实反映单项或综合利用气候资源对生产生活影响的主次程度以及各区域之间的从属关系等。如我国的农业气候区划中,先根据光热水组合匹配状况和大农业部门发展方向划分为农业气候大区,然后按照≥0 ℃积温、最冷(热)月平均气温、年极端气温等指标划分具有显著地带性的二级农业热量带,再采用热量、水分或湿润度、日平均风速等因子划分非地带性的三级农业气候类型区。

(3)综合因子指标法。区划指标的界限值,也可采用综合分析方法确定。首先,在区划中正确地选取和合理地分析对农业地理分异有决定意义的气候因子,尊重农业气候资源本身固有的地理相似与分异规律,经过综合分析后,确定出分区的综合指标,再进行区域划分。

四、区划分区方法

区划指标确定后,下一步就是遵循农业气候相似原理,采用合理的方法,划分出各个相同和不同的农业气候区域单元。

(1)传统的逐级分区法

逐步分区法即指标分级法,是国内外农业气候区划中经常采用的传统分区方法。此方法根据确定出的不同等级的主导指标和辅助指标,逐级进行划区。首先根据一级区划指标划出若干个农业气候带;然后,在每个农业气候带内根据次级区划指标划分出若干个农业气候地带。这样,可以将一个地区根据不同等级的农业气候分区指标划分出具有不同农业气候特征和农业意义的农业气候区域来。具体进行区划工作时,还可以先根据各级区划指标分别进行划区,然后将各级分区图叠加;确定分区边界时可根据地形、土壤、植被等情况进行适当的调整和修正,最后绘制出研究区域的农业气候区划图。

对一些珍贵作物或经济价值高的果木作物进行最优种植区区划时可以采用集优法,又称重叠法(叠套法),是早期的农业气候区划方法之一。该方法中各区划因子同等重要,无主次之分。首先,选择几种与作物生育和产量形成有密切关系的气候要素作为指标,分别将这些指标值在地域上的分布范围绘制在一张图上,然后根据各个地区所占有指标的数目,划分出不同适宜程度的农业气候区。当具备所有最适种植指标时,该区为最适宜区;如果这些地区一个也不具备最适种植指标时,则为不适宜或不能种植区;对有的指标具备而有的指标不具备的地区,可根据具体情况进行进一步细分,得出农业气候区的亚区或副区。

(2)基于数理统计工具的分区法

聚类分析法:一种多元、客观的统计分类方法,基本原理是依区划因子的特征,用数学方法定量确定区划对象间的亲疏关系,再按其亲疏程度分型划类,得出能反映个体间亲疏关系的分类系统。此系统中,每一小类内的个体之间,均具有相似性,各类之间存在明显的差异,与农业气候区划进行单元分类的目标相吻合,是农业气候区划中应用最广泛的一种方法。应用该方法进行的农业气候分类和区划,其效果很大程度上取决于统计指标选择是否正确、合理。因此,选择的指标应具有明显的农业意义,而且尽量选择能反映不同特征的因子,统计指标时空分布上应具有鲜明的分辨力,站点的选择要有代表性和比较性。聚类分区方法的主要步骤为:①将各代表站的统计因子数据进行标准化处理,消除量纲影响;②计算各站之间的聚力系数,并将计算结果排列成距离系数矩阵;③按最小距离逐步归类,根据归类特点并与实地情况结合进行分析,划分出不同的农业气候区域。

最优分割法:实际上是逐步分区法的一种,其特点是逐次找出影响地区产量差异的关键气候因子,并按各站点气候因子的数值大小顺序对站点进行排序,然后对顺序站点的产量资料进行逐步二分割的总变差计算,找出最小总变差所划分出的区域界线。

线性规划方法:该方法是运筹学的一个主要分支,是最优化理论的重要工具,可在对诸多因素综合分析的基础上,以利益最大化作为最终目标,建立线性目标函数;将各种有限资源作为约束条件,表示为多元线性方程组,且各变量不能取负值;求满足约束条件的目标函数的极值,以此作为依据进行分区,根据其地域分布规律确定最优决策方案。由于作物合理配置比例,除受作物本身特点、气候等自然条件影响外,还受国民经济需要和价格调整的影响。采用现行规划方法可以求得各地区既能保证较高产量,又能获得最大经济效益的作物最优配置比例。

(3)模糊数学法

在实际生产中,许多区域界限是由多个气候因子综合影响的结果,而且这些界线常存在着一个具有模糊概念的模糊地带,可以用模糊数学的方法将这个模糊地带的界线确定下来。常用的方法主要有模糊聚类分析、模糊综合评判、模糊层次分析和模糊相似选择等,对具有模糊特征的两态数据或多态数据都具有明显的分类效果,在农业气候区划工作中是常见的一种方法。综合评判是对多种属性的事物,或者说其总体优劣受多种因素影响的事物,做出一个能合理地综合这些属性或因素的总体评判。

模糊逻辑是通过使用模糊集合来工作的,是一种精确解决不精确不完全信息的方法,可以比较自然地处理人类思维的主动性和模糊性。

（4）灰色系统关联分析法

灰色系统关联分析法的基本思路是:首先,根据所研究问题选择最优指标集作为参考数列,将各种影响因素（或备选方案）在各个评价指标下的价值评定值视为比较数列;其次,通过计算各因素与参考数列的关联系数和关联度来确定其相似程度（或重要程度）;最后,在对各种影响因素进行综合分析和评价的基础上,进行影响因素的逐步归类分区（或选择最优方案）。这种方法与模糊聚类划区方法相似,都是对多个气候要素综合计算后划区。

（5）决策树法

每个决策或事件（如区划指标）都可能引出两个或多个事件,导致不同的结果,把这种决策分支画成图形很像一棵树的枝干,故称决策树。选择分割的方法可能有好几种,但目的都是能对目标进行最佳的分割。从根到叶子节点都有一条路径,这条路径就是一条"规则";决策树可以二叉,也可以多叉。此种方法与聚类分析法相似,取决于统计指标的选择。

（6）专家打分法

通过匿名方式征询有关专家的意见,对专家意见进行统计、处理、分析和归纳,客观地综合多数专家经验与主观判断对大量难以采用技术方法进行定量分析的因素做出合理估算,确定区划指标,经过多轮意见征询、反馈和调整后最终确定农业气候区划方案。

（7）权重法

在农业气候区划过程中,对不同的作物、不同的区划区域,农业气象要素因子（热量、水分、光照、灾害和土壤等）的重要性是不同的。权重法就是根据这些因子在区划中的重要程度,分别赋予不同的比例系数（即权重）来进行农业气候区划的方法。

采用聚类、模糊聚类及关联分析等方法进行农业区域划分,都具有多因子综合分析后进行划区的特点,区界比较客观,在一定程度上减少了人为影响。但是,由于综合因子分析要用阈值集归类区划,给分区评述带来一定的困难,需要对照各农业气候要素的分布图评述各区的农业气候条件。在选取阈值集或归类进行划区时,也有一定人为主观因素的影响,这些将有待于今后做进一步研究,使其方法更加完善。

五、地理信息系统在农业气候区划中的应用

基于地理信息系统（GIS）的农业气候区划是将 GIS 的空间分析功能和传统的区划方法结合,分析农业气候资源和空间地理条件对农作物布局的综合影响,可以得到客观精细的农业气候区划成果,给当地农业生产决策提供可靠依据（马晓群 等,2003;王建林,2010;郭文利 等,2010）。根据"3S"等新技术在区划中应用需求,建立

农业气候区划工作基本流程(图 11-2):

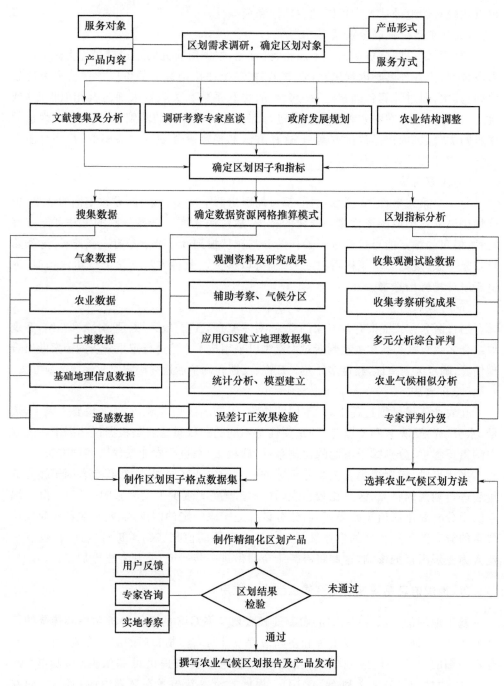

图 11-2 农业气候区划工作基本流程

（1）确定区划因子和指标。依据农业气候相似及主导因子原则,对主要的农业生物因素（作物产量）与气候条件,进行时间序列和地域空间序列的相关分析,以及地理分布对比分析,综合分析求出对农作种植、产量水平有密切关系的气候因子,然后将初选的各气候因子再进行地域分布的相似归并,每类择优选取一代表因子,共同组成与农业生产关系密切、地理分异明显且彼此又较为独立的指标集,以此作为区划的度量依据。近年来,随着认知和计算水平的提高,在进行精细化农业气候区划时考虑的因子要素越来越多,比如土壤因子、地形因子（郭文利 等,2010）,但是主导因素还是以光照因子、热量因子,水分因子为主,另外考虑光热水造成的气象灾害性限制因子。区划中常用的热量指标有一定农业界限温度期间的积温,作物生长期、最冷月和最热月的平均气温、平均极端最低气温等。水分指标有降水量、蒸散量、降水蒸发比（干燥度或湿润度）、降水蒸发差等。光照指标有日照时数等。在同一级区划中,也要用主导指标和辅助指标结合的方法进行划区;如能采用多种气象要素综合的指标（如湿润度、气候生产力等）则更好。此外还有干旱、霜冻害、寒害、连阴雨等灾害因子,以及对作物种植有影响的地形（坡度和坡向）和土地利用类型等其他辅助因子。农业气象灾害因子的选取还需从致灾因子危险性、孕灾环境脆弱性、承灾体暴露度和防灾减灾能力四个方面综合考虑。

（2）制作区划因子格点数据集。根据区划指标,收集相关的光、温、水气象要素、农业数据、基础地理信息数据和遥感数据,计算具有作物生理意义的区划因子、灾害区划因子,并收集其他辅助数据,利用区划软件或 ArcInfo 等地理信息软件中的空间分析推算模型法、梯度距离反比法、反距离加权法等插值方法进行要素空间格点的插值或推算,建立等经纬度投影的区划因子格点数据集。

（3）选择农业气候区划方法。针对区划对象、区划因子和区划指标的特点,从专家打分法、权重法、模糊综合评判法、聚类分析法以及决策树法等方法中选择区划方法,开展精细化农业气候区划,完成精细化作物气候区划和农业气象灾害区划。

（4）制作精细化区划产品。按照区划指标,对精细化农业区划数据进行分级和归一化处理,应用农业气候区划方法制作等经纬度投影的精细化农业区划产品数据集,并制图。

（5）区划结果检验。通过专家咨询、实地考察等方式对区划结果进行检验,如果区划结果与实际情况不符,应调整区划指标或者区划方法重新进行区划,直至区划结果通过检验。

（6）撰写农业气候区划报告。根据农业与气候的关系,对各区的农业气候资源进行农业的鉴定和评价。分区评述中可概括本区的地理位置、所辖范围、农业生产特点、农业气候特征、农业气候生产力以及合理开发利用本区农业气候资源、克服不利气候因素的途径等。还要包括区划指标的提出、区划数据的说明、区划技术方法的说明、区划结果的分析和检验以及农业生产建议等内容。

第三节　农业气候可行性论证

　　农业气候可行性论证是气象部门一个重要的气象服务工作项目之一,它是在重大农业工程项目实施之前,从气候学角度出发,根据农业项目对气象要素的敏感度,对项目所在地的气候状况进行分析,对该项目进行气象灾害风险评估,并适当评估该项目对局地气候可能产生的影响,就预防或减少气象灾害风险及增产提出建议和对策。

　　随着经济社会发展,人类生产生活对天气、气候条件的依赖程度不断加深。国民经济和社会发展第十二个五年规划纲要中指出"在生产力布局、基础设施、重大项目规划设计和建设中,充分考虑气候变化因素"。在全球气候变暖大背景的影响下,近年来,全国极端天气气候事件发生的频率和强度出现明显变化:干旱加剧,强降水事件增多、洪涝频繁,雨雪冰冻灾害加剧,高温天气明显增多。各种气象灾害给电力、交通、农业、林业、建筑、旅游等行业和领域造成严重影响,这正暴露了气候可行性论证的缺失,尤其在农业方面,灾害产生的影响尤为严重,可见农业气候可行性论证对农业生产将产生巨大影响。基于实际种植条件的适宜性和当地的基本情况,农业人力、设备、资源的合理配置,必须考虑天气、气候条件及其变化规律,充分利用气象环境资源进行控制和调节,以充分发挥大气环境作为室外环境主要调节器的作用。加强农业气候可行性论证管理,规范农业气候可行性论证活动,是非常有必要的,它能合理开发利用气候资源,避免或减轻农业项目实施后可能受气象灾害、气候变化的影响,或可能对局地气候产生的影响。

一、农业气候可行性论证的内容

　　气候可行性论证包括对气候资源的论证和气候影响的论证。气候资源是一种可再生的资源,只要受到保护和合理开发,就能永续利用,包括太阳能、降水、热量、风能,空气中的氧、氢以及负离子等资源。气候资源论证主要依据人类所采取的开发利用资源的方式来进行论证,是当前国内外已经开展的气候论证工作的主要内容。针对不同的生产方式,气候资源会体现不同的价值。气候影响论证分为宏观气候论证和微观气候论证以及气象灾害可能出现的概率的推算。对气候影响的宏观气候论证主要反映在对气候—生态—社会系统的生产潜力的分析上,对气候影响的微观论证则指气候对人类个别活动项目的具体论证。

　　重大农业项目实施环境与天气、气候紧密相关,如选址、选择农产品、设计农产品种植规模、运营等阶段。因此,在农业项目选址时,既要考虑项目对周围环境可能产生的影响,如当地的气象条件是否有利于目标作物的生长发育,目标作物的需水量是否会造成当地的水资源紧张等,又要了解当地的气候背景、气候灾害对农业项目的影响;在项目设计阶段,需要了解当地的相关气象要素,特别是重大的气象灾害如暴雨、大风、高温、低温等,由此确定项目的农产品选择、气象参数、规模设计、合理地预算成本,规避气象灾害风险,避免发生安全隐患。

在综合考虑各种农业项目与气候条件关系的基础上,将重大农业工程项目气候可行性论证的内容归纳为6个方面:

(1)开展基本情况调查。调查项目周围的地形地貌特征,收集项目所在地及其最近气象台站的经度、纬度、海拔高度等数据资料,调查项目对周围大气环境的影响情况以及对气候资料的需求情况。

(2)气候背景分析。可采用最近历史时间序列的区域气象资料,分析各月、季、年的气象要素变化特征,如气温、降水、湿度、风向风速、日照、蒸发、暴雨日数、雷暴日数、雨日、大风日数等。

(3)气候灾害的影响评估。一般运用项目区域内的气象站建站至当年被论证的资料,分析暴雨、高温酷暑、低温寒害、大风、台风、雷暴、冰雹等气象灾害出现频率、出现的集中期、历史极值及其造成的灾害。

(4)气候极值的推算。可运用项目区域内的气象站建站至当年被论证的资料,采用 P-E 分布或极值 E 型的概率分布函数推算多年一遇的极值,如30年一遇值、50年一遇值等。

(5)结合当地特殊政策和经济特征,选择合适的种植规模和品种。

(6)结合农业项目的特点,提出预防或者减轻气象灾害的具体对策和措施。

二、农业气候可行性论证的基本思路

(1)了解项目基本情况:通过与农业项目实施方座谈,走访农田选取地点,收集资料来了解项目的基本情况,掌握项目的地理位置,地形地貌和目标农作物特点等基本情况,深入了解当地气候和环境问题,通过对项目基本情况的交代确定农业气候可行性论证的实际研究范围及重点。

(2)高影响天气及关键气象因子确定:从拟实施的农田项目本身出发,分析和列出农田项目实施的主要天气现象。从目标作物生长的全过程出发,了解农作物各个生长季的生长特征,全面考虑与气象因素有关的适宜性和潜在危害。尤其要掌握对目标作物生长发育形成制约的关键气象因子,以及直接影响作物的高影响天气现象。关键气象因子及高影响天气不仅对目标作物具有可控性,同时具有可测性。可控性包括超出作物适宜区间的抑制和在作物适宜区间的促进。关键气象因子及高影响天气应作为农业气候可行性论证的重点。

(3)区域气候背景分析:农田所在区域的气候背景是农业项目能否实施的决定性条件之一。因此,应明确论证项目所在区域的小气候区划。调查当地的气象灾害情况,尤其注重与目标作物关联紧密的气象灾害。给出气象灾害分析结果,包括时间、空间分布特征及典型灾情描述。

(4)高影响天气现象分析:利用具体方法对高影响天气进行具体分析,对高影响天气现象出现的频率与强度特征进行定量描述。如在我国冬季作物容易受到暴雪、低温、寒潮、霜冻等高影响天气现象影响,而夏季作物容易受到高温、暴雨、台风等高影响天气现象影响。根据目标作物的生长季节和特性对高影响天气现象可能产生的灾害进行定量描述。

(5)关键气象因子分析:对于影响农作物的关键气象因子进行定量描述。如草莓的关键气象因子有日照时数、降水量、日较差和平均气温,分析这些因子在不同区间(适宜、非适宜)的出现频率与分布,对关键气象因子可能产生的促进或抑制生长的现象进行定量描述。

(6)论证结果的适用性:综合对目标区域的气候背景、地形地貌分析,高影响天气现象影响的量化分析,关键气象因子影响的量化分析,通过不同方法对目标农业项目的适宜性进行综合打分,得到目标区域的农业气候可行性论证结果(图 11-3)。

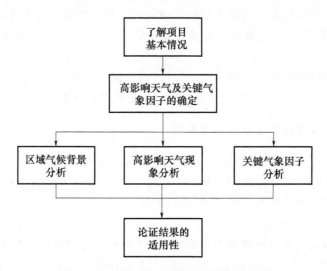

图 11-3　农业气候可行性论证的基本思路

第四节　农业气候资源开发利用

农业气候资源中的一些因子在空间中分布不同,光、热、水、气等要素的空间构成情况完全决定了此地区的农业生产类型、农作物的种类和农业生产潜力,因此,农业气候资源开发利用水平对于如何高效地利用农业气候资源、如何合理地布局农业生产结构,并且在趋利避害保障农业的可持续发展具有十分重要的意义。

一、目前农业气候资源利用存在的问题

农业气候资源开发应用关键在于如何有效地保护农业自然资源和生态环境,将农业发展、资源的合理开发与资源环境保护相结合,将农业气候资源开发应用与农业资源进入到良性的循环当中,以减少农业气候资源开发应用对农业资源环境的破坏和污染为最终目标。

(1)违背气候规律的现象时有发生。农业气候资源利用中,许多地方未按气候规律合理布局农业生产,农业产业结构不合理,导致抵御气象灾害的能力降低。

(2)在土地利用和农业发展规划上,未能科学地分析当地农业气候资源的特征,未充分发挥本地农业气候资源的优势,导致存在作物产量低,光能利用率偏低,降水资源利用率低,浪费严重的现象。

(3)生态意识淡薄,片面追求扩种增产。在农业资源的综合开发上,比较重视经济效益和社会效益,对维护和改善农业气候资源则重视不够,导致生态破坏、土地退化。对农业资源综合开发,对生态系统平衡的影响及是否导致气候环境恶化,气候资源衰退等缺乏科学的分析和认真的研究。

(4)防御气候灾害方面的工作比较薄弱。在防御气候灾害方面比较重视工程措施,对生物措施和农艺措施抗灾保产方面的作用及研究不够重视。对用改善生态的方法来防御和化解气候灾害方面还缺乏系统的研究和长期的规划。

(5)农业中除种植业外的其他部门(林、牧、渔等行业)对气候资源利用很不充分。对农业气候的分析和研究,往往比较强调光、热资源的利用,而对其他气候因子有所忽视。

二、农业气候资源的合理开发利用原则

(1)因地制宜,扬长避短,发挥优势

在掌握气候规律的基础上,科学地适应气候资源条件,不断挖掘气候资源潜力,遵循自然规律和经济规律,既要考虑经济方面的要求,又要考虑实际条件的可行性,因地、因作物布局农业生产,调整优化农业结构,高效合理利用光热资源,同时平衡利用水资源,以最适宜的作物适应当地气候,才能达到发挥气候资源优势的目的(杨荣光,2010)。

农业气候资源开发主要在于光热资源和水资源的利用。有充足的水资源和良好的土壤资源,才能发挥出光热资源的优势,在水分条件和土壤条件好的区域,发展节

水型、集约型农业型,提高农业的投资效率,使得光热资源得到充分利用,通过提高区域的光能利用率和植物生产力,提高农业产品的产量和品质。充分利用自然降水资源,加强农田水利基础设施建设,提高水资源利用效率。由于自然降水量可直接转化为土壤用水,作物生长发育用水 70%左右依靠自然降水,因此最大限度地提高水资源的利用率为农业气候资源开发利用的重点(杨付津,2009)。

(2)调节、控制和改良农田小气候

①调节农田植被结构,改善通风透光条件,提高光能利用率。

②发展覆盖保护地栽培(如温室大棚等)并向大型化发展,有效地调控小气候,目前发展的有色薄膜、无架充气薄膜、有孔薄膜及二氧化碳施肥等。

③营造农田防护林,是在较大范围内调控和改良农田小气候,防御自然灾害的积极有效措施。

(3)提高复种指数,挖掘品种资源和气候资源潜力

我国各地主要农作物的光温生产潜力为现有产量水平的 4~5 倍,气候生产潜力则为 2~3 倍,继续增产的余地很大。栽种和培育适宜当地气候资源的作物品种,能够较充分发挥当地气候资源及品种资源的生产潜力,提高农作物产量。

我国的种植制度显示了我国农业气候资源的利用水平。目前的种植制度是:一年一熟、两年三熟区、稻麦两熟区、一年两熟、一年三熟。为了避免干旱和秋冬季的危害,应该将喜冷凉的冬小麦与喜温作物搭配,以充分利用温暖地区一年中低温季节的气候资源,实现多熟种植。同时应该提倡广泛采用间作和套种挖掘气候资源潜力,弥补生长季不足。

(4)加强科学研究,合理利用农业气候资源

面对气候变暖的日益加剧,必须加强农业气候变化及农业气象灾害变化趋势研究。首先,要开展气候变化对农业生产影响的研究,包括有利的和不利的影响,以便能积极应对气候变化,保证农业可持续发展;其次,要加强对不同地区不同作物的农业气象灾害风险评估研究,对农业生产致灾、成灾的主要气象灾害的成因机理、发生规律、防御措施、对策进行全面研究,特别是区域极端天气和灾害的研究,为提高农业的气象防御能力提供科学依据。另外,要加强气候变化对粮食生产安全、农村生活生产安全及生态安全的研究,推进农村气象灾害防御体系建设,增强农村生产生活安全保障能力。最后,要开展气象为现代农业特别是设施农业服务方式的研究,来充分利用当地气候资源;通过科学研究,为提高农业对气候资源的利用水平和防御气象灾害的技术水平服务(杨付津,2009)。

(5)努力提高对不利气候条件的防御能力

①维护和改善农业气候环境,营造防护林,大力种草种树,扩大植被,改善生态环境,养护和改善气候资源。

②加强农业气象预报,准确、及时、针对性强的天气预报是抗御自然灾害,科学利用气候资源的重要保证措施。

③选取培育抗逆性强的品种,加强科学栽培管理。

④加强生态环境建设与保护,科学利用土地,改革耕作制度,降低农业生产在气候发生变化时的敏感性。

⑤加强农业基础设施建设,确保水资源合理利用。

⑥加强科学指导。

(6)发展相关前沿学科与高科技

农业高新技术和适用技术的推广,可以促使农民根据资源的不同性质和用途,进行有针对性的开发活动,提高当地资源开发利用的有序性和效率,使单位土地面积的产出大幅度提高。

思考题

1. 什么是农业气象资源? 它具有哪些特点?
2. 论述农业气候资源分析与评价的意义?
3. 农业气候资源要素分析与评价常用方法有哪些?
4. 农业气候区划分区方法有哪些?

案例 1　2009 年常德市双季晚稻及粮食产量预报

（常德市气象局，2009 年）

一、预报结论

根据 2009 年双季晚稻生长发育期间气象条件分析，结合目前晚稻生长发育状况，预计 2009 年双季晚稻产量平年略增产年景：预计晚稻单产 432 kg/亩，比 2008 年增加 7 kg/亩，比前 5 年平均增加 10 kg/亩；晚稻总产约 16 亿 kg；预计粮食单产可达 392 kg/亩，比 2008 年增产 2 kg/亩，比近 5 年平均增产 7 kg/亩，粮食总产可望达 39 亿 kg，比近 5 年平均增加 17%，比 2008 年增加 11%；预报结果见表 1。

表 1　晚稻及粮食总产预报结果

	晚　稻		粮食总产（含豆、谷类）	
	单产（kg/亩）	总产（亿 kg）	单产（kg/亩）	总产（亿 kg）
2009 年	432.0	16	392.0	39
比 2008 年	+7	+19%	+2	+11%
比近 5 年	+10	+31%	+7	+17%

二、预报依据

1. 农业气象条件分析

晚稻及夏秋粮生长期间（6 月中旬至 9 月中旬）温光资源丰富，无连续低温天气，但 7 月中旬、8 月中下旬分别出现了 11 d、8 d 的连续高温期；降水不匀，6 月下旬、7 月下旬降水强度略大，雨水比较集中，其他时段大部分明显偏少，8 月 1 日至 9 月 19 日沅水流域出现中等干旱天气，对晚稻、一季晚稻正常抽穗不利，但抽穗期间无寒露风天气。4 月至 6 月中旬常德市夏粮及早稻生长主要时段，大部分时段降水正常或偏多，无流域型洪涝天气，但低温持续时间较长，3 月 28 日—4 月 4 日、5 月 23—29 日分别出现低于 12 ℃、20 ℃的低温连阴雨天气，分别影响大部分早稻播种育苗、少部分早稻幼穗分化（或后期分蘖）。

2. 苗情

全市双季晚稻播种面积 24.678 万 hm²，比 2008 年增加 3.5 万 hm²，增加 17%；由于 2009 年中稻及一季晚稻面积压缩 19%，水稻复种指数提高，双季稻种植规模进一步增大，粮食作物播种面积达 66.27 万 hm²，比 2008 年增加 11%，比近 5 年增加 15%。目前杂交晚稻有效茎 14 万～16 万茎/亩，比常年略少，但穗大粒多，且结实率较高,丰产趋势明显。

2009 年常德市早稻 22.278 万 hm²,亩产 354 kg,取得了平略增产的好年景;中稻虽然抽穗前后遇到了较长的高温干旱期,但由于灌溉及时,对抽穗期结实稍有影响,预计每亩产量 470 kg 左右,与 2008 年持平。

3. 病虫情况

全市早稻稻瘟病中等发生,虫害得以及时控制,危害较小。

4. 社会综合因素

2009 年常德市遇到了历史第二迟的 5 月低温、中等强度的高温干旱等灾害天气,给粮食种植造成较大影响。但由于农民比较重视,政府及时投入,采取了相应的抗灾补损措施,减少了生产损失。如早稻播种、5 月低温连阴雨天气期,农民及时加强田间管理、及时补育早稻、及时排灌补肥,干旱期特别是高温干旱期加强政府投入,及时启动公共气象突发事件应急预案,及时开展油电提水灌溉、人工增雨等,为粮食生产充分利用温光资源夺取粮食丰收做出了突出贡献。

5. 模式分析

从 6—9 月播种至结实前期温水资源配置对晚稻生产综合影响程度分析,建立的气候波动产量模式方程为:

$$Y - Y_{上年} = 340.79 - 1.19\,x_1 - 81.27\,x_2 - 9.3\,x_3 + 0.01\,x_4 = 1 \text{ kg/亩} \qquad (1)$$

式中:Y 为气候产量;x_1 为 6 月中旬至 9 月中旬平均气温;x_2 为有无洪涝,x_3 为有无干旱,x_4 为 6 月下旬至 9 月中旬降水量。

趋势产量模拟:近年来,晚稻单产以 10 kg/亩的增产速度增产。

综合各预报模式加权平均,晚稻预计单产 432 kg/亩。

三、天气展望与建议

预计 9 月下旬至 10 月中旬,晚稻生长后期平均气温略偏高,为 19 ℃左右,气温变幅较大;总雨量接近常年,约 80 mm,总雨日数为 9～11 d,主要降水过程在 9 月下旬末、10 月上旬中后期。结合晚稻生长后期生长发育情况,我们建议:晚稻虽进入灌浆结实期,但田间仍不应脱水,严防强冷空气侵袭而致生理失调;各级政府和广大农户对晚稻虫情加以注意,及时防治;注意收看收听实时天气预报,并视成熟情况,抓住有利天气,及时收割和晾晒,做到颗粒归仓,确保丰产丰收。

案例 2　重庆市稻瘟病发生发展气象等级预报

（重庆市气象局，2007 年）

一、基本思路

病虫害气象等级预报是近几年发展起来的一种病虫害气象条件预测方法，是以病虫生理气象指标和数理统计方法相结合为主的预测方法。基本思路是：在寄主和病（虫）源不成为病虫流行为害限制因子的前提下，气象条件成为病虫害流行的决定性因子。收集筛选出某一区域某种病虫害发生的历史资料或田间试验资料，剔除掉因寄主或病（虫）源不满足的典型样本后，确定最终样本。将最终样本与当时当地对应的气象要素进行统计分析，并按照病虫发生流行或为害的程度，结合病虫生理气象指标，将气象要素分为适宜、基本适宜、不适宜等多个等级，从而得出某地某种病虫发生流行的气象等级预报指标。病虫气象业务服务工作中，只要气象监测或预报业务中出现某种病虫达到某一等级的气象指标时，即可预测病虫害发生流行的相应等级。

二、稻瘟病发生与天气条件分析

采用数理统计的方法，通过相关分析及显著性检验，7 月中旬相对湿度＞90％日数、7 月相对湿度＞90％的日数、7 月上中旬日照时数＜3 h 的日数、7 月日照时数＜3 h 的日数、7 月下旬 30 ℃＞日平均气温＞20 ℃的日数、7 月 30 ℃＞日平均气温＞20 ℃的日数等通过了 0.01 水平的显著性检验。这一结论与以往研究结论一致。当气温在 20～30 ℃、空气相对湿度 90％以上、稻株体表水膜保持 6～10 h，稻瘟病就容易发生。水稻抽穗后遇到 20 ℃以下低温侵袭，可减弱植株抗病力，一旦阴雨多雾，极易引起穗颈瘟流行。

三、稻瘟病促病气象指数的建立

在适温条件下，叶表面积水时间越长，病菌侵入率越高。稻瘟病入侵植株体对气象条件要求较为严格，根据这一要求，首先筛选满足病菌侵入寄主的气象因子，即为稻瘟病的促病气象指标：日平均气温 20～30 ℃，日最低气温＜20 ℃，空气相对湿度≥90％，日照时数≤1 h，日降水量≥1 mm。

当以上促病气象指标同一天同时满足时，认为其达到适宜致病日数为 1，考虑到当促病气象指标连续多日满足适宜致病条件时，其对稻瘟病发生严重程度的作用不同，因此对不同连续达标日数给以不同权重见表 1，并定义稻瘟病促病气象指数 Z。

当日最低气温小于 20 ℃时,水稻抽穗后易受到低温侵袭,由于植株体抗病能力弱,因而更易诱发和加重稻瘟病(穗颈瘟)的发生,因此在定义稻瘟病促病气象条件指数时,考虑了适宜致病日中最低气温小于 20 ℃的日数。稻瘟病促病气象条件指数 Z 定义如下:

$$Z = D_0 \times 0.1 + a_1 \times 1 \times D_1 + a_2 \times 2 \times D_2 + \cdots + a_n \times n \times D_n \tag{1}$$

式中:Z 为预报时段内稻瘟病促病气象条件指数;D_0 为适宜致病日中日最低气温低于 20 ℃的累积日数;a_1 为适宜致病日为 1 d 的权重系数;D_1 为适宜致病日为 1 d 的总个数;a_n 为适宜致病日为 n 天的权重系数;D_n 为适宜致病日为 n 天的总个数。稻瘟病促病气象条件指数权重系数见表 1。

表 1　稻瘟病促病气象条件指数权重系数

连续致病日数(n)	1	2	…	N
权重系数(a)	a_1	a_2	…	a_n
	1.0	1.5	…	$(n+1)/2$

四、稻瘟病发生发展气象条件预报等级划分

根据稻瘟病发生面积占种植面积的比例及稻瘟病发生程度与稻瘟病促病气象条件指数 Z 进行统计划分,得到稻瘟病发生发展气象条件预报等级见表 2。

表 2　水稻稻瘟病发生发展气象条件预报等级

稻瘟病发生发展气象条件等级	促病指数 Z
最适宜	＞15
适宜	11～15
较为适宜	1～10

五、稻瘟病发生发展气象条件等级预报

在对水稻稻瘟病发生发展气象条件等级预报时,由于稻瘟病发生发展趋势是时间累积的效应,因此要在充分考虑前期气象条件的基础上,结合后期天气预报,才能做出合理的预报,可见对当前天气预报产品进行解释应用是发布等级预报的关键。在 2007 年稻瘟病发生气象条件等级预报模型中,通过解释应用未来 72 h 的区县天气预报产品并作为预报因子代入模型,具体做法如下:

对天气预报产品的解释应用采取分别提取,逐级检索的方法。第一步检索日最高最低气温,再求平均得到日平均气温,如果日平均气温满足 20～30 ℃的促病气象条件指标则进入第二步检索,如未达标,则判定当日为未达标日;进入第二步检索天空状况,当预报为阵雨、雷阵雨、小雨、中雨、大雨、暴雨、大暴雨、特大暴雨时判定当日为达标日,当预报为阴、多云、晴时判定当日为未达标日。

案例 3　江苏省 2020 年 4 月中旬农业气象旬报

（江苏省气象局，2020 年）

一、基本农业气象要素

1. 气温

旬内有两次冷空气过程影响江苏省。旬平均气温：东部沿海地区 13.2～14.0 ℃，其他地区 14.1～16.2 ℃。与常年同期相比，江淮之间西部、丰县、连云港、如东偏低 0.1～0.8 ℃，其他地区偏高 0.1～1.3 ℃。旬极端最低气温 3.0 ℃，13 日出现在邳州；旬极端最高气温 29.4 ℃，16 日出现在高淳。如图 1 所示。

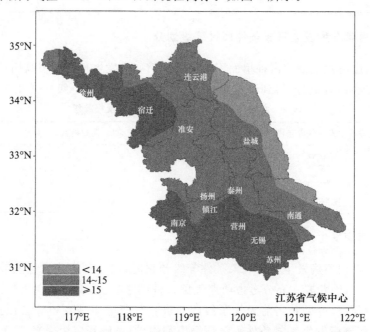

图 1　江苏省 2020 年 4 月中旬平均气温空间分布（单位：℃）

2. 降水

旬内出现 4 次降水过程。旬累计降水量：沿江苏南、江淮之间东南部 25.2～69.2 mm，其他地区普遍在 15.1～22.3 mm。与常年同期相比，淮北大部、江淮之间西北部普遍偏少 1～7 成，其他地区普遍偏多，其中沿江地区、苏南中部普遍偏多 1.0～1.8 倍。如图 2 所示。

旬降水日数:沿淮淮北地区 2～3 d,其他地区为 4～7 d。

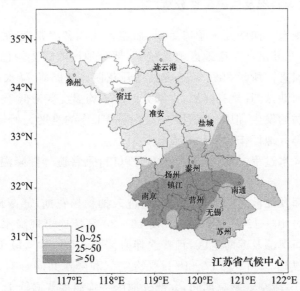

图2　江苏省 2020 年 4 月中旬累计降水量空间分布(单位:mm)

3. 日照

旬日照时数:淮北北部、滨海和射阳 60.1～72.9 h,其他地区 40.6～58.8 h(扬州 35.0 h)。与常年同期相比,全省普遍偏少 1～3 成。如图 3 所示。

阴天日数:全省普遍 2～5 d。

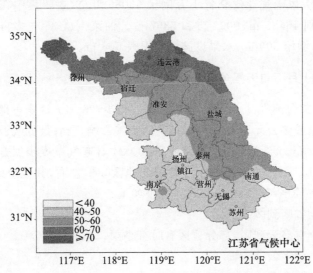

图3　江苏省 2020 年 4 月中旬总日照时数空间分布(单位:h)

二、农作物生长状况及气象条件分析

旬内全省小麦自北向南处于孕穗后期、抽穗扬花期和灌浆期,油菜处于结角期。旬内多降水过程,尤其沿江苏南地区雨量较大,部分地区农田土壤已显示偏湿,低洼地区出现轻度湿渍害。所幸 2020 年小麦抽穗开花期普遍提前,降水又主要集中在江淮之间南部及苏南地区,且伴有降温,大部分地区平均温度普遍低于 15.0 ℃,一定程度上抑制了赤霉病的发生,但降水过程加大了防治工作的难度。另外,12、18 日出现的大风天气导致部分地区作物倒伏和设施受损。

旬内虽然多降水过程,但主要集中在淮河以南,且普遍伴随降温,不利赤霉病的发生。

旬内淮北南部及江淮之间地区小麦普遍进入抽穗扬花期,苏南地区小麦已进入灌浆期。虽然旬内 10—12 日、16—17 日及 18—20 日接连出现降水过程,但降水主要集中在江淮之间南部及苏南地区,且普遍伴有降温,其中 10—11 日淮河以南地区24 h 最大降温幅度达 8～11℃;17—18 日受冷空气和降水共同影响,全省 24 h 最大降温幅度 6～9 ℃。冷空气影响期间,大部分地区平均温度普遍低于 15.0 ℃,一定程度上抑制了赤霉病的发生,但降水过程加大了防治工作的难度。

旬内接连出现大风天气,导致部分地区作物倒伏和设施受损。4 月 12 日中午起,受北方强冷空气影响,江苏省大部分地区已出现 7～8 级大风,部分站点出现 9～10 级大风;18 日受高空槽和低层切变共同影响,全省出现明显降水,其中沿江及苏南地区大到暴雨,并伴有大风,南京、无锡及南通的部分地区风力达到 7 级以上。据农情调度,12 日的大风天气导致全省小麦倒伏 63085 万亩,主要集中在常州、泰州、宿迁,倒伏面积分别 46435 亩、9000 亩和 8857 亩。油菜倒伏 3500 多亩。设施蔬菜棚膜损坏 3200 亩,倒塌 500 亩;水果设施棚膜损毁 508 亩。

三、2020 年 4 月下旬天气预测与农事建议

据江苏省气象台预测:4 月下旬全省降水过程少,26—27 日全省部分地区有弱降水,其他时段以晴或多云天气为主。22 日受冷空气影响,全省最低气温下降 4～6 ℃,23 日、24 日早晨气温低,淮北地区有霜或霜冻。24 日起气温逐步回升。旬平均气温正常偏低:全省 15 ℃左右。旬最低气温:淮北地区 3 ℃左右,其他地区 6～8 ℃。旬降水量明显偏少:全省 0～10 mm。具体预报如下:

22—25 日全省晴到多云;

26—27 日全省多云到阴,部分地区有时有小雨;

28 日全省晴到多云;

29 日全省晴转多云;

30 日全省多云到阴。

为此建议：

1. 继续加强小麦赤霉病的防控工作。淮北及江淮之间地区正值小麦抽穗扬花，要继续加强小麦赤霉病的防控工作，推进统防统治。

2. 清沟理墒，排湿降渍。沿江苏南地区中旬降水强度较大，部分地区农田土壤已显示偏湿，需做好清沟理墒工作，降低田间湿度。

3. 防范倒春寒。22 日起将有一次冷空气过程，受其影响，23 日、24 日早晨气温低，其中淮北地区有霜或霜冻，需加强防范。

案例 4　辽宁省阜新市气象局烤烟早霜预报服务

（辽宁省阜新市气象局，2011 年）

一、明确服务需求

阜新西部属于半干旱气候区，适合烤烟种植，经济效益较好。近年来，烤烟种植已成为阜新政府推进农民增收的特色农业产业。经走访烟农、烟草公司了解，秋季初霜是影响烤烟产量和品质的重要农业气象灾害。

二、确定服务方法

为了做好阜新西部烤烟生产的防灾减灾气象服务，阜新市生态与农业气象中心建立了一套霜冻趋势预测和定量预报相结合的方法和流程。2011 年年初，利用基于前期积温的短期气候预测方法分析初霜的早晚趋势；秋季，利用逐日温度预报方法定量分析未来 6 d 逐日最低气温，提前几天预报初霜冻。

三、服务启动

9 月 2 日，与辽宁省气候中心进行月气候预测和秋季农业气象服务电视会商，根据前期气候分析，初步判断 2011 年初霜提早发生的可能性较大；9 月中旬，是进入初霜可能出现的关键期，9 月 14 日，通过逐日最低温度预报，预计 9 月 18—19 日早晨阜新西部、中北部乡镇最低气温为−1～1 ℃，并可能出现霜冻。当日制作了《阜新决策气象信息》报送市政府、市农委，同时送县烟叶公司、县气象局，做好烤烟防霜冻采收服务工作。

四、服务效果

阜蒙县烟叶公司收到服务材料后，于 9 月 15 日下午召开了全市生产调度会，并派部门领导分片下到各烟站督导烟叶采收工作，9 月 17 日下午阜蒙县境内烟叶全部采收完毕。

实况结果，在 9 月 18 日早晨，阜蒙县西部有 5 个乡镇最低气温小于 0 ℃，平均最低气温−1.1 ℃；19 日早晨，阜新站等 7 个乡镇最低气温小于 0 ℃，平均最低气温−0.9 ℃。

由于预报超前、准确、及时，相关部门及时部署，采取得当措施，这次较强冷空气形成的霜冻对阜新地区的烟叶影响降到了最低程度，服务得到了市、县政府领导及农业、烟叶部门的高度评价。在 10 月的服务效果反馈中，阜蒙县烟叶公司统计，此次早霜气象服务，减少损失 100 多万元。

案例 5　江西省赣州市脐橙农业气候区划服务(节选)

(江西省赣州市气象局,2015 年)

一、背景

赣州市地处江西省南部,气候温暖、雨水充沛、无霜期长、昼夜温差大,非常适宜脐橙生长。2000 年前,当地脐橙种植大多是农民的自发行为,由于种植面积小、品种退化、市场销售途径不畅等原因,虽然气候条件优越,但没有形成规模。2001 年赣南脐橙产区被农业部列为国家脐橙产业的优势发展地区,2002 年赣州市政府做出了《关于加快赣南脐橙产业发展的决定》,规划到 2010 年,全市脐橙种植面积要达到200 万亩,脐橙总产量达到 100 万 t 以上;到 2015 年,全市脐橙面积要达到 300 万亩,脐橙总产量达到 200 万 t 以上。

为了顺利实现赣南脐橙产业发展目标,气象部门充分发挥自身优势,应用 GIS、GPS 和 RS 三位一体技术,开展了脐橙精细化农业气候区划工作,同时积极开展针对市、县、乡三级脐橙产业发展主管部门和脐橙种植大户的脐橙气象服务,在脐橙产业布局、种植基地选择和气象灾害防御等方面做出了重要贡献。

二、农业气象原理

脐橙属于柑橘类林果。柑橘在中国主要栽培于亚热带、热带地区。柑橘喜温暖湿润,对温度反应敏感,冬季冻害是柑橘种植安全越冬的决定性条件。冬季寒潮南下造成我国亚热带地区气温急剧下降,严重年份可导致柑橘冻害。根据柑橘对全年热量条件和冬季温度的要求,确定柑橘种植适宜气候指标,进行气候区划,是合理利用气候资源,保障柑橘生产可持续发展的科学方法。亚热带地区地形复杂,丘陵山区较多,不同坡向、坡度和高度地区的热量、水分条件都不同。利用 GIS 技术,结合遥感确定土地利用现状,进行较高分辨率的精细化农业气候区划,可以指导农民科学选择橘园地址,利用地形小气候,趋利避害。

三、技术方法和要点

1. 收集资料

数字高程模型(DEM):包含经纬度、坡度和海拔高度等表征空间位置和地形属性的数字化地理信息,格式为栅格类型,网格分辨率 25 m×25 m。

脐橙可种植土地利用类型数据:收集脐橙生长旺季 6—7 月的 TM 卫星影像数

据,分辨率为 30 m×30 m。通过 GPS 野外考察定标,解译脐橙可种植土地利用类型,主要包含三类,分别为现有脐橙种植地、疏林地、其他林地。

气候资料:收集研究区域及周边 7 个以上海拔高度不同的气象观测台站资料,统计年≥10 ℃积温、年平均气温、极端最低气温多年平均值、年日照时数、年降水量等与脐橙产量和品质有密切关系的气候因子数据,资料年代 1961—2000 年共 40 年。

2. 分区指标确定

脐橙喜温怕冻,热量条件要求较高,年≥10 ℃积温需在 5500 ℃·d 以上、年平均气温在 15 ℃以上、极端最低气温多年平均值大于−5.0 ℃,4—11 月日照时数≥1100 h,平均年降水≥1000 mm。其中年≥10 ℃积温代表脐橙能否正常生长发育和结果,极端最低气温多年平均值界定脐橙能否存活,日照时数与品质有关,降水量部分决定产量和品质。从赣南全境看,任何高度和地形条件下的日照和降水均可满足要求,而积温和极端最低温度则不然,因此确定以积温和极端最低温度为主要区划指标(表 1)。

表 1　脐橙气候区划分区标准

气候指标	最适宜区	较适宜区	一般适宜区	不适宜区
年≥10 ℃积温(A)	$A{\geqslant}6000$ ℃·d	5700 ℃·d${\leqslant}A$ <6000 ℃·d	5500 ℃·d${\leqslant}A$ <5700 ℃·d	$A<5500$ ℃·d
极端最低气温多年均值(B)	$B{\geqslant}-3$ ℃	-5 ℃${\leqslant}B<-3$ ℃	-7 ℃${\leqslant}B<-5$ ℃	$B<-7$ ℃

3. 区划方法

(1)建立各气候因子与经纬度、海拔高度等地理因素的相关关系模型,用于推算网格点上相应气候因子数据。

(2)应用 GIS 空间分析模块,绘制气候因子网格分布图,再按表 1 标准绘制脐橙气候适应性区划图。

(3)在脐橙气候适应性区划图和可种植土地利用类型图基础上,在 GIS 空间分析模块中通过输入判断条件叠加计算生成脐橙气候-土地利用综合区划图(图 1,图 2)。

(4)进行气候评价,计算不同适宜程度的脐橙种植面积,提出布局调整、种植基地选择和气象灾害防御建议。

4. 服务与推广方法(略)

包括脐橙种植规划气象服务、脐橙生产全过程气象服务及主要经验。

5. 效益分析(略)

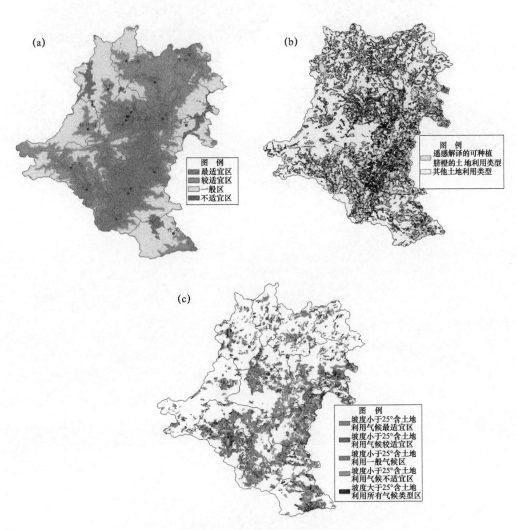

图 1　赣州市寻乌县脐橙精细化农业气候区划
(a)气候区划图;(b)可种植土地利用类型图;(c)气候-土地利用综合区划图

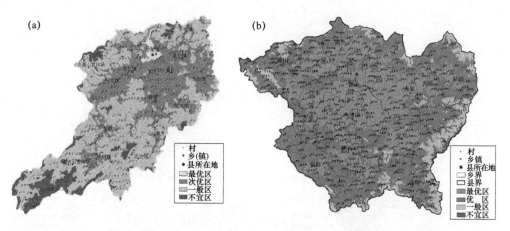

图 2　赣州市龙南(a)和信丰(b)县脐橙种植气候区划图

案例 6 吉林省东部水稻延迟型冷害致灾因子危险性评估

（南京信息工程大学应用气象学院 张琪 等，2022 年）

一、研究区概况

吉林省东部地区包括延边朝鲜族自治州、白山市、通化市三个地市级行政单位。经纬度范围大致在 41°~45°N，124.5°~131°E。吉林省东部主要位于长白山区，有海拔较高的山峰、山地，也存在着少量河流谷地，海拔高度大致为 2~2667 m。本案例气象资料采用的是 1961—2010 年 5~9 月研究区 10 个气象站逐日的气温数据，站点的选择考虑到尽可能均匀分布在水稻种植的典型区域。研究区和站点分布如图 1 所示。

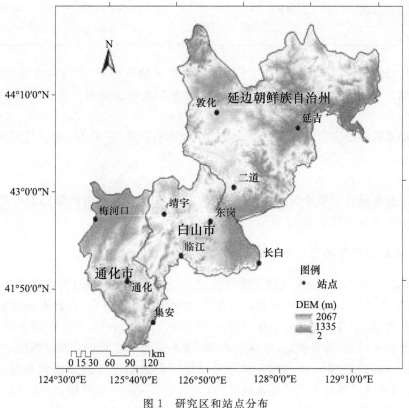

图 1 研究区和站点分布

二、水稻延迟型冷害危险性指标选取

采用 2013 年 1 月 4 日发布的气象行业标准:水稻冷害评估技术规范(QX/T182—2013)中的水稻延迟型冷害指标。该标准以东北不同热量区域的水稻延迟型冷害年5—9 月水稻生长季内平均气温之和的距平值为指标,将延迟型冷害的级别分为轻度、中度、重度三个级别(中国气象科学研究院,2013)(见表 1)。表中数据为 5—9 月平均气温之和的距平值,以此作为判定延迟型冷害的级别。$\sum T_{5-9}$ 为 5—9 月平均气温之和的多年平均值,以该指标划分不同的热量区域,对水稻延迟型冷害的平均发生频率和平均强度进行分析。

表 1　水稻延迟型冷害指标

延迟型冷害级别	$\sum T_{5-9}$					
	≤83	83.1~88.0	88.1~93.0	93.1~98.0	98.1~103	>103
轻度	−1.0~−1.5	−1.1~−1.8	−1.3~−2.0	−1.7~−2.5	−2.4~−3.0	−2.8~−3.5
中度	−1.5~−2.0	−1.8~−2.2	−2.0~−2.6	−2.5~−3.2	−3.0~−3.8	−3.4~−4.2
重度	<−2.0	<−2.2	<−2.6	<−3.2	<−3.8	<−4.2

指标经过水稻减产率在 5% 以上为冷害发生来验证结果:在吉林省东部的站点识别出的冷害年正确率达到 70% 以上,说明表 1 水稻延迟型冷害指标是科学、准确的。

水稻延迟型冷害危险性评估综合其发生频率和强度,采用如下公式计算危险性:

$$H = P \times I \tag{1}$$

式中:H 为水稻延迟型冷害危险性值;P 为发生频率;I 为发生的延迟型冷害强度,轻、中、重等级分别赋值为 1、2、3。

三、水稻延迟型冷害发生频率

平均发生频率(P)为某气象站出现延迟型冷害的年数与统计年数的比值。图 2是这 50 年吉林省东部水稻延迟型冷害的发生频率。可以看出,吉林省东部集安、通化、临江、东岗、二道的平均发生频率较低,大致在 30%~34%,主要是因为这些地区纬度位置相对最低,海拔较低,夏季东南风带来的暖湿气流可能对其夏季的增温有一定的帮助。其次是梅河口、靖宇、延吉等地发生延迟型冷害的频率大致在 36%~39%,延吉地区主要是由于纬度位置偏高,特别是 5 月份和 9 月份温度较低,太阳辐射量相对较少,导致冷害的发生频率较高,靖宇、梅河口地区大致位于同一纬度,但是靖宇的海拔高度远高于梅河口地区,冷害发生的频率也相对较高。敦化和长白地区是水稻延迟型冷害发生的频率最高的地区,发生的频率大致在 40%～44%。敦化地区纬度位置最高,热量条件相对最少,发生冷害的频率较高,长白地区海拔高度最高,冷害发生的频率也最高。

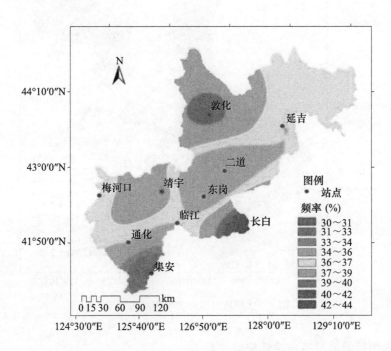

图 2　水稻延迟型冷害平均发生频率(%)

四、水稻延迟型冷害发生强度

在分析吉林省东部水稻延迟型冷害发生的强度时,可以对识别出的不同延迟型冷害级别分别赋值,轻度冷害赋值为 1,中度冷害赋值为 2,重度冷害赋值为 3。赋值后的值均为正值,在一定程度上可以表示延迟型冷害发生的强度,数值越大,延迟型冷害发生的强度越大。延迟型冷害发生的平均强度等于不同等级冷害值与冷害发生次数相乘求和再比上该地发生延迟型冷害的总次数。

图 3 是近 50 年吉林省东部水稻延迟型冷害的平均发生强度,从图 3 可以看出,敦化、东岗、二道长白地区的平均冷害强度为 2.640～2.801,冷害的强度较强,重度延迟型冷害发生的年份比较多。其次是靖宇、梅河口、通化。最低的是延吉、临江、集安。

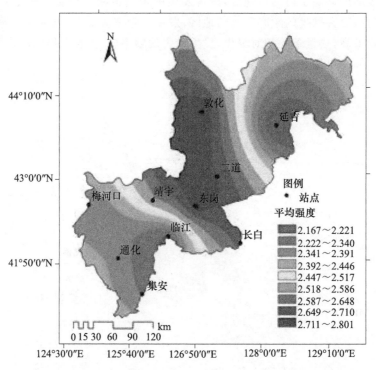

图 3　水稻延迟型冷害平均发生强度

五、水稻延迟型冷害危险性空间分布

通过对 1961—2010 年吉林省东部水稻延迟型冷害发生的频率和强度综合构建了水稻延迟型冷害危险性指数(图 4),并用 GIS 技术的自然间断的分割方法对其分成了 5 级。冷害危险性指数范围为 0.007~0.983。最低值为集安、临江地区。主要是受纬度和海拔高度的影响,危险指数范围为 0.007~0.202。低值区为通化、梅河口、延吉地区,危险指数范围为 0.203~0.398。中值区为靖宇、东岗、二道地区,危险指数范围为 0.399~0.593。高值区为敦化、长白地区,危险指数范围为0.789~0.983。

在全球气温普遍增高的趋势下,温度波动的变率越来越大,阶段性、区域性的低温冷害时有发生。因此,不能盲目地将需要热量条件较高的水稻品种种植界限向北推移,一旦冷害发生,水稻的经济损失会更加严重。因此,采取科学合理的水稻种植管理制度十分重要。

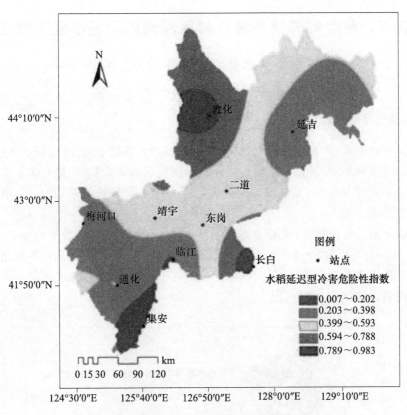

图 4　水稻延迟型冷害危险性空间分布

案例 7　河南省鹤壁市淇县利用遥感监测冬小麦苗情墒情

（河南省鹤壁市气象局，2011 年）

一、苗情监测分析

小麦播种以来，淇县降水持续偏少，较常年偏少 9 成以上，连续无降水日数 59 d；同时气温持续偏高，播种以来平均气温比常年同期偏高 2.8 ℃，积温 695.8 ℃·d，日照 413.7 h，比常年偏多，光热条件充分满足了小麦冬前生长需求，2011 年小麦苗情明显好于 2010 年。

根据前期的大田调查，淇县小麦即将进入越冬期。小麦分蘖数平均在 2.4 个，株高 17～24 cm，叶片数 5～8 个，密度 63 万～78 万株/亩，大部已达到越冬壮苗标准。

从卫星遥感资料上看，除黄洞、庙口、灵山几个乡镇外，其余几个乡镇一类苗均好于去年同期，达到 80% 以上（图 1）。

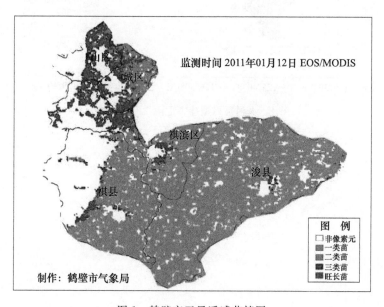

图 1　鹤壁市卫星遥感苗情图

二、墒情监测分析

根据同期土壤墒情遥感监测结果，淇县旱情正在发展。其中全县麦田墒情适宜面积比例为 43.5%,轻旱比例为 47.8%,中旱比例为 8.7%。与 12 月下旬监测结果相比,干旱面积继续增加,旱情有所加重(图 2)。

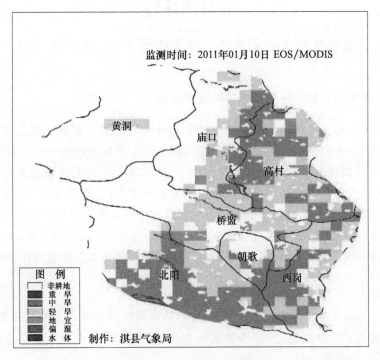

图 2   淇县苗情遥感监测图

三、生产建议

(1)预计 1 月中旬基本无降水,旱情将持续发展。对干旱麦田要等气温回升后天气晴暖的中午进行灌溉,且灌水量不宜过大,以当天渗完为宜,忌大水漫灌。

(2)鉴于前期气温偏高,要抓好以条锈病、白粉病、纹枯病、蚜虫和杂草为主的病虫草害的防治工作,最大限度地减少越冬菌源。

案例8　辽西北玉米干旱脆弱性评价指标体系构建及脆弱性评估

（南京信息工程大学应用气象学院 张琪 等,2022 年）

一、玉米干旱脆弱性评价指标体系概念框架

IPCC 将气候变化背景下的脆弱性定义为系统容易遭受或没有能力应付气候变化(包括气候变率和极端气候事件)不利影响的程度,是系统内的气候变率特征、幅度和变化速率及其敏感性和适应能力的函数(IPCC,2001)。生态系统脆弱性是气候的变率、幅度和变化速率及其敏感性和适应能力的函数,含义较为宽广,与灾害风险形成"二因子说"中的定义较为接近。阎莉(2012)在研究玉米干旱脆弱性时综合考虑了作物的自身物理结构特性以及社会经济系统变化而表现出来的敏感和自适应能力的强弱,从敏感性、适应能力、作物自适应能力以及暴露程度筛选指标对脆弱性进行定义:

$$DVI = \frac{E \times S}{R_s \times R_a} \tag{1}$$

式中: DVI 表示玉米干旱脆弱性指数; E 表示暴露程度; S 表示的是作物敏感性; R_s 表示自恢复能力; R_a 为社会、经济等要素的适应能力,作物本身以及社会适应能力越强,对干旱的脆弱程度越小。

根据玉米干旱脆弱性形成机制,充分考虑社会、经济以及作物自身性质,将这四方面因素又分为详细的子因素,提出了辽西北地区玉米干旱脆弱性概念框架。由图1可见,玉米干旱脆弱性是有暴露程度、敏感性、作物自身适应能力以及社会经济适应能力四个主要因子构成,每个因子又是有特定的因子构成。

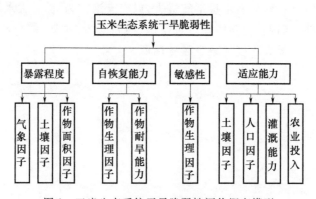

图 1　玉米生态系统干旱脆弱性评价概念模型

二、指标标准化

评价指标体系中的各项参评因子由于系数间的量纲不统一,因此在评价研究中必须对判断矩阵进行标准化处理,以消除指标间不同单位、不同度量的影响。其中对于正向影响指标而言:

$$R_{ij} = \frac{X_{ij} - \min(X_i)}{\max(X_i) - \min(X_i)} \tag{2}$$

而对于逆向指标而言:

$$R_{ij} = \frac{\max(X_i) - X_{ij}}{\max(X_i) - \min(X_i)} \tag{3}$$

式中:R_{ij} 标准化之后的指标值,X_{ij} 为第 i 个评价因子 j 年的实测值,$\max(X_i)$ 表示第 i 个指标的最大值,$\min(X_i)$ 表示第 i 个指标的最小值。

正向影响的指标有:气候敏感指数、4—9 月降水量距平、4—9 月温度距平、干旱胁迫天数、播种面积动态度、易旱面积比例,按照公式(2)量化;逆向影响的指标有:植物吸收的光合有效辐射、叶面积指数、抗旱性、环境适应性指数、土壤指数、抗旱设备数、耕地灌溉率、区域地下水供水潜力、地表水供水能力、农民人均收入、农业科技人员数量,按照公式(3)量化。

三、玉米干旱脆弱性评价指标体系

综合考虑辽西北玉米干旱脆弱性的自然因素和经济社会因素以及当前的农业生产情况,结合作物自身的生理特征,通过咨询专家意见以及参考国内外文献,确定了 17 项指标。其权重的确定通过层次分析法计算得到,具体指标及权重如表 1 所示。

利用玉米干旱脆弱性评价指数值以及玉米干旱脆弱性区划的界限值,得到辽西北玉米干旱脆弱性区划图。将辽西北地区玉米干旱脆弱性划分为从轻度到严重的 5 种等级(图 2),不同等级的脆弱性指数具有很明显的差异,脆弱性指数的数值跨度较大。从全区来看,玉米干旱脆弱性主要集中在中度以上,属于中度及以上脆弱性的区域占整个区域的 70% 以上,而轻度和一般脆弱性占 25% 左右,由此可以判断整个辽西北地区属于玉米干旱脆弱性较高的区域。结合玉米干旱脆弱性区划图可以发现,辽西北玉米干旱脆弱性水平空间格局大致是东南方向低,西北方向高。地级市的脆弱性一般较低,这些区域属于旱灾投入以及社会经济情况较好的区域。朝阳、北票、建平、义县、喀左、绥中等地区,属于重度脆弱性等级,这些区域是土壤破坏较严重区域,同时这些区域生长季的降水量等气候因素变异程度较大,属于高度敏感脆弱区域。与此相对,东部地区的新民、铁岭等地区属于轻度玉米干旱脆弱性区域,这些区域距离省会及地级市较近,各项抗旱投入情况较好,近几年玉米的播种面积相应减少,对防旱抗旱的投入以及技术均有加强。从这方面来看,玉米干旱脆弱性大小与区域灾害应急投入充分程度有重要的关系。

表 1　辽西北玉米干旱脆弱性评价指标及权重

目标层	因子层	指标层	权重
玉米生态系统干旱脆弱性	作物自敏感性(S)	X_{S1}植物吸收的光合有效辐射(W/m²)	0.1184
		X_{S2}气候敏感指数	0.0969
		X_{S3}叶面积指数	0.1184
	自恢复力(R_s)	X_{R1}抗旱性	0.1808
		X_{R2}环境适应性指数	0.1212
	暴露程度(E)	X_{E1}4—9月降水量距平(%)	0.0274
		X_{E2}4—9月温度距平(%)	0.0207
		X_{E3}干旱胁迫天数(d)	0.0348
		X_{E4}播种面积动态度(%)	0.01999
		X_{E5}易旱面积比例(%)	0.0263
	适应能力(R_a)	X_{Ra1}土壤指数	0.0372
		X_{Ra2}抗旱设备数量	0.0372
		X_{Ra3}耕地灌溉率(%)	0.0417
		X_{Ra4}区域地下水供水潜力(m³)	0.0264
		X_{Ra5}地表水供水能力(m³)	0.0351
		X_{Ra6}农民人均收入(元)	0.0313
		X_{Ra7}农业科技人员数量	0.0264

图 2　辽西北地区玉米干旱脆弱性等级区划图

案例 9　基于 CERES-Maize 模型的吉林西部玉米干旱脆弱性曲线研究

（南京信息工程大学应用气象学院 张琪 等，2022 年）

一、玉米作物参数的确定和模型空间尺度的校验

在作物模型运行的过程中，作物的遗传参数直接影响到模拟效果，因此确定作物参数尤为重要。庞泽源（2014）为了检验 CERES-Maize 模型在吉林西部的适应性和模拟能力，选取在吉林西部种植面积较大的"郑单958"品种作为代表性作物，进行作物遗传参数的本地化。具体的方法是：按照模型所需要的数据，将研究区的白城试验站 2008—2012 年的逐日气象数据、土壤数据和田间管理数据输入 CERES-Maize 模型中，将输出的作物产量与在白城实验点实际测得的作物产量进行拟合。通过反复运行模型，运用遗传算法调整主要参数值，直到模拟值与实测值在趋势上比较一致，而且数值也比较接近（图 1），最后拟合的平均误差为 0.095。基于校验好的遗传参数和已有的基本输入数据，对研究区 8 个站点 2007 年的实际产量数据和模型模拟的产量进行对比验证（图 2），R^2 的相关系数为 0.8969，说明模型在空间尺度上的精度已经达到了可应用的水平。

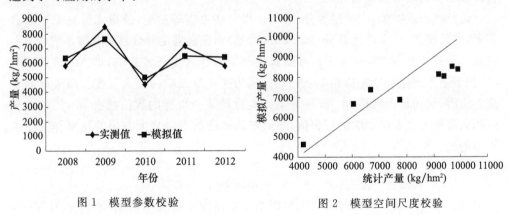

图 1　模型参数校验　　　　　图 2　模型空间尺度校验

二、不同生育期损失指标的选取

根据国内学者关于水分胁迫对玉米影响的研究，选取每个生育期对最终产量起主要影响的关键指标作为因旱损失指标。因为一般情况下都能保证出苗，所以从出苗以后开始研究。出苗—拔节期，玉米植株矮小，生长缓慢，叶片蒸腾少，耗水量较少,这一时期如果水分胁迫过重或蹲苗时间过长,都会抑制玉米的生长发育,形成弱苗,延迟生育期,变成小老苗。叶面指数(LAI)控制植被的各种生物、物理过程,如光合作用、呼吸作用、植被蒸腾、碳循环和降雨截留等,所以这一生育期选择 LAI 作为因旱损失指标。

拔节—抽雄期,是玉米生长最旺盛的阶段,植株的生理机能加强,雄、雌蕊逐渐分化形成。同时气温上升明显,无论是田间蒸发和植株蒸腾,水分消耗都变得十分剧烈,该期遭遇干旱会严重影响玉米小穗小花分化,降低形成籽粒的数量,而籽粒的数量是形成最终产量的要素之一,所以这一生育期选择籽粒的数量作为因旱损失指标。

抽雄—乳熟期,是玉米对水分最敏感的时期,对水分的需求更加迫切。此期干旱,易造成植株早衰,叶片的光合速率降低,花粉和花丝的寿命缩短,授粉受精条件恶化,秃顶缺粒现象严重,最终导致籽粒不饱满而严重减产,所以这一生育期选择粒重作为因旱损失指标。

乳熟—成熟期,是玉米生长发育的后期,也是产量形成的关键时期,适宜的水分供给十分重要。这一时期玉米植株的光合作用和蒸腾作用仍在旺盛地进行,大量的营养物质从茎叶向果穗中运输,这些生理活动都必须在适宜的水分条件下才能顺利进行。适宜的水分条件能延长和增强绿叶的光合作用,促进灌浆饱满。反之,如果水分不足,会使叶片过早衰老,同化物供应不足,胚乳细胞分裂受抑制,籽粒有效灌浆期缩短,导致源不足,流不畅,造成粒重降低,最终影响产量和质量,所以这一生育期也选择粒重作为因旱损失指标。

运行模型的时候,先控制养分、通气性以及病虫害等胁迫,使得水分是唯一胁迫因素,然后设定:完全满足养分、水分(M_1 情景)和完全满足养分且雨养即不灌溉(M_2 情景),分别进行模拟,可认为是排除其他胁迫对作物生长的影响,即 M_1 情景下与 M_2 情景下不同生育期相应指标之间的差值为受干旱影响的损失程度。损失率的计算方法为,利用每个网格 M_1 情景下某一生育期某一指标的数值减去 M_2 情景下相应的数值作为受干旱影响的损失值,该值与该网格的多年最大数值的比率作为相应指标的损失率,即:

$$S_{xy} = \frac{Y_1 - Y_2}{\max Y_1} \tag{1}$$

式中:S_{xy} 为 x 年第 y 网格的某一生育期某一指标因旱损失率;Y_1 和 Y_2 分别为 M_1 和 M_2 情景下的某一指标的数值;$\max Y_1$ 为 M_1 情景下该网格所模拟多年中的某一指标的最大值。

三、玉米不同生育期干旱脆弱性曲线的构建

由于"郑单 958"是 2001 年开始重点推广的品种,所以参考以往历史的灾情数

据,选取了 2001 年以来的 2001 年、2002 年、2004 年以及 2006—2009 年 7 个案例干旱年,将这 7 年的干旱致灾强度作为输入,运用 CERES-Maize 模型,模拟出不同干旱致灾强度下不同生育期对最终产量起主要影响的关键指标的损失率,并且拟合出自然脆弱性曲线(图 2),每个生育期都通过了 $\alpha = 0.05$ 的 F 检验(四个生育期的 r^2 值分别为 0.8592、0.6994、0.662、0.7304,$P < 0.05$)。整体而言,在 4 个生育期中,随着干旱致灾害强度的增大,相应指标的损失率都呈上升趋势。

出苗—拔节期:各个致灾强度的干旱均有发生,干旱致灾强度达到 0.5 以上的时候 LAI 的损失率才显著上升。

拔节—抽雄期:只要受到干旱不论强度如何都会对穗粒数造成较大的损失率,而且随着致灾强度的增大,损失率越来越大,说明这一时期玉米植株对水分胁迫比较敏感。

抽雄—乳熟期:干旱致灾强度在 0.5 以上的点居多,说明即使降水主要集中在这一时期,但是由于这一时期又是玉米需水的高峰期,降水仍然很难满足玉米充分生长的需要。当干旱致灾强度大于 0.5 时,粒重的损失率迅速升高。

乳熟—成熟期:干旱致灾强度在 0.5 以上的点占大多数,这与吉林西部降水主要集中在 7—8 月、进入 9 月之后降水减少是相符的,并且在这一时期受到干旱胁迫仍然会造成粒重的损失,从而影响最终的产量,所以中国的农谚有"前旱不算旱,后旱减一半"之说。

根据不同生育期对最终产量起主要影响的关键指标和模型模拟求出的两种情景下的玉米产量,计算并选取相应年份的玉米因旱减产损失率与各个生育期相应指标的脆弱性进行分析,得到玉米的出苗—拔节期、拔节—抽雄期、抽雄—乳熟期、乳熟—成熟期的指数关系式分别为 y_1, y_2, y_3, y_4。

$$y_1 = 0.0246\, e^{7.6199x} \quad (R^2 = 0.4245 \quad P < 0.05 \quad \text{达到显著水平}) \tag{2}$$

$$y_2 = 0.2624\, e^{1.7603x} \quad (R^2 = 0.6034 \quad P < 0.05 \quad \text{达到显著水平}) \tag{3}$$

$$y_3 = 0.0813\, e^{6.0579x} \quad (R^2 = 0.6327 \quad P < 0.05 \quad \text{达到显著水平}) \tag{4}$$

$$y_4 = 0.095\, e^{5.4048x} \quad (R^2 = 0.5055 \quad P < 0.05 \quad \text{达到显著水平}) \tag{5}$$

从而证明本案例所选的不同生育期对最终产量起主要影响的关键指标能够较好地反映玉米不同生育期的脆弱性。在出苗—拔节期、拔节—抽雄期、抽雄—乳熟期、乳熟—成熟期决定系数分别达到 0.4245、0.6034、0.6327、0.5055,显然抽雄—乳熟期玉米的干旱脆弱性最严重,其次是拔节—抽雄期、乳熟—成熟期,出苗—拔节期相对较轻。

案例 10　设施温室风灾指标的提取

（南京信息工程大学应用气象学院 杨再强 等，2022 年）

本研究采用风洞试验方法，测量和分析不同风向角下设施大棚表面风压系数和分布规律，并推导出了设施大棚各区域发生风灾的临界风速。

一、风洞试验

1. 试验设计

试验在江苏省南京航空航天大学 NH-2 型风洞中进行，该风洞为串置双试验段闭口回流风洞，分大小两个试验段。风洞长 6 m，宽 3 m，高 2.5 m，风洞的风速连续可调，最高风速为 90 m/s。流场性能良好，试验区流场的速度不均匀性小于 2%、紊流度小于 0.14%、平均气流偏角小于 0.5。本试验对设施大棚模型进行试验，测量设施大棚端面和顶端的风压系数。根据风洞试验要求，选择模型的几何缩尺比为 1∶6，见图 1。塑料大棚模型顶高 0.475 m，肩高 0.25 m，宽 1.0 m，长 1.155 m，顶部弧面曲线为椭圆的 1/2，该椭圆半长轴 500 mm，半短轴 187.5 mm；日光温室模型跨度 1.21 m，脊高 0.45 m，后墙高 0.3 m，后坡水平投影 0.26 m，表面弧面曲线以跨度为长轴，脊高为短轴的椭圆的 1/4，该椭圆半长轴 950 mm，半短轴 450 mm。

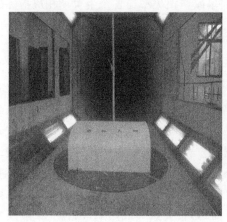 

图 1　风洞试验的设施大棚模型

2. 测试点分布

对于塑料大棚模型表面测试点见图 2，共布置 192 个测点，其中端面布置 3 排测压点,共 63 个测点,分别定义为 A1、A2、A3,每排测压点从 1 至 21 点均布,间隔 47.5 mm。A3 排每个测压点距顶弧线 10 mm。顶端布置 3 排测压点,共 129 个测点,分别定义 A4、A5、A6,每排测压点从 1 至 43 点按弧线长和线段长均布,间隔 38.67 mm。日光温室模型表面测试点见图 3,共布置 145 个测点,分别定义 A1、A2、A3、A4、A5,每排测压点从 1 至 29 点按弧线长和线段长均布,间隔 41.86 mm,每排之间间隔为 276.25 mm。试验风向角已在图中标注,箭头方向为来流风向。

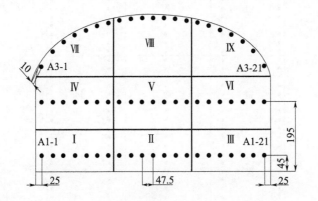

(a) 端面测压点

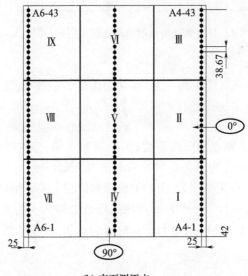

(b) 表面测压点

图 2　塑料大棚模型端面(a)和表面(b)测压点布置图(单位:mm)

　　模型固定在风洞转盘上,转动模型达到风向角变化,由于模型的对称性,试验风向角从0°到180°,间隔15°,共13个风向角。控制风速的风向管安装在模型正上方,离模型顶部约1 m远的地方,因此此数据处理时,对控制风速不加修正。一般认为刚性模型风洞试验中的风压系数的测定与风速关系不大,因此,本次试验风速取一种,为20 m/s。

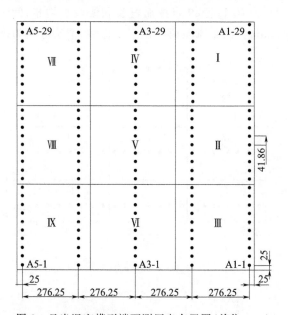

图3　日光温室模型端面测压点布置图(单位:mm)

3. 风压系数计算

　　模型表面压力分布试验所测压力,通常采用压力系数 C_{p_i} 表示:

$$C_{p_i} = \frac{p_i - p_\infty}{p_0 - p_\infty} \tag{1}$$

式中:C_{p_i} 为模型上第 i 测点的风压系数;p_i 为模型上第 i 测点的静压;p_∞ 为参考点风速管处的静压值(Pa);p_0 为参考点风速管处的总压值(Pa);

　　风压系数 C_{p_i} 是一个无量纲数,由相似定理知模型上某点的风压系数即为大棚对应点的风压系数。因此,认为模型上各测点的风压系数即为实物对应点的风压系数。试验中风压系数出现正负之分,其中大于0的值为正压,小于0的值为负压(吸力)。

二、结果

1. 塑料大棚风压系数分布

　　图4为不同风向角下设施大棚顶端风压系数等值线分布图,由图4可知:在0°和180°风向角下[图(a)、(d)],设施大棚顶端处在背风区,风压系数均为负,受风吸力影

响;风压系数等值线分布较均匀,风压变化较为平缓。且两个风向角下,风压系数等值线分布趋势相反,这由设施大棚模型的对称性造成的。当来流风向为 45°和 90°时[图(b)、(c)],大棚顶端迎风区一侧风压系数为正,主要受正压作用;而迎风边缘与大棚顶端屋脊出现了高负压区,且风压系数变化梯度较大,其余部分变化相对平缓,这与风的流动分离相关。随着风向角由 0°到 180°旋转,大棚顶端的风压系数随着风向角发生规律性变化。风向角为 45°时,大棚迎风面与棚顶背风面相交的边缘风压系数达最大负压。

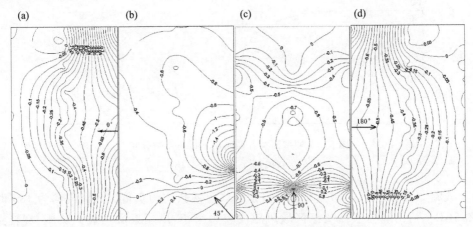

图 4　大棚顶端在各风向角下风压系数分布
(a)0°;(b)45°;(c)90°;(d)180°

　　图 5 为设施大棚端面在不同风向角下风压系数等值线分布图。由试验设计可知,在 0°和 45°风向角时[图(a)、(b)],大棚端面为迎风面;随着风向角的旋转,在 90°和 180°风向角时[图(c)、(d)],大棚端面为背风区。大棚端面除了只在迎风面局部区域为正风压区外,其余背风面全部为负值。迎风边缘等值线密集,表明风压变化剧烈。最大正风压系数在 1 左右。为背风面时,风压系数等值分布稀疏,180°风向角时,风压系数较小,接近于 0。

　　2. 日光温室风压系数分布

　　图 6 为不同风向角下日光温室表面风压系数等值线分布图。由图可知:在 0°风向角下[图 6(a)],日光温室表面前端区域处在迎风区,风压系数等值线分布较均匀,风压系数均为正,受风压力影响;而后端区域风压变化较为平缓,风压系数为负,受吸力影响;这一方向角下日光温室前区表现向下的压力作用,后区表现向上的吸力作用,对日光温室的破坏性最强。当来流风向为 45°时[图 6(b)],表面迎风区一侧风压系数为正,主要受正压作用;而侧山墙与顶端的交汇处出现了高负压区,且风压系数变化梯度较大,其余部分变化相对平缓,这与风的流动分离相关。90°风向角时[图 6(c)],

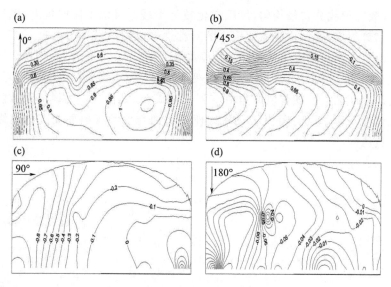

图 5　大棚端面在各风向角下风压系数分布

(a)0°；(b)45°；(c)90°；(d)180°

由于气流受侧山墙阻碍作用，日光温室顶端风压系数均为负值。当风向角为 135°时 [图 6(d)]，后山墙与表面交汇区域风压线较为密集，风压系数达最大负压；旋转到 180°风向角时[图 6(e)]，气流经过后山墙的，日光温室表面的风压系数由负到正过 渡，下端区域正风压系数相对较小，随着风向角由 0°到 180°旋转，日光温室表面的风 压系数随着风向角发生规律性变化。

3. 塑料大棚风压系数变化

每个区域内测点风压系数求平均值代表该区域的平均风压系数，各区域风压系 数随风向角的变化趋势见图 7。由图 7(a)可知，大棚顶端Ⅰ区、Ⅳ区、Ⅶ区的风压系 数均由正压过渡到负压，在此过程中出现了零压区；而Ⅱ、Ⅲ、Ⅴ、Ⅵ、Ⅷ、Ⅸ区的风压 系数均为负压。这是因为在风向角由 0°向 180°旋转时，Ⅰ区、Ⅳ区、Ⅶ区依次为迎风 面，而Ⅱ、Ⅲ、Ⅴ、Ⅵ、Ⅷ、Ⅸ区在此过程中一直都是拱顶背风面。设施大棚顶端各区域 的风压系数随风向角的变化起伏较大。说明不同风向角下的顶端的风压变化较大。 Ⅰ区与Ⅶ区、Ⅱ区与Ⅷ区、Ⅲ区与Ⅸ区的风压系数随着风向角的增大呈现相反的变化 趋势，而Ⅳ、Ⅴ、Ⅵ区风压系数的变化以 90°为对称轴。这是由于设施大棚模型的对 称性造成的。Ⅰ区在方向角为 60°及Ⅶ区在风向角 120°时风压系数接近于 0.5，最大 压力出现在此二区。而最大吸力出现在Ⅱ区在方向角为 60°及Ⅷ区在风向角 120° 时，风压系数接近于−1.5。当风向角为 60°或 120°时，Ⅱ区或Ⅷ区所受风吸力达最 大值，此处最易受大风损毁。

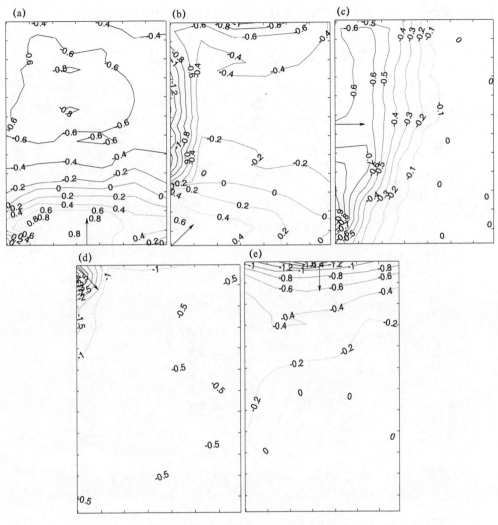

图 6　日光温室表面在各风向角下风压系数分布

(a)0°;(b)45°;(c)90°;(d)135°;(e)180°

　　图 7(b)为大棚端面各区域风压系数随风向角的变化趋势。由图可知,大棚端面各区域风压系数变化趋势一致,均由 0°正压向负压过渡,其中出现零压区。在达到最大负压后,风吸力逐渐减弱,至 180°时接近于零压。大棚端面风压系数变化趋势体现了其由迎风面向背风面转变的过程。由于风向角旋转至 90°后,大棚端面由迎风面变为背风区,所以各区域风压系数在 90°以后均为负值。风向角旋转至 135°后,大棚端面各区域风压系数趋于一致,说明该方向来流风对整个大棚端面影响无差别。180°时对该端面基本无影响。设施大棚端面最大正风压出现在Ⅳ区风向角为 15°时,

风压系数为 0.94,最大负压出现在Ⅷ区 105°时,风压系数为－0.84。

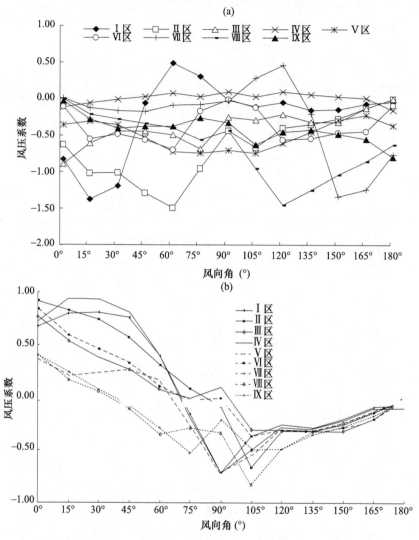

图 7 大棚顶端(a)和端面(b)各区域风压系数随风向角的变化趋势

4. 日光温室风压系数变化

由图 8 可知,日光温室表面Ⅲ区、Ⅵ区、Ⅸ区的风压系数均由正压过渡到负压,在此过程中出现了零压区;而Ⅰ、Ⅱ、Ⅳ、Ⅴ、Ⅶ、Ⅷ区的风压系数均为负压。这是因为在风向角由 0°向 180°旋转时,Ⅲ区、Ⅵ区、Ⅸ区为迎风面,而Ⅰ、Ⅱ、Ⅳ、Ⅴ、Ⅶ、Ⅷ区在此过程中一直处于背风面。日光温室顶端各区域的风压系数随风向角的变化起伏较大。说明不同风向角下的顶端的风压变化较大。Ⅰ区在风向角为 0°及风向角 135°

时风压系数最大,最大值为 0.52,Ⅰ区最大吸力出现在这两个风向角。Ⅲ区、Ⅵ区风压系数相对平缓,而Ⅸ区在 75°、90°、105°三个风向角下的风压系数最大,风压系数接近 0.63。而最大吸力出现在Ⅶ区在方向角 135°时,风压系数接近于-1.41,所受风吸力达最大值,此处最易受大风损毁。

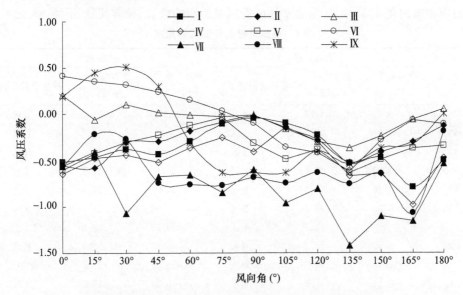

图 8　日光温室表面各区域风压系数随风向角的变化趋势

5. 临界风速的计算

风压系数是一个无量纲定值,不随风速的变化而改变。它实际上是测压点实际压力与来流动压的比值,风压系数计算公式如下(谢壮宁 等,2001;顾明 等,2010):

$$C_{p_i} = \frac{W_i}{W} \tag{2}$$

式中:W_i 为测点的实际压力,N;W 为测点的来流动压,N。根据贝努力方程,来流动压可表示为:

$$W = \frac{1}{2}\rho v^2 \tag{3}$$

《建筑结构荷载规范》GB 50009—2001(2006)中的风速风压换算公式是在假设重力加速度取 9.8 m/s²;空气密度取 1.25 kg/m³ 的前提下近似得出。根据公式(2)和(3)可得到测点实际压力,由下式计算:

$$W_i = 0.625C_{p_i}v^2 \tag{4}$$

由公式(4)可知,在风压系数不变的情况下,设施大棚表面实际压力与实际风速成正比。本案例设定设施大棚的负重为 20 kg,不考虑其他因素,则设施大棚表面可承受的实际风压为 313.6 N。可求出设施大棚各区域各风向角下临界风速,塑料大棚和日光温室各区域最小临界风速见表 1 和 2。由表 1 可知,设施大棚顶端均受风吸力破坏,最小临界风速为 14.5 m/s。而大棚端面的最小临界风速为 18.3 m/s,此时受风压力影响。二者相比较,设施大棚顶端较大棚端面更易受大风灾害的破坏。由表 2 可知道在风向角 135°时,日光温室Ⅶ区受风吸力影响最大,临界风速为 18.86 m/s。

表 1　设施大棚各区域临界风速

风向角	大棚顶端			大棚端面		
	压力系数 C_{p_i}	临界风速 (m/s)	最易受损区域	压力系数 C_{p_i}	临界风速 (m/s)	最易受损区域
0°	−0.89	18.7	Ⅲ区	0.92	18.5	Ⅱ区
15°	−1.38	15.1	Ⅰ区	0.94	18.3	Ⅳ区
30°	−1.2	16.2	Ⅰ区	0.93	18.3	Ⅳ区
45°	−1.29	15.6	Ⅱ区	0.81	19.7	Ⅳ区
60°	−1.49	14.5	Ⅱ区	0.4	27.9	Ⅰ区
75°	−0.95	18.1	Ⅱ区	−0.53	24.2	Ⅸ区
90°	−0.7	21.1	Ⅴ区	−0.72	20.9	Ⅰ、Ⅶ区
105°	−0.95	18.2	Ⅷ区	−0.83	19.4	Ⅷ区
120°	−1.46	14.7	Ⅷ区	−0.49	25.3	Ⅷ、Ⅸ区
135°	−1.25	15.9	Ⅷ区	−0.35	29.8	Ⅸ区
150°	−1.34	15.3	Ⅶ区	−0.32	31.5	Ⅲ区
165°	−1.24	15.9	Ⅶ区	−0.21	38.6	Ⅵ区
180°	−0.8	19.8	Ⅸ区	−0.1	55.1	Ⅳ区

表 2　日光温室各区域临界风速

风向角	压力系数 C_{p_i}	临界风速(m/s)	最易受损区域
0°	−0.64	28.00	Ⅳ区/Ⅵ区
15°	−0.57	29.67	Ⅱ区/Ⅸ区
30°	−1.07	21.65	Ⅶ区/Ⅸ区
45°	−0.74	26.04	Ⅶ区
60°	−0.76	25.69	Ⅷ区
75°	−0.85	24.29	Ⅶ区
90°	−0.68	27.16	Ⅷ区
105°	−0.96	22.86	Ⅶ区
120°	−0.80	25.04	Ⅶ区
135°	−1.41	18.86	Ⅶ区
150°	−1.09	21.45	Ⅶ区
165°	−1.14	20.97	Ⅶ区
180°	−0.53	30.76	Ⅶ区

　　本研究采用风洞试验方法,测量和分析不同风向角下设施大棚表面风压系数和分布规律,并推导出了设施大棚各区域发生风灾的临界风速。试验测定得到不同风向角下风压分布规律不同,对于塑料大棚,在 0°和 180°风向角下,设施大棚顶端处在背风区,风压系数均为负,受风吸力影响;风压系数等值线分布较均匀,风压变化较为平缓。且两个风向角下,风压系数等值线分布趋势相反,这由设施大棚模型的对称性造成的。当来流风向为 45°和 90°时,大棚顶端迎风区一侧风压系数为正,主要受正压作用;而迎风边缘与大棚顶端屋脊出现了高负压区,且风压系数变化梯度较大,其余部分变化相对平缓,这与风的流动分离相关。随着风向角由 0°到 180°旋转,大棚顶端的风压系数随着风向角发生规律性变化。风向角为 45°时,大棚迎风面与棚顶背风面相交的边缘风压系数达最大负压。对于日光温室,在风向角由 0°向 180°旋转时,Ⅲ区、Ⅵ区、Ⅸ区为迎风面,而Ⅰ、Ⅱ、Ⅳ、Ⅴ、Ⅶ、Ⅷ区在此过程中一直处于背风面。日光温室顶端各区域的风压系数随风向角的变化起伏较大。说明不同风向角下的顶端的风压变化较大。Ⅰ区在风向角为 0°及风向角 135°时风压系数最大,最大值为 0.52,Ⅰ区最大吸力出现在这两个风向角。Ⅲ区、Ⅵ区风压系数相对平缓,而Ⅸ区在 75°、90°、105°三个风向角下的风压系数最大,风压系数接近 0.63。而最大吸力出现在Ⅶ区在方向角 135°时,风压系数接近于 −1.41。研究认为设施塑料大棚的最小临界风速为 14.5 m/s,日光温室临界风速为 18.86 m/s。

案例 11　基于 BP 神经网络的温室小气候预报模型

（南京信息工程大学应用气象学院 杨再强 等，2022 年）

一、建模原理

神经网络采用物理可实现的系统来模仿人脑神经细胞的结构和功能，其处理单元就是人工神经元，也称为结点。神经元结构模型如图 1 所示，其中 x_i 为输入信号，n 为输入的数目。

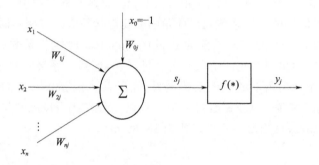

图 1　神经元结构图

连接到结点 j 的权值相应为 W_{1j}，W_{2j}，…，W_{ij}，…，W_{nj}，其中 W_{ij} 表示从结点 i 到结点 j 的权值。W_{ij} 为正时，表示为兴奋型突触；为负时，表示抑制型突触。处理单元的内部门限为 θ_j，若用 $x_0 = -1$ 的固定偏置输入表示，其连接强度取 $W_{0j} = \theta_j$，则输入的加权和可表示为：

$$S_j = \sum_{i=1}^{n} x_i W_{ij} - \theta_j = \sum_{i=0}^{n} x_i W_{ij} \tag{1}$$

S_j 通过传递函数 $f(*)$ 的处理，得到处理单元的输出：

$$y_i = f(S_j) = f(\sum_{i=0}^{n} x_i W_{ij}) \tag{2}$$

传递函数有以下三种类型：

（1）阈值型，为阶跃函数

$$f(S_j) = \begin{cases} 1 & S_j \geqslant 0 \\ 0 & S_j < 0 \end{cases} \tag{3}$$

(2)线性型

$$f(S_j) = \begin{cases} 1 & S_j \geqslant S_2 \\ a\,S_j + b & S_j \leqslant 0 \leqslant S_2 \\ 0 & S_j < S_1 \end{cases} \tag{4}$$

(3)S 型

$$f(S_j) = \frac{1}{1 + \exp(-S_j/c)^2} \tag{5}$$

前向型网络由输入层、中间层(隐层)、输出层等组成。隐层可有若干层,每一层的神经元只接受前一层神经元输出,这样就实现了输入层结点的状态空间到输出层状态空间的非线性映射。在前向网络中,误差反向传播网络(Back Propagation)BP 网络应用最广。人工神经网络(ANN)的一个最本质的特征是:它并不给出输入与输出间的解析关系,它的近似函数和处理信息的能力体现在网络中各个神经元之间的连接权值。由于网络本身具有学习功能,在 BP 网络中通常采用有教师学习(Supervised Learning),也即使用大量的学习样本对网络进行训练,将网络的输出与期望的输出比较,然后根据两者之间的差来调整网络的权值。

二、大棚温湿度预报试验

利用试验得到的室外气温、相对湿度、辐射、风速、云量与室内气温(T_{in})和相对湿度(RH_{in})进行相关分析($n = 672$),得到不同因子与 T_{in}、RH_{in} 的相关系数见表 1。

表 1　室外不同因子与室内温度和相对湿度相关系数表

要素	室外气温	室外相对湿度	室外辐射	风速	云量
室内气温	0.750**	−0.494**	0.791**	0.134*	−0.591**
室内相对湿度	−0.647**	0.493**	0.814**	−0.190*	0.588**

注:*、** 分别表示通过 0.05、0.01 信度检验。

由表 1 可知,室外气温、相对湿度、辐射、云量与室内气温和相对湿度关系密切,因此可将它们作为 BP 神经网络模型的输入,并根据选用单隐层的 BP 网络进行春季、冬季的室内气温、相对湿度的模拟。其中输入层神经元个数为 4 个,隐含层神经元为 9 个,输出神经元为 2 个。第一层输入室外太阳总辐射、温度、湿度和云量指数样本,第三层输出室内温度、湿度的数据,隐含层传递函数采用 S 型正切函数(tansig),输出层传递函数采用 S 型对数函数(logsig)。为解决神经网络输入变量间量纲及数量级不一致问题,采用标准化变换将样本数据压缩在 0~1。如图 2 所示。

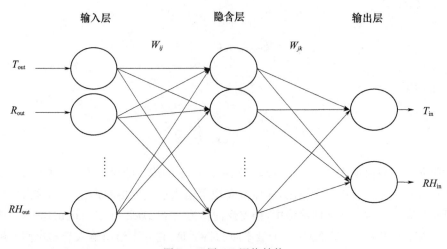

图 2　三层 BP 网络结构

　　在模型运行中通过不断调节,最终选定相关的参数值为:初始学习速率 $\eta=0.1$,最大循环次数＝1000 次,目标误差＝0.001。模型的训练输入数据和模拟数据如表 2 所示,神经网络模拟采用 Matlab 2009 软件通过编程实现。

表 2　模型的训练输入数据和模拟数据

项目	训练输入数据	样本数	模拟数据	样本数
春季	2010 年 3 月 1 日—5 月 30 日	480	2010 年 3 月 1—30 日	160
冬季	2010 年 1 月 1 日—2 月 28 日	320	2011 年 1 月 1—31 日	160

　　BP 网络的学习规则是通过反向传播来调整网络的权值和阈值,使得误差网络的平方和最小,通过网络训练得到网络权值和阈值后,输入验证样本和预测样本进行网络验证以及网络预测,从而验证所建模型的正确性。将模拟模型训练得到的输出值进行与数据预处理相反的过程,将其变换到实际的变化范围,然后做训练输出室内气温、相对湿度和实测值之间的拟合曲线。

　　春季、冬季室内气温模拟值与实测值基于 1∶1 线的决定系数均在 0.9 以上(图 3,图 4),说明运用神经网络模型模拟时,室内气温与训练气温之间有相当高的拟合精度,它们间的 RMSE 分别为 1.72、1.23,说明该神经网络模型对温度的模拟效果非常好,其中冬季气温模拟效果较春季效果稍好。同样,从室内相对湿度训练值与实测值的拟合图上也可以看出,春季、冬季训练结果与实测结果基于 1∶1 线的决定系数均在 0.95 以上,其 RMSE 均为 2.71。

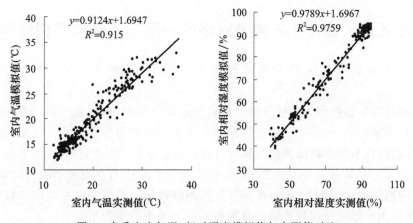

图 3　春季室内气温、相对湿度模拟值与实测值对比

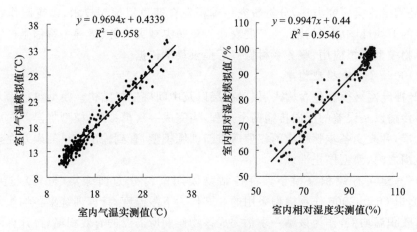

图 4　冬季室内气温、相对湿度模拟值与实测值对比

案例 12　基于 BP 神经网络的一季稻发育期预测模型

（南京信息工程大学应用气象学院 张雪松 等，2022 年）

作物发育期预报作为一项基础且重要的农业气象预报，与农产品最终产量形成和品质高低紧密联系，并事关农业气象防灾减灾和农业可持续发展工作全局。在土壤条件、栽培技术及作物品种的生物学特性相对稳定的情况下，作物的发育进程主要受气象要素尤其是温度或积温的影响。但作物发育速度与温度呈非线性关系，由于温度影响函数的局限性，大部分作物发育规律仅适用于适宜温度区间的作物发育期模拟，当出现高温胁迫时作物的发育期模拟误差较大。本案例研究以长江中下游地区常年主栽一季稻品种为研究对象，利用多年气象数据和农业气象观测资料，基于BP 神经网络建模研究方法，分析研究一季稻发育期模拟预测技术，以克服作物发育对温度的非线性响应的局限，为开展农业气象防灾减灾业务、指导一季稻生产管理及提高作物模型模拟应用、服务乡村振兴等提供科学依据。

1. BP 神经网络模型构建

BP 神经网络模型包含输入层、输出层以及中间层三层结构。模型包括输入信号的正向传播以及误差的反向传播两个过程，当完成一次模拟后，模型将误差向后传递至输入层，并改变各步骤相应的权值后重新训练模型，直到输出结果的误差在模型的预期范围之内，模型停止训练。

首先，建立有效积温模型。将各站物候期资料分为训练集（50％）与测试集（50％），以 Oryza2000 作物模型采用的 8 ℃作为下限温度，计算训练集各物候发育阶段内有效积温均值，作为该站一季稻完成该物候期所需要的有效积温，再计算测试集各站点各年份各物候发育阶段达到有效积温所需天数，得到测试集物候发育时间的模拟结果，以验证有效积温模型的效能。

其次，应用 Matlab 软件建立基于 BP 神经网络的一季稻发育期模拟模型。输入自变量包括有效积温、累计降水、平均相对湿度、累计日照时数以及利用有效积温模型预测得到的物候期。在构建神经网络模型时，选取每个站点 80％的年份作为训练集，每个站点剩余 20％年份作为测试集。

2. 一季稻发育期模拟

（1）有效积温模型

利用有效积温模型得到的物候出现时间模拟值与观测值的误差分析见表 1。各物候期出现时间模拟值与观测值的均方根误差稍大，但相关性 R 较好，全部达到 0.75 以上，且相关性都达到极显著水平（$p < 0.01$）。模拟的出苗时间平均绝对误差 MAE 最

小,为 1.6 d,但移栽时间 MAE 较大,为 6.4 d,不符合农业气象业务需求。利用有效积温模型模拟预测一季稻物候发育期具有可行性,但仍需改进。有效积温模型结果将作为人工神经网络模型的输入因子,利用 BP 神经网络进一步提高预测精度。

表 1 有效积温模型评价

物候期	均方根误差 RMSE	相关系数 R	平均绝对误差 MAE
出苗	2.2	0.99**	1.6
移栽	8.8	0.77**	6.4
拔节	6.6	0.83**	5.1
抽穗	5.5	0.89**	4.2
成熟	6.7	0.90**	5.1

注:** 表示相关性达到极显著水平,* 表示相关性达到显著水平,下同。

(2)BP 神经网络模型

将有效积温、有效积温模型模拟结果分为训练集与测试集,输入 BP 神经网络模型,建立温度模型(T 模型);将累计降水量作为自变量加入到 T 模型中,建立温度-降水(T-P)模型;将相对湿度作为自变量加入到 T 模型中,建立温度-相对湿度(T-RH)模型;将日照时数作为自变量加入到 T 模型中,建立温度-日照时数(T-S)模型。对以上四种模型训练得到的各发育期天数输出值进行反归一化,利用观测值进行验证。

BP 神经网络训练集的模型评价见表 2,四种模型对 5 个发育阶段的模拟评价指标都较有效积温模型明显改善。各发育期模拟值与观测值相关性分析在 0.86 以上,且相关性全部达到极显著水平($p<0.01$)。T-RH 模型与 T、T-P、T-S 三个模型相比,RMSE、MAE 更小,误差指标都控制在 1 d 左右,5 个发育阶段的 T-RH 模型拟合精度最高,都在 98% 以上(图略)。BP 神经网络测试集模型评价见表 2 和图 1。各模型各评价指标的变化与训练集一致,四种模型中 T-RH 模型误差最小。

表 2 BP 神经网络训练集/测试集模型评价

评价指标	发育阶段	实际平均天数(d)	T 模型 训练/测试	T-P 模型 训练/测试	T-S 模型 训练/测试	T-RH 模型 训练/测试
RMSE	播种—出苗	6	0.6/0.7	0.6/0.7	0.6/0.6	0.3/0.3
	出苗—移栽	33	2.5/1.8	2.3/2.1	2.2/1.8	1.1/1.2
	移栽—拔节	43	2.1/2.4	2.0/2.2	1.9/2.1	0.9/1.2
	拔节—抽穗	28	1.7/1.5	1.6/1.3	1.5/1.3	0.6/0.7
	抽穗—成熟	37	1.9/1.6	1.7/1.4	1.7/1.9	0.9/0.8

续表

评价指标	发育阶段	实际平均天数（d）	T 模型 训练/测试	T-P 模型 训练/测试	T-S 模型 训练/测试	T-RH 模型 训练/测试
R	播种—出苗	6	0.93**/0.89**	0.94**/0.90**	0.94**/0.91**	0.98**/0.97**
	出苗—移栽	33	0.91**/0.96**	0.93**/0.95**	0.93**/0.96**	0.98**/0.99**
	移栽—拔节	43	0.86**/0.92**	0.88**/0.93**	0.89**/0.95**	0.98**/0.98**
	拔节—抽穗	28	0.92**/0.95**	0.94**/0.96**	0.94**/0.97**	0.99**/0.99**
	抽穗—成熟	37	0.95**/0.96**	0.97**/0.97**	0.96**/0.95**	0.99**/0.99**
MAE	播种—出苗	6	0.5/0.6	0.5/0.5	0.4/0.4	0.2/0.3
	出苗—移栽	33	1.9/1.6	1.8/1.9	1.7/1.5	0.8/1.1
	移栽—拔节	43	1.6/2.0	1.5/1.9	1.4/1.7	0.7/1.1
	拔节—抽穗	28	1.4/1.2	1.2/1.0	1.2/1.0	0.5/0.7
	抽穗—成熟	37	1.5/1.3	1.30.9	1.3/1.5	0.7/0.6

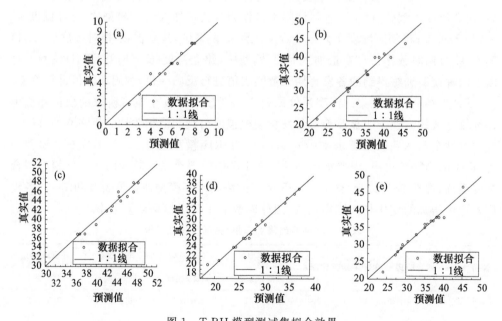

图 1　T-RH 模型测试集拟合效果

（a）播种—出苗；（b）出苗—移栽；（c）移栽—拔节；（d）拔节—抽穗；（e）抽穗—成熟

（3）最优模型的模拟分析

以最优模型 T-RH 模型为基础，经过 BP 神经网络参数优化后，对一季稻发育开展模拟,得到的模型测试集 MAE 空间分布见图 2。除出苗—移栽期和移栽—拔节期的个别 1～2 个站点,其他地区一季稻各发育期的模型误差都小于 2 d,模型预测精度高于农业气象业务中不超过 5 d 的需求。对比表 2,参数优化后的 T-RH 模型模拟效果进一步提升,一季稻各发育期预测模拟值 MAE 都小于 1 d,见表 3。

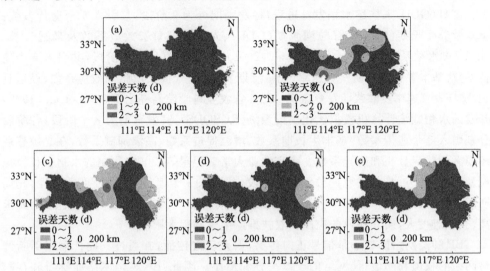

图 2　基于 BP 神经网络的一季稻发育期 T-RH 模型绝对误差的空间分布
(a)播种—出苗;(b)出苗—移栽;(c)移栽—拔节;(d)拔节—抽穗;(e)抽穗—成熟

表 3　参数优化后 T-RH 模型测试集评价

物候发育阶段	实际平均天数(d)	均方根误差 RMSE	相关系数 R	平均绝对误差 MAE
播种—出苗	6	0.3	0.97**	0.2
出苗—移栽	33	1.2	0.99**	0.9
移栽—拔节	43	1.2	0.98**	0.9
拔节—抽穗	28	0.7	0.99**	0.5
抽穗—成熟	37	0.8	0.99**	0.6

3. 结论与讨论

农业产量的波动受关键生育期内气象灾害的影响很大,农业生产活动亦需要根据作物发育期合理安排和布局。温度作为热量的度量,是影响农作物发育期的最重要环境因子,并随着积温学说的发展得到广泛应用。但积温稳定性假说与发育模型的线性程度关系密切,不稳定的线性积温模型应用在发育期预报中可能会造成较大的误差,并会受到遗传特性、地理纬度、气象要素年际变化等多方面因素的制约。

现代农业的可持续发展对精准发育期预报提出了必然要求。随着作物模拟技术的日趋成熟，以积温为核心的作物发育期预报作为构建作物生长发育机理模型的一个重要模块，直接影响作物模型的预测精度和有效性，但共性问题是模型参数较多。以国内外较具代表性且应用较广的水稻生长模型为例，如 CERES-rice 模型，用累积生长度日（GDD）来描述水稻发育进程，将发育期分为 9 阶段，共引入 4 个遗传参数：基本营养生长期（GDD）、籽粒灌浆期（GDD）、光敏感期日长效应系数及最适日长。ORYZA 水稻系列模型（Bouman et al.，2001），将发育期分为 4 阶段，共引入 6 个遗传参数：基本营养生长期发育速率、光敏感期发育速率、日长敏感性效应系数、最适日长、穗期发育速率及灌浆期发育速率。江苏省农业科学院高亮之等（Gao et al.，1992）开发的水稻栽培计算机模拟优化决策系统（RCSODS），其发育期为 3 个阶段，各阶段分别引入 3 个遗传参数：基本生长期系数、增温促进系数、高温抑制系数，在光敏感期还要考虑临界日长和感光系数。南京农业大学曹卫星等（2000）研制的水稻生长模拟模型（Rice Grow），将发育期分为 4 个阶段，共引入 5 个遗传参数：温度敏感性、光周期敏感性、最适温度、基本早熟性及基本灌浆期因子。其中部分参数理论基础要求高、获取难度大，使其在业务应用和农技推广中受到很大限制。

BP 神经网络的核心是信号正向传播，误差反向传播，并通过反向传播来不断调整网络的权值和阈值，使网络的误差平方和最小。因此，BP 神经网络能学习和存贮大量的输入-输出模式映射关系，而无须事前揭示描述这种映射关系的数学方程。在引入非线性函数作为激励函数后，深层神经网络表达能力就能更加强大地解决线性不可分问题。本研究在已知农业生物生长发育进程与气象条件存在非线性关系基础上，使用测试效果较好的 Sigmoid 激励函数。它的本质是 logistic 回归或 S 型生长曲线，得益于现代计算机技术的不断进步，通过设置最大迭代次数，计算训练集在 BP 网络上的预测准确率，直到达到要求为止。

现代农业的发展过程是先进科学技术在农业领域广泛应用的过程。本研究利用 1952—2016 年长江中下游一季稻主要种植地区气象观测数据，以及对应台站的一季稻物候发育期数据，基于 BP 神经网络开展作物发育期模拟研究。考虑到模型在实际应用中使用操作的便捷性，本研究仅在有效积温模拟基础上增加一个气象要素，进而构建了温度（T）模型、温度-降水（T-P）模型、温度-相对湿度（T-RH）模型以及温度-日照时数（T-S）模型，并利用多种模拟评价指标，进而筛选出 T-RH 模型为最优模型，所模拟的各发育阶段天数平均绝对误差不超过 1 d。国内学者应用 CERES 模型开展发育期预测，误差在 5 d 左右甚至更高，即使应用基于机器学习的支持向量机方法，预报精度并没有明显改善。因此，基于 BP 神经网络构建以有效积温为基础的模拟模型，能够很好地描述气象因子与一季稻发育进程的非线性关系，简便且能够准确预报作物发育期，为作物发育期预报及机理研究提供了新方法，为未来气候变化背景下开展精细农业气象服务、促进农业可持续发展提供技术支撑。模拟研究克服了传统模型参数多不便于应用或者参数少但精度不高的缺欠，具有一定的理论意义和较高的实用推广价值。

相较仅利用积温的 BP 神经网络模型，分别加入降水、相对湿度、日照时数要素后，模型预测精度均有所改善，引入相对湿度的 T-RH 模型精度最高。这可能与研究区雨热同季的季风气候特点显著，且拥有水系发达的地理区位优势有关，水稻生长过程中并不缺水，在加入降水这样的离散型气象要素后对模型模拟效果没有明显提升。而相对湿度作为连续的气象要素变量，可以直观反映出环境水分条件对一季稻生长发育速度的影响，而且相对湿度是同温下实际水汽压和饱和水汽压的比值，水汽压与温度呈指数律变化，也许正是因为温度与相对湿度之间的这种协同作用，使模型精度提高，本研究结果为进一步揭示气象条件与一季稻发育期的非线性关系提供了新思路。另外，水稻的光周期敏感阶段较短，其余发育阶段对光照时间敏感性不够高，日照时数的变化对水稻生长发育的影响远小于温度和水分，故加入日照时数对一季稻发育期模型模拟精度提升较小。

利用神经网络构建一季稻发育期预报模型时，输入神经网络的影响因子会影响模型的模拟精度。本研究只考虑了气象因子，实际上一季稻的阶段发育与水稻的品种、土壤养分含量、田间管理方式等都有密切关系。从本模拟研究结果看，无论对于业务应用还是科学研究，模拟精度已经足够高。因此，可以把除气象因子以外的环境因子忽略。

不同机器学习或深度学习模型有独特的优势和缺点。例如，支持向量机模型的模型结果可以由少数的"支持向量"来决定，而不是所有的输入数据，这样可以抓住关键的样本数据，减少过拟合现象发生的可能性，但支持向量机模型计算较慢。本研究针对研究区多站点多年数据特征，以及对模型结果精度、计算速度的综合考虑，选择了 BP 神经网络模型。研究结果表明，BP 神经网络具有可输入的数据量大、学习能力强、模型结果准确、计算相对较快等优点，但其参数调整过程复杂，如果参数调整不当，模型容易欠拟合或者过拟合，影响模拟效果。本研究利用最优模型参数调试的方法，得到的参数化结果可供相关研究参考。

案例 13　农业现代化气象信息服务平台

（南京航天宏图信息技术有限公司,2022 年）

农业现代化气象信息服务平台,是航天宏图信息技术股份有限公司自主研发的一款主要实现基于主流浏览器的农业现代化气象信息的处理、分析、显示、应用与共享互动的基于 WebGIS 的农业现代化气象服务(互联网＋WebGIS)平台。通过该网站可基于工作站所提供的位置信息,由系统后台筛选该区域范围内的相关数据,更加快速、便捷地查询到该区域农业气象、实时农情、农事活动气象指数、农业气象灾害、实时气象等信息。该网站作为对外服务的门户网站,可为农业用户或社会公众提供所在区域内的特色农业气象相关服务;页面生动、内容丰富、操作便捷、多媒体加持、现代感十足,能够提供定时推送及快速展示,同时提供在线的沟通交流功能。

一、技术路线

农业现代化气象信息服务平台,技术路线如图 1 所示。

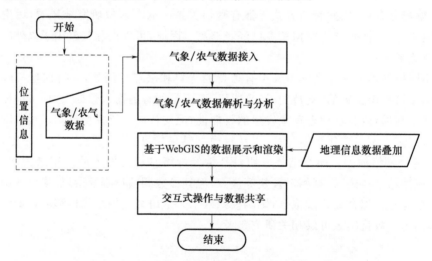

图 1　农业现代化气象信息服务平台技术路线图

具体内容如下:

(1)获取工作站所提供的位置信息和其区域内的气象、农气数据;

(2)导入天气资讯、农情资讯、省-市-县一体化的农业现代化气象综合业务平台所生成的数据、农业气象常识的科普和宣传数据、雷达基础数据、卫星基础数据;

（3）数据解析与分析，得出分析结果；

（4）叠加地理信息数据，基于 WebGIS 的气象、农气数据展示和渲染；

（5）系统提供交互式操作，如在线交流、关注动态、消息订阅、专题管理和自动编辑、个性化工作空间等；

（6）系统提供数据共享；

（7）将上述过程的操作过程及结果记录并保存日志。

二、信息可视化

1. 天气资讯模块

对现有的吉林省农业气象服务系统中农业气象服务 Web 共享平台相关功能进行适应性改造。通过获取工作站所提供的位置信息，为农业用户或社会公众提供所在区域一周内天气预报包括最高气温、最低气温、风速及风向、降水量、日照情况等，并提供农作物主要发育期、气象条件影响评述及农事建议，为吉林省农业生产和农事活动提供天气信息。同时用户可查看其他市、县一周内的天气预报信息。如图 2 所示。

（1）站点信息获取功能

该功能获取吉林气象工作站所提供的位置信息。

（2）本地天气预报功能

该功能为农业用户或社会公众提供所在区域的精细化天气预报信息，以及一周内天气预报包括最高气温、最低气温、风速及风向、降水量、日照情况等信息。

（3）农情资讯推送功能

该功能提供农作物主要发育期、气象条件影响评述及农事建议，为吉林省农业生产和农事活动提供天气信息。

（4）其他市县天气预报功能

该功能向用户推送其他市、县一周内的天气预报信息。

2. 农业资讯模块

对现有的吉林省农业气象服务系统中农业气象服务 Web 共享平台相关功能进行适应性改造。为农业用户或社会公众提供国内外与粮食生产相关资讯，主要包括政府涉农决策、农产品供求信息、农产品价格动态、农业技术、农业信息化、农业工作交流、分析预测、农业机械等信息，以便于农业从业人员及时了解农时、农事信息，掌握农业科技知识，学会科学种田、科学养殖。如图 3 所示。

（1）资讯信息采集/导入功能

该功能实现对国内外与粮食产量相关资讯的采集和导入。

（2）资讯信息在线编辑功能

该功能实现国内外与粮食产量相关资讯的在线编辑、修改。

图 2　农业现代化气象信息服务平台天气资讯图

图 3　农业现代化气象信息服务平台农业资讯图

（3）资讯信息发布预览功能

该功能实现对提交的国内外与粮食产量相关资讯的预览。

（4）资讯信息发布审核功能

该功能实现对提交的国内外与粮食产量相关资讯的内容审核。

（5）资讯信息发布撤销审核功能

该功能实现对提交的国内外与粮食产量相关资讯的撤销审核。

（6）农业资讯推送发布

该功能为农业用户或社会公众提供国内外与粮食生产相关资讯，主要包括政府涉农决策、农产品供求信息、农产品价格动态、农业技术、农业信息化、农业工作交流、分析预测、农业机械等信息。

（7）资讯信息关键字查询功能

该功能实现对国内外与粮食产量相关资讯的关键词查询检索。

3. 农事活动气象指数预报模块

农事活动气象指数预报主要通过获取工作站所提供的位置信息，根据省市县一体化的农业现代化气象综合业务平台所生成的整地气象适宜度、播种气象适宜度、收获气象适宜度等分析结果，提供所在区域的整地、播种、收获适宜度指数信息。

（1）站点信息获取功能

该功能获取吉林省气象工作站的位置信息。

（2）农事活动气象指数分析功能

该功能对获取的该地气象实况、预报数据进行分析，得出整地气象适宜度、播种气象适宜度、收获气象适宜度等分析结果。

（3）农事活动适宜度指数发布功能

该功能对所在区域的整地、播种、收获适宜度指数信息进行预报发布。

4. 农业气象灾害指数预报模块

对现有的吉林省农业气象服务系统中农业气象服务 Web 共享平台相关功能进行适应性改造。通过获取工作站所提供的位置信息，根据省市县一体化的农业现代化气象综合业务平台所生成的农业干旱综合指数、低温冷害指数、霜冻指数、病虫害发生气象等级等分析结果，提供所在区域的农业气象灾害指数信息。如图 4 所示。

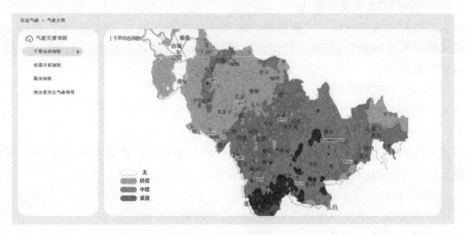

图 4　农业现代化气象信息服务平台气象灾害图

（1）站点信息获取功能

该功能获取吉林省气象工作站的位置信息。

（2）农业气象灾害指数分析功能

该功能对获取的该地气象实况、预报数据进行分析,得出农业干旱综合指数、低温冷害指数、霜冻指数、病虫害发生气象等级等分析结果。

（3）农业气象灾害指数发布功能

该功能基于农业气象灾害指数模型,实现所在区域的农业气象灾害指数信息预报发布。

5. 实时气象与农情模块

实时气象与农情模块主要通过获取工作站所提供的位置信息,提供所在区域的气象、作物、历史对比等信息。气象信息包括时间、区域、天气、温度、风向、风力、当前农田气象条件等;作物信息包括不同年份所属区域作物种植面积、当前作物状态等数据。

（1）区域工作站位置获取功能

该功能获取吉林省气象工作站的位置信息。

（2）气象农情数据比对功能

该功能实现所在区域的历史信息对比功能,提供历史时期的气象信息和作物种植信息。

（3）气象农情综合数据发布功能

该功能提供所在区域的气象信息和作物信息,气象信息包括时间、区域、天气、温度、风向、风力、当前农田气象条件等;作物信息包括不同年份所属区域作物种植面积、当前作物状态等数据。

6. 农田种植决策建议模块

农田种植决策建议模块主要通过获取工作站所提供的位置信息,为种植户提供所在区域内所属气候区划、适宜种植作物类型、农业气象灾害发生特点等信息,辅助种植户种植决策。

（1）站点信息获取功能

该功能获取吉林省气象工作站的位置信息。

（2）农事信息推送功能

该功能根据获取的工作站点信息,推送所在区域种植户提供本地气候区划、适宜种植作物类型、农业气象灾害发生特点等信息。

（3）农田种植建议功能

该功能为所在区域种植户提供农田种植信息和决策建议。

7. 农业气象科普模块

对现有的吉林省农业气象服务系统中农业气象服务 Web 共享平台相关功能进

行适应性改造。主要为社会公众提供农业气象谚语、农业气象术语、农业气象生活、气象防灾减灾知识、二十四节气等科学知识，为公众提供获取气象农情、气象科普知识的平台。如图 5 所示。

（1）农业气象知识汇集功能

该功能汇集农业气象常识的科普和宣传，包括农业气象谚语、农业气象术语、农业气象生活、气象防灾减灾知识、二十四节气等科学知识，形成知识库。

（2）农业气象知识展示功能

该功能向社会公众提供农业气象常识的科普和宣传，包括农业气象谚语、农业气象术语、农业气象生活、气象防灾减灾知识、二十四节气等科学知识，通过图表、视频、音频等多种形式进行展示。

（3）宣传教育活动展示功能

该功能提供市、县开展的农业气象科普活动情况，包括活动的主题、参与人员、活动具体内容等。

图 5　农业现代化气象信息服务平台气象科普图

8. 在线交流社区模块

对现有的吉林省农业气象服务系统中农业气象服务 Web 共享平台相关功能进行适应性改造。为社会公众提供与农业气象专家、学者的"面对面"交流机会，社会公众可就天气信息、农情农事、农业技术、作物种植等专业问题进行专家咨询，专家对公众疑问进行解答。

（1）问题和意见建议的提出功能

该功能实现社会公众与农业气象专家、学者的"面对面"交流机会，就天气信息、农情农事、农业技术、作物种植等专业问题进行专家咨询。

(2)解答意见功能

该功能针对社会公众提出的有关农业气象问题,由专家对公众疑问进行解答。

(3)统计相关问题和意见功能

该功能实现社会公众提出的有关农业气象问题和意见建议等信息的查询、统计功能。

(4)分析问题和意见功能

该功能实现社会公众提出的有关农业气象问题和意见建议等信息按照分类、地区等进行分析。

参考文献

白虎志,董文杰,2004. 华西秋雨的气候特征及成因分析[J],高原气象,23(6):884-890.

白先达,黄超艳,唐广田,等,2010. 气象条件对稻纵卷叶螟迁飞的影响分析[J]. 中国农学通报,26(21):262-267.

白晓慧,2015. 内蒙古通辽市玉米的气候适宜性分析[J]. 畜牧与饲料科学(10):27-28.

北方小麦干热风科研协作组,1983. 小麦干热风气象指标的研究[J]. 中国农业科学,16(4):68-75.

北京农业大学,等,1980. 农业气象预报和情报方法[M]. 北京:北京农业大学.

曹柏秀,曹加克,1985. 模糊列联表分析预测小麦赤霉病的发生趋势[J]. 江西农业大学学报,12(4):66-71.

曹卫星,罗卫红,2000. 作物系统模拟及智能管理[M]. 北京:华文出版社.

陈常理,2011. 温度对一品红上 B 型烟粉虱生物学特性的影响[D]. 杭州:浙江农林大学.

陈碉煜,郭建平,2008. 新疆棉花低温冷害逐步回归预测模型[J]. 中国农业气象,29(4):485-490.

陈怀亮,申占营,亢火明,1995. 小麦穗蚜发生程度及高峰期的灰色预测[J]. 河南农业科学(3):16-18.

陈怀亮,王建国,2014. 现代农业气象业务服务实践[M]. 北京:气象出版社.

陈辉,2019. 季节性大气环流对白背飞虱春夏季北迁的影响[D]. 南京:南京农业大学.

陈利伟,马力文,吴志岐,等,2022. 马铃薯晚疫病发生气象等级预报的检验[J]. 作物科学(4):23-25,30.

陈联寿,孟智勇,丛春华,2017. 台风暴雨落区研究综述[J]. 海洋气象学报,37(4):1-7.

陈玥煜,郭建平,2008. 新疆棉花低温冷害逐步回归预测模型[J]. 中国农业气象(4):485-490.

陈中云,胡家敏,古书鸿,等,2013. 稻飞虱发生发展气象指数估算模型[J]. 贵州气象,37(3):10-13.

崔学明,2006. 农业气象学[M]. 北京:高等教育出版社.

丁俊杰,2013. 三江平原地区降水量变化与大豆灰斑病相关性分析[J]. 东北农业大学学报,44(7):1-5.

丁士晟,1980. 东北低温冷害和粮食产量[J]. 气象,6(5):1-3.

丁世飞,高士龙,陈健,1998. 应用模糊优选技术预报棉花苗期棉蚜发生程度[J]. 中国农业气象,19(5):29-31.

杜栋梁,2016. 番茄根腐病的发生与防治[J]. 上海蔬菜(5):46.

杜利敏,2015. 小麦赤霉病预报中的温湿度气象指标[J]. 南方农业,9(30):200-202.

段桂云,段文广,田庆明,等,2008. 酒泉市棉花病虫害发生规律与气象条件的初步分析[J]. 沙漠与绿洲气象,2(1):38-41.

房世波,2011. 分离趋势产量和气候产量的方法探讨[J]. 自然灾害学报,20(6):13-18.

冯定原,1986. 第三讲　农用天气预报[J]. 气象,12(6):39-43.

冯定原,1988. 农业气象预报和情报方法[M]. 北京:气象出版社.

冯定原,郭亚,1983. 农业气象年景预报初探[J]. 南京气象学院学报(1):95-107.

冯金巧,杨兆升,张林,等,2007. 一种自适应指数平滑动态预测模型[J]. 吉林大学学报:工学版, 37(6):1284-1287.

傅玮东,2001. 终霜和春季低温冷害对新疆棉花播种期的影响[J]. 干旱区资源与环境,15(2): 38-44.

甘一忠,李耀先,夏小曼,2001. 苦楝树春季物候期特征及其与农业界限温度关系[J]. 广西科学 (8):143-147.

高俊燕,郭俊,王自然,等,2012. 云南德宏柠檬园害虫种类及主要害虫发生规律研究[J]. 江西农 业学报,24(6):70-73.

高苹,武金岗,杨荣明,等,2008. 江苏省稻纵卷叶螟迁入期虫情指标与西太平洋海温的遥相关及其 长期预报模型[J]. 应用生态学报,19(9):2056-2066.

葛徽衍,张永红,李岗涛,2009. 渭南地区设施农业日照时数预报服务系统[J]. 中国农业气象,30 (2):239-242.

顾明,赵雅丽,黄强,等,2010. 低层房屋屋面平均风压的风洞试验和数值模拟[J]. 空气动力学学 报,28(1):82-87.

顾鑫,丁俊杰,杨晓贺,等,2018. 三江平原稻瘟病发生与气象因子的关系[J]. 中国稻米,24(4): 99-101.

顾耘,孙立宁,孙丽娟,2006. 不同温度下温室白粉虱的实验种群生命表[J]. 莱阳农学院学报(自 然科学版),23(2):96-98.

郭建平,高素华,1999. 东北地区农作物热量年型的划分及指标的确定[M]∥王春乙,郭建平. 农 作物低温冷害综合防御技术研究. 北京:气象出版社,158-164.

郭建平,田志会,张涓涓,2003. 东北地区玉米热量指数的预测模型研究[J]. 应用气象学报,14(5): 626-633.

郭晋太,韩建明,张焕丽,等,2003. 温室白粉虱的发生规律及无公害综合防治对策[J]. 河南职业 技术师范学院学报,31(2):20-24.

郭锐,朱秀芳,李石波,等,2020. 山东省冬小麦单产监测与预报方法研究[J]. 农业机械学报,51 (7):156-163.

郭文利,权维俊,刘洪,2010. 精细化农业气候区划业务流程初步设计[J]. 中国农业气象,31(1): 98-103.

郭小芹,刘明春,魏育国,2010. 基于主成分分析的玉米棉铃虫预测模型[J]. 西北农业学报,19(8): 69-73.

韩湘玲,1991. 作物生态学[M]. 北京:气象出版社.

郝文乾,马萌,尹河龙,等,2014. 枣园桃小食心虫诱捕量与温、湿度的关系[J]. 山西农业科学,42 (9):994-998.

侯显达,陈传武,贾书刚,等,2022. 恭城县和阳朔县砂糖橘黄龙病发病程度预测模型[J]. 吉林农 业大学学报,1-15. 网络首发地址:https://kns.cnki.net/kcms/detail/22. 1100. s. 20220711. 1744. 011. html.

侯英雨,张蕾,吴门新,等,2018. 国家级现代农业气象业务技术进展[J]. 应用气象学报,29(6):

641-656.

胡春丽,焦敏,李辑,等,2016. 低频天气图方法在 4—9 月辽宁干旱月预报中的应用[J]. 气象研究
与应用,37(03):48-51.

黄珍珠,李寅,陈慧华,等,2018. 基于气象关键因子的广东省橡胶产量预报[J]. 热带农业科学,38
(2):107-112.

霍祥鑫,2021. 光周期和光照强度对梨小食心虫产卵节律的影响[D]. 河北:河北北方学院.

霍治国,李茂松,王丽,等,2012. 降水变化对中国农作物病虫害的影响[J]. 中国农业科学,45(10):
1935-1945.

霍治国,李世奎,王素艳,等,2003. 主要农业气象灾害风险评估技术及其应用研究[J]. 自然资源
学报,18(6):692-702.

霍治国,尚莹,邬定荣,等,2019. 中国小麦干热风灾害研究进展[J]. 应用气象学报,30(2):
129-141.

纪瑞鹏,陈鹏狮,冯锐,等,2010. 农业气候资源综合评价方法研究——以辽宁省为例[J]. 自然资
源学报,25(1):121-130.

贾建英,刘一锋,彭妮,等,2016. 基于积分回归法甘肃省冬小麦产量动态预报[J]. 气象与环境学
报,32(2):100-105.

姜楠,张雪红,汶建龙,等,2021. 基于高分六号宽幅影像的油菜种植分布区域提取方法[J]. 地球
信息科学学报,23(12):2275-2291.

蒋蓉,2013. 江苏省褐飞虱迁入量的中长期预报模型研究[D]. 南京:南京信息工程大学.

金林雪,李云鹏,吴瑞芬,等,2020. 基于气候适宜度预报内蒙古大豆发育期及产量[J]. 中国油料
作物学报,42(5):903-910.

康绍忠,1987. 旱地土壤水分动态预报方法的初步研究[J]. 中国农业气象,8(2):38-41.

孔吉萍,戚家新,1992. 利用气象因子预报大白菜霜霉病与甘兰蚜发生发展[J]. 新疆气象,15(4):
30-33.

李超,周丽,行小帅,等,2011. 基于 BP 神经网络的干热风灾害预测[J]. 海南师范大学学报(自然
科学版),24(3):279-283.

李昊宇,王建林,郑昌玲,等,2012. 气候适宜度在华北冬小麦发育期预报中的应用[J]. 气象,38
(12):1554-1559.

李建平,马云飞,马艳敏,等,2021. 基于自动土壤水分观测数据的吉林省西部干旱预报方法研究
[J]. 气象灾害防御,28(3):24-28.

李树岩,刘伟昌,2014. 基于气象关键因子的河南省夏玉米产量预报研究[J]. 干旱地区农业研究,
32(5):223-227.

李树岩,彭记永,刘荣花,2013. 基于气候适宜度的河南夏玉米发育期预报模型[J]. 中国农业气
象,34(5):576-581.

李树岩,余卫东,2015. 基于气候适宜度的河南省夏玉米产量预报研究[J]. 河南农业大学学报,49
(1):27-34.

李团胜,周育红,刘哲民,2002. 宝鸡渭北旱原农业气候资源分析与评价[J]. 西北大学学报(自然

科学版),32(2):189-193.

李心怡,张祎,赵艳霞,等,2020. 主要作物产量分离方法比较[J]. 应用气象学报,31(1):74-82.

李新建,何清,袁玉江,2000. 新疆棉花严重气候减产年的热量特征分析[J]. 新疆农业大学学报,23(4):20-26.

李轩,郭安红,庄立伟,2012. 基于 GIS 的主要农作物病虫害气象等级预报系统研究[J]. 国土资源遥感,92(1):104-110.

李亚春,王友美,巫丽君,等,2014. 2013 年春季低温霜冻对苏南茶树影响的评估[J]. 江苏农业科学,42(8):248-250.

李亚红,曾娟,黄冲,等,2016. 厄尔尼诺背景下云南秋粮重大病虫害发生新特点浅析[J]. 中国植保导刊,36(5):48-50,43.

李祎君,王春乙,2007. 东北地区玉米低温冷害综合指标研究[J]. 自然灾害学报,16(6):15-20.

连志鸾,赵世林,匡顺四,2006. 物候观测资料在小麦收获期预报中的应用[J]. 中国农业气象,27(3):226-228.

梁章桜,陈先文,魏正英,等,2011. 环境气象因素对稻纵卷叶螟影响的通径分析及预测[J]. 中国植保导刊,31(8):39-41

林蝉蝉,何舟阳,单文龙,等,2020. 基于主成分与聚类分析综合评价杨凌地区红色鲜食葡萄果实品质[J]. 果树学报,37(4):520-532.

刘宝生,谷希树,白义川,等,2010. 法桐叶烧病与树龄和光照关系及其消长动态初步调查[J]. 黑龙江农业科学(2):52-54.

刘布春,王石立,庄立伟,等,2003. 基于东北玉米区域动力模型的低温冷害预报应用研究[J]. 应用气象学报,14(5):616-624.

刘红霞,刘兵,2014. 乌苏市春季霜冻预报方法的初步探讨[J]. 陕西气象(6):5-7.

刘后利,1985. 实用油菜栽培学[M]. 上海:上海科学技术出版社.

刘了凡,黄普斌,孔紫忠,1999. 三代玉米螟发生程度和卵峰日的海温预报模式[J]. 南京气象学院学报,22(2):264-268.

刘树泽,张宏铭,蓝鸿第,1987. 作物产量预报方法[M]. 北京:气象出版社.

刘维,李祎君,何亮,等,2018. 基于 SPI 判定的东北春玉米生长季干旱对产量的影响[J]. 农业工程学报,34(22):121-127.

刘维,宋迎波,2021. 基于不同空间尺度的作物产量集成预报—以江苏一季稻为例[J]. 气象科学,41(6):828-834.

刘维,宋迎波,2022. 基于气象要素的逐日玉米产量气象影响指数[J]. 应用气象学报,33(3):364-374.

刘勇洪,叶彩华,吴春艳,等,2013. 北京都市型现代农用天气预报服务系统的研制[J]. 中国农业气象,34(5):611-618.

刘玉平,李惠欣,2006. 邢台市农业气候资源分析与评价[C]. 南昌:全国农业气象与生态环境学术年会.

刘钰,汪林,倪广恒,等,2009. 中国主要作物灌溉需水量空间分布特征[J]. 农业工程学报,25(12):

6-12.

刘志超,高志斌,张媛媛,等,2018. 洛川苹果白粉病与气象要素的关系分析[J]. 南方农业,12(32):148-150. DOI:10.19415/j. cnki. 1673-890x. 2018. 32. 077.

刘智,亢晋霞,2013. 简析几种农作物病害发生的气象条件[J]. 黑龙江农业科学(1):157.

吕学梅,吴君,成兆金,2007. 利用 MM5 输出产品进行小麦干热风预报[J]. 中国农业气象,28(增):208-209.

马俊岭,任颖,徐冰,等,2018. 气象因子对桃小食心虫发生发展的影响及预测预报研究[J]. 河南农业,481(29):40-41. DOI:10.15904/j. cnki. hnny. 2018. 29. 022.

马树庆,2012. 现代农用天气预报业务及其有关问题的探讨[J]. 中国农业气象,33(2):278-282,288.

马树庆,李峰,王琪,等,2009. 寒潮与霜冻[M]. 北京:农业出版社.

马树庆,陈剑,王琪,等,2013. 东北地区玉米整地、播种和收获气象适宜度评价模型[J]. 气象,39(6):782-788.

马晓群,王效瑞,徐敏,等,2003.GIS 在农业气候区划中的应用[J]. 安徽农业大学学报. 30(1):105-108.

马玉平,王石立,李维京,2011. 基于作物生长模型的东北玉米冷害监测预测[J]. 作物学报,37(10):1868-1878.

蒙华月,王兆林,姚佩,等,2022. 农业涝渍灾害评估中不同气象产量分离方法的比较研究[J]. 中国生态农业学报(中英文),30(6):976-989.

孟祥翼,2017. 基于特定因子的河南省干热风客观预报方法[J]. 气象科技,45(6):1049-1057.

孟莹,吴曼丽,张淑杰,2021. 辽宁省设施农业大风灾害预警研究[J]. 江苏农业科学,49(9):217-223.

穆新豫,2010. 棉田主要害虫发生规律及其与气象因子的关系[J]. 现代农业科技(10):176-177.

那家凤,1998. 基于均生函数水稻扬花低温冷害程度的 EOF 预测模型[J]. 中国农业气象(4):51-53.

南都国,于连波,辛惠甫,等,1997. 灰色聚类分析在农作物病害预测预报中的应用[J]. 黑龙江八一农垦大学学报,9(1):1-6.

南京气象学院农业气象教研组,1980. 农业气象预报和情报[Z]. 南京:南京气象学院.

倪深海,顾颖,王会容,2005. 中国农业干旱脆弱性分区研究[J]. 水科学进展(5):705-709.

牛西午,李杰林,刘贵芝,1995. 太原地区番茄病毒病为害及其防治对策[J]. 山西农业科学,23(3):46-50.

潘铁夫,方展森,冯绍印,等,1980. 吉林省低温冷害发生规律及其防御措施[J]. 中国农业气象,1(4):64-70.

潘学标,1999. 棉花生长发育模拟模型 COTGROW 的建立 Ⅱ 发育与形态发生[J]. 棉花学报,11(4):174-181.

庞泽源,2014. 基于 CERES-Maize 模型的吉林西部玉米干旱脆弱性评价与区划研究[D]. 长春:东北师范大学.

裴永燕,岳红伟,2009. 东北地区农作物低温冷害研究[J]. 科技传播(9):16-17.

蒲胜海,何新林,何春燕,等,2008. 新疆棉花膜下滴灌基于消退指数的土壤水分预报方法研究[J].
　　节水灌溉(8):5-8.

钱拴,霍治国,叶彩玲,2005. 我国小麦白粉病发生流行的长期气象预测研究[J]. 自然灾害学报,4
　　(14):56-63.

邱美娟,郭春明,王冬妮,等,2018. 基于气候适宜度指数的吉林省大豆单产动态预报研究[J]. 大
　　豆科学,37(3):445-451,457.

邱美娟,刘布春,刘园,等,2019. 两种不同产量历史丰歉气象影响指数确定方法在农业气象产量预报
　　中的对比研究[J]. 气象与环境科学,42(1):41-46. DOI:10.16765/j.cnki.1673-7148.2019.01.006.

邱宛华,2002. 管理决策与应用熵学[M]. 北京:机械工业出版社.

任三学,赵花荣,齐月,等,2020. 气候变化背景下麦田沟金针虫爆发性发生为害[J]. 应用气象学
　　报,31(5):620-630.

商彦蕊,2000. 河北省农业旱灾脆弱性动态变化的成因分析[J]. 自然灾害学报,9(1):40-46.

申双和,景元书,2017. 农业气象学原理[M]. 北京:气象出版社.

史培军,1991. 论灾害研究的理论与实践[J]. 南京大学学报(自然科学版),自然灾害研究专辑
　　(11):37-42.

史培军,1996. 再论灾害研究的理论与实践[J]. 自然灾害学报(4):8-19.

史培军,2011. 中国自然灾害风险地图集[M]. 北京:科学出版社.

帅细强,樊清华,谢佰承,2021. 基于历史丰歉气象影响指数的湖南油菜产量动态预报[J]. 湖南农
　　业科学,429(6):82-85. DOI:10.16498/j.cnki.hnnykx.2021.006.021.

司红君,付伟,徐阳,等,2022. 皖江地区水稻病虫害长期定量预测方法研究—以芜湖为例[J]. 江
　　西农业学报,34(4):58-63.

宿海良,费晓臣,王福侠,2020. 北上热带气旋的主要特征及其对河北的影响[J]. 河南科学,38(6):
　　966-972.

粟容前,康绍忠,贾云茂,2005. 汾河滢区土壤墒情预报方法研究[J]. 中国农村水利水电(10):
　　92-96.

孙凡,2002. 运用 BP 人工神经网络预测长江中下游梨黑星病发病的研究[J]. 生物数学学报,17
　　(4):440-443.

孙贵拓,杨若翰,杨柯,等,2019. 基于气候适宜度的水稻发育期预报模型[J]. 安徽农业科学,47
　　(16):231-234.

孙立德,张殿香,梁志兵,2005. 二代棉铃虫发生程度与气象因素的灰色关联优势分析[J]. 中国农
　　业气象,26(3):187-190.

孙朴,胥德梅,2013. 气象因子对水稻纹枯病的预测模型研究[J]. 安徽农业科学,41(23):
　　9873-9874.

孙淑清,罗继生,李庄君,2004. 现代技术在我国森林病虫害监测管理中的应用[J]. 防护林科技
　　(2):38-39.

檀艳静,张佳华,姚凤梅,等,2013. 中国作物低温冷害监测与模拟预报研究进展[J]. 生态学杂志,

32(7):1920-1927.

汤亮,朱艳,刘铁梅,等,2008. 油菜生育期模拟模型研究[J]. 中国农业科学(8):2493-2498.

陶炳贵,2007. 气候要素对柑橘红蜘蛛大发生的影响[J]. 福建果树(4):15-16.

田宏伟,邢开成,黄进,等,2020. 近30年河南省夏玉米的气象年景波动对大气环流的响应[J]. 江苏农业学报,36(6):1437-1443.

田生华,2005. 晚霜冻对陇南茶树的危害及防御措施[J]. 甘肃科技(10):211-212.

涂长望,1945. 农业气象之内容及其研究途径述要[J]. 农报,10(1-9):19-31.

涂长望,方正三,1944. 华中之重要农作物与气候[J]. 气象学报,18(1-4):129-132.

汪秀清,张丽,程红军,等,2003. 用海温资料预报玉米螟发生程[J]. 吉林气象(1):29-31.

王爱英,2003. 黄瓜白粉病流行主导因素及病害防治的初步研究[D]. 保定:河北农业大学.

王博妮,景元书,2009. 农作物病虫害气象条件预报方法研究进展[J]. 江苏农业科学(4):25-28.

王朝梁,崔秀明,2000. 光照与三七病害的关系[J]. 云南农业科技(5):16-17.

王春乙,季贵树,1991. 石家庄地区干热风年型指标分析及统计预测模型[J]. 气象学报,49(1):104-107.

王春乙,毛飞,1999. 东北地区低温冷害分布特征[C]//农作物低温冷害防御技术. 北京:气象出版社.

王飞,姚丽花,宋玉玲,等,2003. 暖冬气候对新疆北疆冬小麦的影响[J]. 新疆农业科学,40(3):166-169.

王馥棠,1978. 国外农业气象发展简况[J]. 气象科技(2):32-35.

王佳真,2018. 浅析气象因素与农作物病虫害发生发展的关系[J]. 现代农村科技(2):33-34.

王建林,2010. 现代农业气象业务[M]. 北京:气象出版社.

王靖,刘飞,李宝强,等,2014. 临沂市麦田金针虫的发生与防治[J]. 现代农业科技(20):121.

王莉萍,崔晓冬,2021. 衡水市棉铃虫发生的气象条件分析及预测[J]. 衡水学院学报,23(4):16-20.

王培娟,唐俊贤,金志凤,等,2021. 中国茶树春霜冻害研究进展[J],应用气象学报,32(2):129-145.

王荣栋,1983. 小麦冻害及其分级方法初探[J]. 新疆农业科学(6):7-8.

王石立,2003. 近年来我国农业气象灾害预报方法研究概述[J]. 应用气象学报,14(5):574-582.

王书裕,1995. 农作物冷害的研究[M]. 北京:气象出版社.

王信群,2005. 模糊数学在病虫害测报中的应用[J]. 安徽农业科技,33(3):396-398.

王学林,2015. 江南茶区春霜冻风险评价技术研究[D]. 南京:南京信息工程大学.

王彦平,候琼,宋卫士,等,2015. 气候适宜度在内蒙古东北部马铃薯发育期预报中的应用[J]. 中国农学通报,31(3):216-220.

魏凤英,2007. 现代气候统计诊断与预测技术[M]. 北京:气象出版社.

魏瑞江,宋迎波,王鑫,2009. 基于气候适宜度的玉米产量动态预报方法[J]. 应用气象学报,20(5):622-627.

温晓慧,温桂清,薛敏,1994. 用直线滑动均值法做作物趋势产量预报[J],黑龙江气象(1):19-20.

吴超,汤玉煊,楚宗艳,等,2020. 豫东植棉区气象条件与棉花苗蚜发生趋势分析[J]. 棉花科学,42
　　(3):53-56.

吴春艳,李军,姚克敏,2003. 小麦赤霉病发病程度的预测[J]. 中国农业气象,24(4):19-22.

吴冠清,陈观浩,2009. 晚稻白叶枯病流行程度的通径分析及预测模型[J]. 湖北植保(4):19-20.

吴昊,徐梅珍,刘定忠,2013. 九江鄱阳湖区棉蚜发生规律与预报方法研究[J]. 安徽农业科学,41
　　(1):113-116.

肖云云,欧阳金琼,2018. 塔里木河流域农业气候资源综合评价与区域比较—基于模糊层次分析法
　　[J]. 塔里木大学学报,30(3):87-96.

谢壮宁,倪振华,石碧青,2001. 大跨屋盖风荷载特性的风洞试验研究[J]. 建筑结构学报(2):
　　23-28.

徐超,高芮,王明田,等,2020. 苗期高温对草莓果实营养品质影响的模糊综合评价及模型建立[J],
　　中国农业气象,41(12):785-793.

徐敏,高苹,2016. 基于HP滤波法对气象产量预报模型的改进[C]//中国气象学会. 第33届中国
　　气象学会年会S14提升气象科技创新能力,保障农业丰产增效论文集. 西安:中国学术期刊电
　　子出版社,4-5.

徐敏,吴洪颜,张佩,等,2018. 基于气候适宜度的江苏水稻气候年景预测方法[J]. 气象,44(9):
　　1200-1207.

薛晓萍,陈艳春,李鸿怡,2009. 棉铃虫发生趋势的气象等级预报方法[J]. 生态学杂志,28(4):
　　776-780.

闫承璞,胡钟东,万水林,等,2020. 灰灰菜对日光温室柑橘粉蚧的诱集作用初报[J]. 中国果树
　　(3):87-89.

阎莉,2012. 辽西北玉米干旱脆弱性评价及区划研究[D]. 长春:东北师范大学.

阎琦,陈妮娜,田莉,等,2016. 辽宁设施农业致灾暴雪时空分布及天气学模型[J]. 江苏农业科学,
　　44(01):373-376.

杨安沛,李迎春,孙桂荣,等,2014. 伊犁地区甜菜褐斑病田间消长规律及其与气象因子的关系[J].
　　新疆农业科学,51(4):679-684.

杨付津,2009. 潍坊市农业气候资源开发利用的研究[D]. 北京:中国农业科学院.

杨继武,1994. 农业气象预报和情报[M]. 北京:气象出版社.

杨荣光,2010. 基于GIS技术的泰安市农业气候资源精细化区划研究[D]. 泰安:山东农业大学.

杨天一,王军,张红梅,等,2022. 基于单作物系数法的华北平原典型农业生态系统蒸散规律研究
　　[J]. 中国生态农业学报(中英文),30(3):356-366.

杨晓强,张志国,代云超,等,2018. 黑龙江省甜菜农业气象年景评估方法[J]. 中国农学通报,34
　　(25):104-108.

杨再强,黄海静,金志凤,等,2011. 基于光温效应的杨梅生育期模型的建立与验证[J]. 园艺学报,
　　38(7):1259-1266.

杨再强,王学林,彭晓丹,等,2014. 人工环境昼夜温差对番茄营养物质和干物质分配的影响[J].
　　农业工程学报,30(5):138-147.

杨忠根,姜桂祥,陈红亮,2003. 二次曲线拟合算法的统计性能分析与改进[J]. 上海海运学院学报,24(1):46-51.

叶彩玲,霍治国,丁胜利,等,2005. 农作物病虫害气象环境成因研究进展[J]. 自然灾害学报,14(1):90-97.

尹圆圆,王静爱,赵金涛,等,2012. 棉花雹灾风险评价-以安徽省为例[J]. 安徽农业科学(40):12506-12509.

于洁,孙耀武,黄春红,等,2007. 主要气象因子对桃小食心虫越冬代成虫发生期的影响及模拟模型[J]. 农业科学研究,98(04):20-22.

于洁,孙耀武,黄春红,等,2008. 主要气象因子对桃小食心虫越冬代成虫发生期的影响及模拟模型[J]. 农业科学研究,27(4):20-23.

余卫东,朱晓东,2007. 商丘市小麦锈病预测模式研究[J]. 安徽农业科学,35(36):11884-11885.

余学知,刘发挥,吴桂初,等,2001. 水稻田间干旱模拟试验研究[J]. 中国农业气象,22(3):20-23.

余优森,林日暖,邓振镛,等,1992. 人工草地土壤水分周年变化规律的研究[J],土壤学报,29(2):175-182.

袁福香,刘实,郭维,等,2008. 吉林省一代玉米螟发生的气象条件适宜程度等级预报[J]. 中国农业气象,29(4):477-480.

詹世明,2009. 应对气候变化:非洲的立场与关切[J]. 西亚非洲(10):42-49.

张宝堃,段月薇,曹琳,1956. 中国气候区划草案[M]. 北京:科学出版社.

张继权,李宁,2007. 主要气象灾害风险评价与管理的数量化方法及其应用[M]. 北京:北京师范大学出版社.

张继权,梁警丹,周道玮,2007. 基于 GIS 技术的吉林省生态灾害风险评价[J]. 应用生态学报,18(8):1765-1770.

张俊香,延军平,2001. 陕西省农作物病虫害与气候变化的关系分析[J]. 灾害学,16(2):27-31.

张梅,陈玉光,杜志国,等,2015. 基于气象条件的玉米发育期预报技术[J]. 中国农学通报,31(3):199-204.

张荣霞,1992. 物候资料在农业气象工作中的应用[J]. 山东气象,49(4):41-42.

张雪芬,陈怀亮,郑有飞,等,2006. 冬小麦冻害遥感监测应用研究[J]. 南京气象学院学报,29(1):94-101.

张颜春,刘文林,李仁芳,2021. 异常气候对露地甜樱桃病虫害的影响及防治措施[J]. 烟台果树,152(1):32-34.

张志华,曾贵权,2017. 气象条件在农作物病虫害防治中的应用[J]. 农村经济与科技,28(24):8.

章国材,2010. 气象灾害风险评估与区划方法[M]. 北京:气象出版社.

赵东妮,王艳华,任传友,等,2017.3 种水稻趋势产量拟合方法的比较分析[J]. 中国生态农业学报,25(3):345-355.

赵俊芳,郭建平,马玉平,等,2010. 气候变化背景下我国农业热量资源的变化趋势及适应对策[J],应用生态学报,21(11):2922-2930.

赵圣菊,姚彩文,1988. 厄尼诺与小麦赤霉病大流行关系的研究[J]. 灾害学(3):21-28.

赵圣菊,姚彩文,1989a. 小麦赤霉病流行程度海温预报模式的研究[J]. 植物病理学报(1):14-18.

赵圣菊,姚彩文,1989b. 厄尔尼诺与小麦赤霉病大流行关系的研究[J]. 应用气象学报(2):104-108.

郑昌玲,王建林,宋迎波,等,2008. 大豆产量动态预报模型研究[J]. 大豆科学,27(6):943-948.

郑昌玲,杨霏云,王建林,等,2007. 早稻产量动态预报模型[J]. 中国农业气象(4):412-416,452.

郑长英,冯志国,王雅卉,等,2012. 烟粉虱和温室白粉虱在相同生境下的种间竞争研究[J]. 农学学报,2(8):20-24.

郑森强,梁建茵,1998. 厄尔尼诺事件对广东省稻飞虱大发生的影响[J]. 植保技术与推广,18(6):3-4.

中国农业科学院情报所,1975. 国外农业概况[M]. 北京:科学出版社.

中国气象科学研究院,2007. 小麦干热风灾害等级 QX/T 82-2007[S]. 北京:气象出版社.

中国气象科学研究院,2009. 水稻、玉米冷害等级 QX/T101-2009[S]. 北京:气象出版社.

中国气象科学研究院,2013. 水稻冷害评估技术规范,QX/T 182-2013[S]. 北京:气象出版社.

中国气象科学研究院,2017a. 冷空气等级(GB/T20484-2017)[S]. 北京:气象出版社.

中国气象科学研究院,2017b. 寒潮等级(GB/T21987-2017)[S]. 北京:气象出版社.

朱建华 刘淑云,谷卫刚,等,2012. 山东省冬小麦干热风灾害预警模型研究[J]. 生物数学学报(2):257-264.

朱兰娟,蔡海航,姜纪红,等,2008. 农业气象灾害预警系统的开发与应用[J]. 科技通报,24(6):758-761,819.

朱萌,2016. 基于 CERES-Rice 模型的吉林省东部水稻冷害风险动态评估[D]. 长春:东北师范大学.

朱敏,胡国文,唐键,等,1997. 全球气候异常(ENSO 事件的发生)对我国褐飞虱发生的影响[J]. 中国农业科学,30(5):1-5.

庄立伟,王馥棠,王石立,1996. 农业气象产量预测业务系统的研制[J]. 应用气象学报,7(3):294-299.

宗德华,池再香,2010. 贵州从江椪柑黄龙病的发生及气象条件分析[J]. 贵州气象,34(2):26-29.

邹玲,唐广田,邹丽霞,等,2007. 桂林柑橘主要病虫害发生的气象条件分析[J]. 气象研究与应用,28(3):40-43.

邹志红,孙靖南,任广平,2005. 模糊评价因子的熵权法赋权及其在水质评价中的应用[J]. 环境科学学报(4):552-556.

ALLEN R G,PEREIRA L S,RAES D,et al,1998. Crop evapotranspiration-guidelines for computing crop water requirements-FAO irrigation and drainage paper 56[R]. Rome:FAO.

BOUMAN B A M,KROPFF M J,TUONG T P,et al,2001. ORYZA2000:Modeling lowland rice [M]. Los Baños:IRRI and Wageningen University,235.

DEWOLF E D,FRANCL L J,2000. Neural network classification of tan spot and stagonospora blotch infection periods in a wheat field environment[J]. Phytopathology(USA),90(2):108-113.

GAO L Z,JIN Z Q,HUANG Y,et al,1992. Rice clock model:A computer model to simulate rice development[J]. Agricultural and Forest Meteorology,60(1-2):1-16.

HUANG N,WANG L,GUO Y,et al,2014. Modeling spatial patterns of soil respiration in maize fields from vegetation and soil property factors with the use of remote sensing and geographical information system[J]. PloS One,9(8):e105150.

IIZUMI T,LUO J J,CHALLINOR A J,et al,2014. Impacts of El Niño Southern Oscillation on the global yields of major crops[J]. Nature Communications,5(1):1-7.

IPCC,2001. Climate change 2001:mitigation of climate change,contribution of working group Ⅲ to the third assessment report of the Intergovernmental Panel on Climate Change[M]. Cambridge, United Kingdom and New York,NY,USA:Cambridge University Press.

LOBELL D B,SCHLENKER W,COSTA-ROBERTS J,et al,2011. Climate trends and global crop production since 1980[J]. Science,333(6042):616-620.

MAELZER D A,ZALUCKI M P,2000. Long range forecasts of the number of Helicoverpa punctigera and H. armigem (Lepidoptera:Noctuidae) in Australia using the Southern oscillation Index and the Sea Surface Temperature[J]. Bulletin of Entomological Research,90(2):133-146.

NGUYEN-HUY T,DEO R C,MUSHTAQ S,et al,2018. Modeling the joint influence of multiple synoptic-scale,climate mode indices on Australian wheat yield using a vine copula-based approach [J]. European Journal of Agronomy,98:65-81.

SCHERM H,YANG X B,1998. Atmospheric teleconnection patterns associated with wheat stripe rust disease in North China[J]. Inter. National Journal of Biometeteorology,42(1):28-33.

SMITH D I,1994. Flood damage estimation-A review of urban stage damage curves and loss functions[J]. Water SA,20(3):231-238.

SONG Y H,HEONG K L N,1993. Use of Geographical Information System in analyzing large area distribution and dispersal of rice insects in South Korea[J]. Appl. Entomol,32(3):307-316.

TANNER C B,1963. Plant temperature[J]. Agronomy Journal,55:210-211.

UNDP,2007. Human development report 2007/2008:fighting climate change,human solidarity in a divided world[M]. Oxford:Oxford University Press for UNDP.

WEI F Y,CAO H X,1990. New scheme of building long-term prediction model and its application [J]. Chinese Science Bulletin,(24):2062-2066.

XU C,YANG Z Q,WANG M,et al,2019. Characteristics and quantitative simulation of stomatal conductance of Panax notoginseng[J]. International Journal of Agriculture and Biology,22(2): 388-394.

YIN X,GOUDRIAAN J A N,LANTINGA E A,et al,2003. A flexible sigmoid function of determinate growth[J]. Annals of botany,91(3):361-371.